高等学校电工电子类系列教材

数字电路逻辑设计与实训

主　编：李　虹　石学文
副主编：崔明辉

中国石油大学出版社

内容提要

本书是“数字电子技术基础”课程的实验课教材，目的在于将数字电子技术的理论教学与培养学生的实践动手能力有机地结合起来。在本书的编写过程中力求在讲清基本概念的基础上，结合实际，强化训练，突出适应性、实用性，体现趣味性，培养和提高学生的工程设计能力与实际应用能力。

全书共分为5章。第1章介绍电子技术实验基础知识及技术，第2章介绍数字逻辑电路基础型实训，第3章介绍数字逻辑电路综合型实训，第4章介绍数字逻辑电路设计型实训，第5章介绍Multisim电子电路仿真分析和设计。

本书适用于高等学校本科电子类、电气类、计算机类、通信类、自动化类等专业，也可作为工科其他专业的实践教学教材，还可供从事电子技术的工程技术人员参考。

图书在版编目(CIP)数据

数字电路逻辑设计与实训/李虹，石学文主编．—东营：中国石油大学出版社，2010.7

ISBN 978-7-5636-3150-6

Ⅰ．①数…　Ⅱ．①李…　②石…　Ⅲ．①数字电路—逻辑设计—高等学校—教材　Ⅳ．①TN79

中国版本图书馆CIP数据核字(2010)第118043号

数字电路逻辑设计与实训

主　　编：李　虹　石学文
责任编辑：魏　瑾

出 版 者：中国石油大学出版社(山东 东营，邮编 257061)
网　　址：http://www.uppbook.com.cn
电子信箱：cbs2006@163.com
印 刷 者：沂南县汇丰印刷有限公司
发 行 者：中国石油大学出版社(电话　0546—8391810)
开　　本：185×260　印张：10　字数：256千字
版　　次：2010年7月第1版第1次印刷
定　　价：17.80元

编审委员会

BIANSHEN WEIYUANHUI

出版说明

电工电子技术作为当前信息技术的基础,在国民经济和社会发展中起着越来越直接和越来越重要的作用。在高校中,由于广阔的技术应用和良好的就业前景,使电工电子类专业成为近年来发展势头最强劲的专业之一。在学生人数激增、学科应用拓展、学科发展加速的现实背景下,要使高校的专业教学跟上发展的步伐,适应社会的需求,则必须进行课程体系和课程内容的改革。这是摆在电工电子类专业从教者面前的一项重要而紧迫的任务。

正是在这种共同认识的驱动下,我们20多所高校——一些平时在教学改革方面颇多交流、在学科建设方面颇多借鉴的院校,走到了一起。我们这些院校各有所长,在一起切磋、比较、学习,搭建了一个很好的学习和交流的平台,共同推动了教育教学改革,促进了各自的发展。经验告诉我们,教改的核心是课程体系和课程内容的改革,但课程体系和课程内容改革的成果呈现在学生面前的最主要资源便是构架完备系统的教材。因此,课程改革与教材建设同步,编写出一套适合当前教学改革要求、结构体系完备、体现教学改革思路的好教材,成了我们共同的追求。

教材指导教学,教材体现教改。根据现实的教学需求和进一步的发展规划,我们把这套教材的建设构架为三个方面,也可以说是三个模块:

第一个方面是电工电子的基础理论与技术教材,主要针对工科类学生的通识课或者基础课,包括信号与系统、电路分析、电子线路、模拟电子技术、数字电子技术、单片机原理及应用、微机原理及应用、电气控制及PLC技术、计算机控制技术、电机与电气控制技术、传感器与检测技术、电机与拖动等,涵盖电气工程及其自动化、自动化、电子信息工程、通信工程、计算机科学与技术、电子科学与技术等专业的基础知识。为确保教材的权威性、科学性,各书主编及主要撰写者,均由具有多年教学经验的教授和专家担任。教材的覆盖面广、知识面宽,以高校的精品课建设为基础,着重基本概念和基本物理过程的论述,注重教学内容的内拓和精选,突出先进性、针对性和实用性。

第二个方面是实验与实训类教材。实验教学是培养学生基本工程素质、提高工程实践能力的重要手段,是高校工科教育教学改革的核心课题。为此,我们这些高校都极其重视实验教学改革与教材建设,不断更新实训教育理念,注重学生创新能力和动手能力的综合发展。国家级实验教学示范中心是高等学校实验教学研究和改革的基地,对全国高等学校实验教学改革具有示范作用。我们的整套实训教材以山东科技大学和青岛大学"国家级电工电子实验教学示范中心"为依托,将任务驱动与项目引领相结合,融基础实验与综合技能训练、系统设计与综合应用、工程训练和创新能力培养为一体,体系完整、内容丰富、工程实践性强,以期达到加强学生的系统综合设计能力和训练学生工程思维的目的。这一类教材主要包括电路实训教程、模拟电子技术实验教程、数字电路逻辑设计与实训教程、电子工艺与实训教程、PLC应用实训教程、电子工程实训教程、电气工程实训教程等。相信这部分教材对加强、规范和引导相关高校的实验教学会有一定的借鉴作用。

第三个方面则是我们独具特色的电工电子类专业的双语教学教材。我们本着自编和引进并重的原则，打造适合我国高等教育发展的电工电子类双语教材体系。我们拥有具有东西方不同教学体系下丰富教学经验的外国专家和教授，他们以纯正的英语语言直接面向我们的大学生编写教材，这在国内恐属首创。比如这套教材中的双语教材之一《Introductory Microcontroller Theory and Applications》就是由英籍专家 Michael Collier 主编完成的英文版双语教材。该教材已在试用中得到了教师和学生的很高评价。在编写原创双语教材的同时，为了提供更丰富的双语教材资源，弥补原创双语教材在数量上的不足，各校将在共同讨论的基础上，引进相对适应性广泛的原版教材。另外，电工电子类双语教学网站也在同步建设中，为师生提供双语教学资源，打造师生互动平台。

诸事万物，见仁见智。对一套好教材的追求是我们的愿望。但当我们倾力追求教材对于学校现实的适用性时，又惧怕它们或许已离另一些学校更远。站在不同的起点或角度进行教材构架时，这种差异有时会影响人们对教材的评判。这就时刻提醒我们参与教材编写的院校，在追求教材对于自身的适用性的同时，需要努力与其他院校做更多的沟通和了解，以使自身更好地融入全国教改的主流，同时使这套教材具有更好的普适性，有更广泛的代表意义和借鉴作用。

教材是教学之本。我们希望这套教材：不仅能符合专业培养要求，而且能顺应专业培养方向；不仅能符合教育教学规律，而且能符合学生的接受能力和知识水平；不仅能蕴含和体现丰富的教学经验和思想，而且能为学生呈现良好的学习方法，能指导学生学会自主学习，能调动学生的创造力和学习热情……我们将为此继续努力！

编委会

2010 年 6 月

前 言 Preface

本书是“数字电子技术基础”课程的实验课教材，目的在于将数字电子技术的理论教学与培养学生的实践动手能力有机地结合起来。在本书的编写过程中力求在讲清基本概念的基础上，结合实际，强化训练，突出适应性、实用性，体现趣味性，培养和提高学生的工程设计能力与实际应用能力。

本书从基本实验入手，逐步引入综合型和设计型实训以及 Multisim 仿真，步步深入，培养兴趣，逐渐使学生通过自学或在教师的适当指导下，均可以独立完成设计、安装、调试的全部过程。

全书共分为 5 章。第 1 章是电子技术实训基础知识及技术，对数字电子技术实验的常识做了简要介绍。第 2 章是数字逻辑电路基础型实训，介绍了数字电子技术中的基本实验和基本测试方法，并对常用电路进行了典型分析，注重各种集成芯片的应用。第 3 章是数字逻辑电路综合型实训，介绍了一些有趣的数字小系统实验，目的在于使学生提高综合应用理论知识的能力，掌握电子电路的一般设计方法，进一步培养对电路设计的兴趣。第 4 章是数字逻辑电路设计型实训，主要通过一些实际的课题，培养学生独立设计、安装、调试电子产品的能力。第 5 章是 Multisim 电子电路仿真分析和设计，通过本章学习使学生熟悉 Multisim 软件的使用方法。

在学习本教材过程中，对学生的具体要求是：

(1) 能读懂基本电路图，具备分析电路功能及作用的能力。

(2) 具备设计、安装和调试常规电路的能力。

(3) 会查阅和利用技术资料，具备根据实际情况合理选用元器件来构成系统电路的能力。

(4) 具备分析和排除一般电路故障的能力，能够独立分析和解决实验中遇到的问题。

(5) 能够独立进行实验，包括独立拟定实验步骤，熟悉常用电子测量仪器的选择，熟练使用各种仪器仪表，掌握正确的电量测试方法，正确记录和分析实验数据等。

(6) 能够独立写出严谨、实事求是、理论分析与调试分析兼具、有一定独立见解、文字通顺且字迹端正的实验报告。

本书由青岛理工大学李虹教授和曲阜师范大学石学文教授担任主编，青岛理工大学崔明辉老师担任副主编。第 1、2 章由石学文编写，第 3、4、5 章由李虹、崔明辉编写。全书由李虹教授负责统稿。

因编者水平所限，书中错误在所难免，恳请广大师生及读者批评指正。

编 者

2010 年 7 月

目　录 Contents

第1章 数字电路实训基础知识

1.1 实训常用设备和工具的介绍

1.1.1 数字万用表

1. 数字万用表使用简介

数字万用表是一种多用途、多量程的测量仪表。普通的数字万用表能测量直流电流、直流电压、交流电流、交流电压、电阻、电容,以及判断二极管的极性等。数字万用表主要由大屏幕液晶显示器、测量线路和转换开关组成。

数字万用表通过测量线路将被测的模拟量(电压或电流)经过模/数转换电路(A/D转换电路)转换为数字量,并通过LCD数码显示器显示出来(关于模/数转换的概念,将在“数字电子技术基础”课程中涉及)。显示器一般采用3位半数码显示。数字万用表的测量线路实质上是由多量程直流电流表、多量程直流电压表、多量程整流式交流电压表,以及多量程欧姆表等几种线路组合而成的。测量线路中的元件绝大部分是各种类型和各种数值的电阻元件,如碳膜电阻、电位器等。在测量交流电压的线路中还有整流元件。数字万用表中各种测量种类及量程的选择是靠转换开关来实现的。转换开关里面有固定接触点和活动接触点,当固定接触点和活动接触点闭合时可以接通电路。活动接触点通常称为刀,固定接触点通常称为掷。万用表中所用的转换开关往往都是特别的,通常有多个刀和几十个掷,各刀之间同步联动,旋转刀的位置可以使某些活动接触点与固定接触点闭合,从而相应地接通所要求的测量线路。

2. 数字万用表使用注意事项

(1) 在任何一次测量之前,必须检查转换开关所指的挡位与被测对象是否符合要求。在旋转转换开关之前,万用表的表笔务必与被测元件(或被测对象)脱离。

(2) 测量元件电阻值时,被测对象不能带电。

(3) 绝对不能用万用表的电阻挡和电流挡去测量电压,否则万用表会立即损坏。

(4) 测量电压时,务必将红表笔插入“V/Q”插孔,先将转换开关旋至直流电压挡或交流电压挡,然后选择合适的量程,将万用表与被测对象并联进行测量。

(5) 测量电流时,务必将红表笔插入“mA”或者“A”插孔,先将转换开关旋至直流电流挡或交流电流挡,然后选择合适的量程,将万用表与被测对象串联进行测量。

(6) 测量时,如果显示器左侧单独显示“1”,表明量程不够,应将量程加大。

(7) 数字万用表没有手动调零装置,一般都是自动调零。由于种种原因,测量时往往不能完全调到零位,总有一些微小的偏差。因此,可根据具体情况将显示器的读数减去这个微小的偏差。

(8) 通常数字万用表在测量时会自动给出被测量的单位。但是某些型号的数字万用表,可能不显示被测对象的单位,此时可根据选择的量程来判断被测对象的单位。没有给出单位的量程,均默认采用基本单位,如欧姆(Ω)、伏(V)、安(A)等。其他量程的单位有千欧(kΩ)、兆欧(MΩ)、微安(μA)、毫安(mA)、毫伏(mV)、微法(μF)等。

(9) 显示器的示值均为直读,不必乘以任何倍率。表盘上的各量程的标注,仅表示该量程的测量范围。通常,3 位半的数字万用表,各量程的设置均为 2 的整倍数。

(10) 在进行测量时,一定要搞清楚被测对象是直流还是交流。若用直流挡去测量一个交流量或者用交流挡去测量一个直流量,显示器上都无法显示出正确的示值。

1.1.2 示波器

示波器是一种用途十分广泛的电子测量仪器。它能把肉眼看不见的电信号变换成看得见的图像,便于人们研究各种电现象的变化过程。利用示波器能观察各种不同信号幅度随时间变化的波形曲线,还可以用它测试各种不同的电量,如电压、电流、频率、相位差、调幅度等等。

1. 示波器的工作原理

1) 示波器的组成

普通示波器有五个基本组成部分:显示电路、垂直(Y 轴)放大电路、水平(X 轴)放大电路、扫描与同步电路、电源供给电路。普通示波器的原理功能方框图如图 1-1 所示。

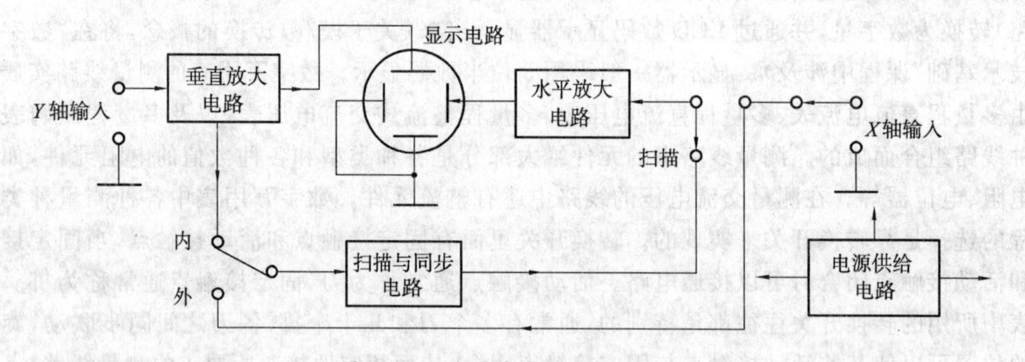

图 1-1 示波器的原理功能方框图

(1) 显示电路

显示电路包括示波管及其控制电路两个部分。示波管是一种特殊的电子管,是示波器的一个重要组成部分。示波管的基本原理图如图 1-2 所示。由图可见,示波管由电子枪、偏转系统和荧光屏 3 个部分组成。电子枪用于产生并形成高速、聚束的电子流,去轰击荧光屏使之发光。示波管的偏转系统大都是静电偏转式,它由两对相互垂直的平行金属板组成,称为水平偏转板和垂直偏转板,分别控制电子束在水平方向和垂直方向的运动。荧光屏位于示波管的终端,它的作用是将偏转后的电子束显示出来,以便观察。

(2) 垂直(Y 轴)放大电路

由于示波管垂直方向的偏转灵敏度甚低,所以一般的被测信号电压都要先经过垂直放大电路的放大,再加到示波管的垂直偏转板上,以得到垂直方向的适当大小的图形。

(3) 水平(X 轴)放大电路

由于示波管水平方向的偏转灵敏度也很低,所以接入示波管水平偏转板的电压(锯齿波电压或其他电压)也要先经过水平放大电路的放大以后,再加到示波管的水平偏转板上,以得到水平方向适当大小的图形。

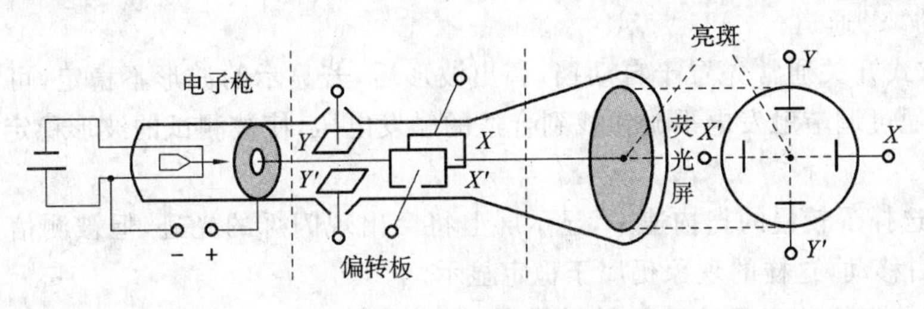

图 1-2　示波管的原理图

(4) 扫描与同步电路

扫描电路产生一个锯齿波电压。该锯齿波电压的频率能在一定的范围内连续可调。锯齿波电压的作用是使示波管阴极发出的电子束在荧光屏上形成周期性的、与时间成正比的水平位移,即形成时间基线。这样,才能把加在垂直方向的被测信号按时间变化的波形展现在荧光屏上。

(5) 电源供给电路

电源供给电路提供垂直与水平放大电路、扫描与同步电路以及示波管与控制电路所需的负高压、灯丝电压等。

2) 波形显示的基本原理

在示波器的荧光屏内壁涂有一层发光物质,因而,荧光屏上受到高速电子冲击的地方就显现出荧光。此时光点的亮度决定于电子束的数目、密度及其速度。改变控制极的电压时,电子束中电子的数目将随之改变,光点亮度也就改变。由图 1-2 可知,一个直流电压加到一对偏转板上时,将使光点在荧光屏上产生一个固定位移,该位移的大小与所加直流电压成正比。如果分别将两个直流电压同时加到垂直和水平两对偏转板上,则荧光屏上的光点位置就由两个方向的位移所共同决定。如果将一个正弦交流电压加到一对偏转板上时,光点在荧光屏上将随电压的变化而移动。

2. 示波器的使用方法

示波器虽然种类很多,各类又有许多种型号,但是一般的示波器除频带宽度、输入灵敏度等不完全相同外,在使用方法等基本方面都是相同的。示波器初次使用前或久藏复用时,有必要进行一次能否工作的简单检查和进行扫描电路稳定度、垂直放大电路直流平衡的调整。示波器在进行电压和时间的定量测试时,还必须进行垂直放大电路增益和水平扫描速度的校准。鉴于示波器是工科学生熟悉的器件,其使用方法在此不做详细介绍,现着重指出下列几点。

(1) 将示波器 Y 轴显示方式置“Y_1”或“Y_2”,输入耦合方式置 GND 挡,开机预热后,若在显示屏上不出现光点和扫描基线,可按下列操作找到扫描线:

① 适当调节亮度旋钮;② 触发方式开关置自动挡;③ 适当调节垂直(⇅)、水平(⇄)位移旋钮,使扫描光迹位于屏幕中央(若示波器设有寻迹按键,可按下寻迹按键,判断光迹偏移基线的方向)。

(2) 双踪示波器一般有五种显示方式，即“Y_1”、“Y_2”、“Y_1+Y_2”三种单踪显示方式和交替、断续两种双踪显示方式。交替显示一般适宜于输入信号频率较高时使用，断续显示一般适宜于输入信号频率较低时使用。

(3) 为了显示稳定的被测信号波形，触发源选择开关一般选为内触发，使扫描触发信号取自示波器内部的“Y”通道。

(4) 触发方式开关通常先置于自动挡，调出波形后，若显示的波形不稳定，可置触发方式开关于常态挡，通过调节触发电平旋钮找到合适的触发电压，使被测试的波形稳定地显示在示波器屏幕上。

有时，由于选择了较慢的扫描速率，显示屏上将会出现闪烁的光迹，但被测信号的波形不在 X 轴方向左右移动，这样的现象仍属于稳定显示。

(5) 适当调节扫描速率开关及 Y 轴灵敏度开关使屏幕上显示一到两个周期的被测信号波形。在测量幅值时，应注意将 Y 轴灵敏度微调旋钮置于校准位置，即顺时针旋到底，且听到关的声音；在测量周期时，应注意将 X 轴扫速微调旋钮置于校准位置，即顺时针旋到底，且听到关的声音，还要注意扩展旋钮的位置。

根据被测波形在屏幕坐标刻度上垂直方向所占的格数(div)与 Y 轴灵敏度开关指示值(V/div)的乘积，即可算得信号幅值的实测值。

根据被测信号波形的一个周期在屏幕坐标刻度水平方向所占的格数(div)与扫速开关指示值(s/div)的乘积，即可算得信号频率的实测值。

3. 示波器使用不当造成的异常现象及其原因分析

由于操作者对于示波器原理不甚理解或对示波器面板控制装置的作用不熟悉，往往会导致示波器在调节过程中出现异常现象。常见异常现象及可能原因如下。

(1) 没有光点或波形

可能原因：电源未接通；亮度旋钮未调节好；X、Y 轴移位旋钮位置调偏；Y 轴平衡电位器调整不当，造成直流放大电路严重失衡。

(2) 水平方向展不开

可能原因：触发源选择开关置于外挡，而无外触发信号输入，则无锯齿波产生；电平旋钮调节不当；稳定度电位器没有调整在使扫描电路处于待触发的临界状态；X 轴选择误置于“X 外接”位置，而外接插座上又无信号输入；双踪示波器如果只使用 A 通道(B 通道无输入信号)，而内触发开关置于“拉 YB”位置，则无锯齿波产生。

(3) 垂直方向无展示

可能原因：输入耦合方式“DC-GND-AC”开关误置于“GND”挡；输入端的高、低电位端与被测电路的高、低电位端接反；输入信号较小，而“V/DIV”误置于低灵敏度挡。

(4) 波形不稳定

可能原因：稳定度电位器顺时针旋转过度，致使扫描电路处于自激扫描状态(未处于待触发的临界状态)；触发耦合方式“AC”、“AC(H)”、“DC”开关未能按照不同触发信号频率正确选择相应挡级；选择高频触发状态时，触发源选择开关误置于外挡(应置于内挡)；部分示波器扫描处于自动挡(连续扫描)时，波形不稳定。

(5) 垂直线条密集或呈现一矩形

可能原因：“T/DIV”开关选择不当，致使 $f_{扫描} \ll f_{信号}$。

(6) 水平线条密集或呈一条倾斜水平线

可能原因："T/DIV"开关选择不当，致使 $f_{扫描} \gg f_{信号}$。

(7) 垂直方向的电压读数不准

可能原因：未进行垂直方向的偏转灵敏度（"V/DIV"）校准；进行"V/DIV"校准时，"V/DIV"微调旋钮未置于"校正"位置（即顺时针方向未旋足）；进行测试时，"V/DIV"微调旋钮调离了校正位置（即调离了顺时针方向旋足的位置）；使用 10∶1 衰减探头，计算电压时未乘以 10 倍；被测信号频率超过示波器的最高使用频率，示波器读数比实际值偏小。

(8) 水平方向的读数不准

可能原因：未进行水平方向的偏转灵敏度（"T/DIV"）校准；进行"T/DIV"校准时，"T/DIV"微调旋钮未置于"校准"位置（即顺时针方向未旋足）；进行测试时，"T/DIV"微调旋钮调离了校正位置（即调离了顺时针方向旋足的位置）；扫速扩展开关置于"拉×10"位置时，测试时未按"T/DIV"开关指示值提高灵敏度 10 倍计算。

(9) 交直流叠加信号的直流电压值分辨不清

可能原因：Y 轴输入耦合选择"DC-GND-AC"开关误置于"AC"挡（应置于"DC"挡）；测试前未将"DC-GND-AC"开关置于"GND"挡进行直流电平参考点校正；Y 轴平衡电位器未调整好。

(10) 测不出两个信号间的相位差（波形显示法）

可能原因：双踪示波器误把内触发开关置于常态位置，应把该开关置于"拉 YB"位置；双踪示波器没有正确选择显示方式开关的交替和断续挡；单线示波器触发选择开关误置于内挡；单线示波器触发选择开关虽置于外挡，但两次外触发未采用同一信号。

(11) 调幅波形失常

可能原因："T/DIV"开关选择不当，扫描频率误按调幅波载波频率选择（应按音频调幅信号频率选择）。

(12) 波形调不到要求的起始时间和部位

可能原因：稳定度电位器未调整在待触发的临界触发点上；触发极性与触发电平极性（+、−）配合不当；触发方式开关误置于自动挡（应置于常态挡）。

4. ***示波器使用注意事项***

(1) 为了仪器操作人员的安全和仪器安全，仪器应在安全范围内正常工作，以保证测量波形准确、数据可靠、降低外界噪声干扰；通用示波器通过调节亮度和聚焦旋钮使光点直径最小以使波形清晰，减小测试误差；不要使光点停留在一点不动，否则电子束轰击一点宜在荧光屏上形成暗斑，损坏荧光屏。在观察荧光屏上的亮斑并进行调节时，亮斑的亮度要适中，不能过亮。

(2) Y 轴输入的电压不可太高，以免损坏仪器。Y 轴输入的导线悬空时，受外界电磁干扰会出现干扰波形，应避免出现这种现象。

(3) 通用示波器的外壳、信号输入端 BNC 插座金属外圈、探头接地线、AC 220 V 电源插座接地线端都是相通的。如仪器使用时不接大地线，直接用探头对浮地信号测量，则仪器相对大地会产生电位差；电压值等于探头接地线接触被测设备点与大地之间的电位差。这将对仪器操作人员、示波器、被测电子设备带来严重危险。

(4) 一般要避免频繁开机、关机。如果发现波形受外界干扰，可将示波器外壳接地。

1.1.3 函数信号发生器

函数信号发生器按需要输出正弦波、方波、三角波三种信号波形。通过输出衰减开关和输出幅度调节旋钮，可使输出电压在毫伏级到伏级范围内连续调节。函数信号发生器的输出信号频率可以通过频率分挡开关进行调节。

1. 函数信号发生器的结构原理

用分立元件与集成运算放大器组成的函数信号发生器，其外围元件多，电路较为复杂，实验过程中不易调试。因此，目前厂家生产的函数信号发生器大多采用函数信号发生器的集成电路，其外围再加上少量的电阻、电容即可获得所需的矩形波、三角波和正弦波函数信号。下面以通常采用的ICL8038集成电路为例说明之。

图1-3为ICL8038结构示意图，它由跟随器，高电压比较器，低电压比较器，触发器，反相器，集电极开路门，三角波变正弦波输出器，电流源 I_1、I_2 和电子开关K构成，C 为外接电容。ICL8038的工作原理为：高电压比较器的阈值电压 $V_H=\frac{2}{3}(V_{CC}+V_{EE})$，低电压比较器的阈值电压 $V_L=\frac{1}{3}(V_{CC}+V_{EE})$（以电源 V_{EE} 为参考电压端），它们分别在电容器 C 上的电压超过 V_H 或低于 V_L 时，比较器翻转，比较器的两种不同的输出状态用来控制触发器的工作状态。电流源 I_1 和 I_2 的大小通过外接电阻来调节。为保证电容器能线性放电，必须满足 $I_1>I_2$。当触发器输出为低电平时，电子开关K断开，恒流源 I_1 给电容器 C 充电，电容器 C 上的电压 V_C 就随时间线性上升，当 V_C 值达到 V_H 时，高电压比较器输出跳变，使触发器输出高电平，电子开关K接通，电容器 C 按恒流源 I_2-I_1 放电，此时 V_C 随时间线性下降。当 V_C 降为 V_L 时，低电压比较器输出跳变，使触发器又变为低电平，电子开关K断开，而 I_1 重新向电容 C 充电，周期性地重复上述过程。如果使 $I_2=2I_1$，则触发器的输出为矩形波，经倒相器由集电极开路晶体管输出，电容器 C 上的三角波电压经跟随器输出，同时经过三角波-正弦波转换电路，得到正弦波输出。当电路参数给定时，输出矩形波和锯齿波可通过调节电流源 I_1 和 I_2 的大小来调节其波形的上升沿和下降沿。

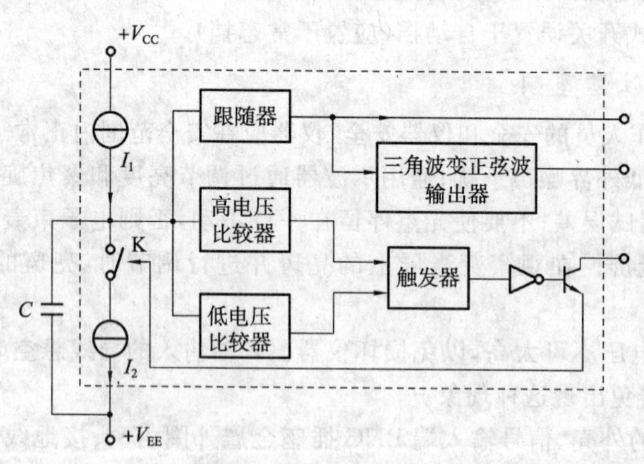

图1-3 ICL8038结构原理图

2. 函数信号发生器使用注意事项

(1) 工作环境和电源应满足技术指标中给定的要求。

(2) 初次使用本机或久储后再用，建议先放置通风干燥处几小时，再通电1～2小时后使用。

(3) 为了获得高质量的小信号(mV级)，可暂将外测开关置外挡以降低数字信号的波形干扰。

(4) 外测频时,请先选择高量程挡,然后根据测量值选择合适的量程,确保测量精度。

(5) 电压幅度输出、TTL/CMOS 输出要尽可能避免长时间短路或电流倒灌。

(6) 各输入端口的输入电压请不要超出±35 V。

(7) 为了观察准确的函数波形,建议示波器带宽应高于该仪器上限频率的二倍。

(8) 函数信号发生器作为信号源,它的输出端不允许短路。

1.1.4 交流毫伏表

交流毫伏表是一种用来测量微弱正弦电压有效值的电子仪表,具有测量信号的频率范围宽,输入阻抗高,灵敏度高,电压测量范围大等特点。

1. *交流毫伏表的工作原理*

交流毫伏表的工作原理框图如图 1-4 所示。

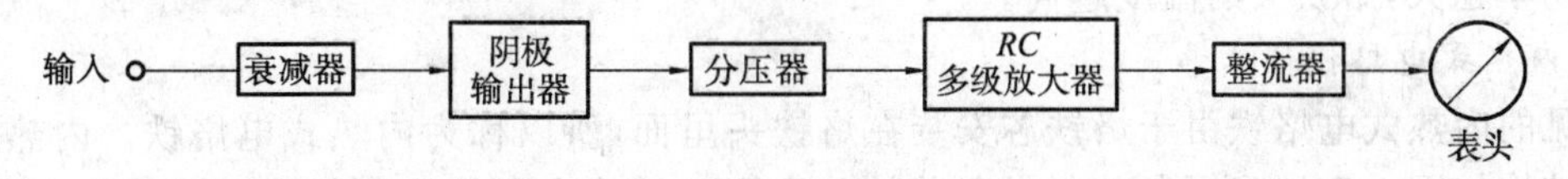

图 1-4 交流毫伏表的工作原理框图

由图 1-4 知,在分压器前加阴极输出器和衰减器(只对大信号进行衰减),可以提高仪表的输入阻抗,同时分压器可以使最末级的指示仪表具有不同的量限。分压器取得很小的电压送到 RC 多级交流放大器中进行放大,所以该电子仪表的灵敏度很高,能够测量到毫伏级的电压信号。放大后的交流信号送至整流器,整流后的直流分量由表头显示出来。

2. *交流毫伏表的使用方法*

(1) 测量前请接通电源。

(2) 刚开机时,机器处于 CH1 输入、自动量程、电压显示方式。用户可根据需要重新选择输入通道、测量方式和显示方式。如果采用手动测量方式,在加入被测电压前要选择合适的量程。

(3) 两个通道的量程有记忆功能,因此如果输入信号没有变化,转换通道时不必重新设置量程。

(4) 当机器处于手动测量方式时,在 INPUT 端接入被测电压后,应马上显示出被测电压数据;当机器处于自动测量方式时,在加入被测电压后需要几秒钟,显示的数据才会稳定下来。

(5) 如果显示数据不闪烁,则 OVER 灯不亮表示机器工作正常,OVER 灯亮表示数据误差较大,用户可根据需要选择是否更换量程;如果显示数据闪烁,则表示被测量电压已超出当前量程的范围,必须更换量程。

3. *交流毫伏表使用注意事项*

(1) 打开电源开关后,数码管应当亮,数字表大约有几秒钟不规则的数据乱跳,这是正常现象。过几秒钟后应该稳定下来。

(2) 输入短路时有大约 15 个字以下的噪声,这不会影响测试精度,不需调零。

(3) 当机器处于手动转换量程状态时,请不要长时间使输入电压大于该量程所能测量的最大电压。

(4) 对于指针仪表为了防止过载而损坏,测量前一般先把量程开关置于量程较大的位置上,然后在测量中逐挡减小量程。

1.1.5 电烙铁

1. 电烙铁的分类

电烙铁是手工焊的主要工具，合适地选择和合理地使用电烙铁，是保证焊接质量的基础。电烙铁种类有内热式、外热式、恒温式、吸锡式和温控式等。锡焊中，一般常用外热式和内热式电烙铁。

1）外热式电烙铁

外热式电烙铁目前应用较为广泛，它由烙铁头、烙铁芯、外壳、手柄、电源线和电源插头等几部分组成，其结构外形如图 1-5(a)所示。由于发热的烙铁芯在烙铁头的外面，所以称为外热式电烙铁。外热式电烙铁对焊接大型和小型电子产品都很方便，因为它可以调整烙铁头的长短和形状，借此来掌握焊接温度。外热式电烙铁规格通常有 25 W、45 W、75 W、100 W 等。电烙铁功率越大，烙铁头的温度越高。

2）内热式电烙铁

常见的内热式电烙铁由于烙铁芯安装在烙铁头里面，所以称为内热式电烙铁。内热式电烙铁的结构如图 1-5(b)所示。烙铁芯是将镍铬电阻丝缠绕在两层陶瓷管之间，再经过烧结制成的。通电后，镍铬电阻丝立即产生热量，由于它的发热元件在烙铁头内部，所以发热快，热量利用率高达 85%～90%，烙铁温度在 350 ℃左右。内热式电烙铁功率越大，烙铁头的温度越高。目前常用的内热式电烙铁有 20 W、50 W、70 W 等规格。

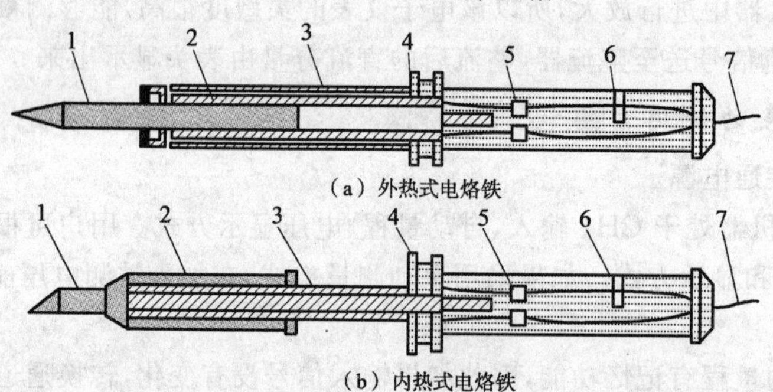

图 1-5 外、内热式电烙铁结构

1—烙铁头 2—烙铁芯 3—外壳 4—手柄 5—接线柱 6—固定螺钉 7—电源线

内热式电烙铁与外热式电烙铁比较，其优点是体积小、重量轻、升温快、耗电省和效率高。20 W 内热式电烙铁相当于 25～40 W 的外热式电烙铁的热量，因而得到普遍应用。其缺点是温度过高容易损坏印制电路板上的器件，特别是焊接集成电路时温度不能太高。又由于镍铬电阻丝细，所以烙铁芯很容易烧断。另外烙铁头不容易加工，更换不方便。图 1-6 和图 1-7 分别为外热式和内热式电烙铁的实际外形图。

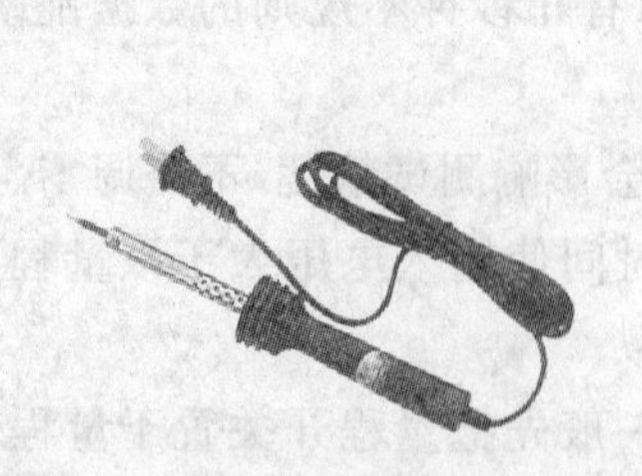

图 1-6 外热式电烙铁实际外形图

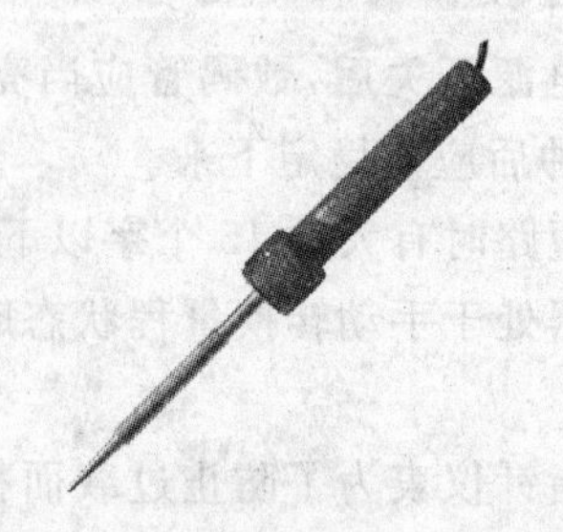

图 1-7 内热式电烙铁实际外形图

为了适应不同焊接物的需要，在焊接时通常选用不同形状和体积的烙铁头。烙铁头的形状、大小及长度都对烙铁的温度、热性能有一定的影响。常用烙铁头的形状如图 1-8 所示。

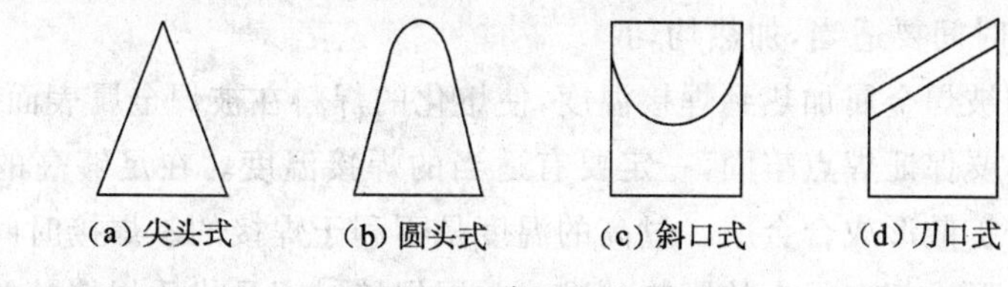

图 1-8　常用烙铁头形状

烙铁头的好坏是决定焊接质量和工作效率的重要因素。一般烙铁头由纯铜制成，其作用是存储和传导热量。它的温度必须比被焊接的材料熔点高。纯铜的浸润性和导热性非常好，但它最大的缺点是容易被焊锡腐蚀和氧化，使用寿命短。为了改善烙铁头的性能，可以对铜烙铁头实行电镀处理，常见的方式有镀镍和镀铁两种。

2. **锡焊材料**

1) 焊料

焊接两种或两种以上金属面并使之成为一个整体的金属或合金称为焊料。电子电路中焊接主要使用的是锡铅合金焊料，称为焊锡。因其具备熔点低、机械强度高、表面张力小、导电性和抗氧化性好等优点，所以在焊接技术中得到了非常广泛的应用。

2) 助焊剂

助焊剂一般分为有机、无机和树脂三大类。电子装配中常用的是树脂类助焊剂。其中，松香为树脂类助焊剂，成为电子产品生产中专用型助焊剂。助焊剂主要用于除去工件表面的氧化膜，防止工件和焊料加热时氧化，增加焊料流动性和降低焊料表面张力，还能使焊点更加光亮、美观。

3) 阻焊剂

在焊接中，为了提高焊接质量，需要耐高温的阻焊涂料，将不需要焊接的部分保护起来，使焊料只在需要的焊点上进行焊接，这种阻焊涂料称为阻焊剂。阻焊剂的作用是防止桥接、短路及虚焊等现象的出现，这对高密度印制电路板尤为重要。阻焊剂能够保护元器件和集成电路，节约焊料。还可以使用带色彩的阻焊剂，以起到美化印制电路板的作用。

阻焊剂的种类有热固化型阻焊剂、紫外线光固化型阻焊剂和电子辐射固化型阻焊剂等几种。目前常用的是紫外线光固化型阻焊剂，也称为光敏阻焊剂。

3. **手工锡焊技术**

手工焊接是锡铅焊接技术的基础。尽管目前现代化企业已经普遍使用自动插装、自动焊接的生产工艺，但产品试制、小批量产品生产、具有特殊要求的高可靠性产品的生产（如航天技术中的火箭、人造卫星的制造等）目前还采用手工焊接。即使像印制电路板这样的小型化、大批量、采用自动焊接的产品，也还有一定数量的焊接点需要手工焊接。

1) 焊接要求

焊接是电子产品组装过程中的重要环节之一。如果没有相应的焊接工艺质量保证，则任何一个设计精良的电子装置都难以达到设计指标。因此，在焊接时，必须做到以下几点：

(1) 焊接表面必须保持清洁

即使是可焊性好的焊件，由于长期存储和污染等原因，焊件的表面可能产生有害的氧化膜、油污等。所以在实施焊接前必须清洁表面，否则难以保证质量。

(2) 焊接时温度、时间要适当，加热均匀

焊接时，将焊料和被焊金属加热到焊接温度，使熔化的焊料在被焊金属表面浸润扩散并形成金属化合物。因此，要保证焊点牢固，一定要有适当的焊接温度。在足够高的温度下，焊料才能充分浸湿，并充分扩散形成合金层。过高的温度是不利于焊接的。焊接时间对焊锡、焊接元件的浸润性、结合层形成都有很大的影响。准确掌握焊接时间是优质焊接的关键。

(3) 焊点要有足够的机械强度

为了保证被焊件在受到振动或冲击时不至于脱落、松动，要求焊点要有足够的机械强度。为使焊点有足够的机械强度，一般可采用把被焊元器件的引线端子打弯后再焊接的方法，但不能用过多的焊料堆积，这样容易造成虚焊以及焊点之间的短路。

(4) 焊接必须可靠，保证导电性能

为使焊点有良好的导电性能，必须防止虚焊。虚焊是指焊料与被焊物表面没有形成合金结构，只是简单地依附在被焊金属的表面。在焊接时，如果只有一部分形成合金，而其余部分没有形成合金，则这种焊点在短期内也能通过电流，用仪表测量也很难发现问题。但随着时间的推移，没有形成合金的表面就要被氧化，此时便会出现时通时断的现象，这势必造成产品的质量问题。

总之，质量好的焊点应该是：焊点光亮、平滑；焊料层均匀薄润，且与焊盘大小比例合适，结合处的轮廓隐约可见；焊料充足，成“裙”形散开，其中“裙”的高度大约是焊盘半径的 1 ～ 1.2 倍；无裂纹、针孔、焊剂残留物。

2) 焊点质量检查

为了保证锡焊质量，一般在锡焊后都要进行焊点质量检查，分析出现的锡焊缺陷并及时改正。焊点质量检查主要有以下几种方法。

(1) 外观检查

外观检查就是通过肉眼从焊点的外观上检查焊接质量，可以借助 3～10 倍的放大镜进行目检。目检的主要内容包括：焊点是否有错焊、漏焊、虚焊和连焊现象；焊点周围是否有焊剂残留物；焊接部位有无热损伤和机械损伤现象。

(2) 连接检查

在外观检查中发现有可疑现象时，可用镊子轻轻拨动焊接部位进行检查，并确认其质量。主要检查导线、元器件引线和焊盘与焊锡是否结合良好，有无虚焊现象；元器件引线和导线根部是否有机械损伤现象。

(3) 通电检查

通电检查是必须在外观检查及连接检查无误后才可进行的工作，也是检查电路性能的关键步骤。如果不经过严格的外观检查，则通电检查不仅困难较多，而且容易损坏设备仪器，造成安全事故。通电检查可以发现许多微小的缺陷，例如，用目测观察不到的电路桥接、内部虚焊等。

锡焊中常见的缺陷有：虚焊、假焊、拉尖、桥连、空洞、堆焊、铜箔翘起、剥离等。造成锡焊缺陷的原因很多，常见的锡焊缺陷及分析如表 1-1 所示，表中说明了不良焊点的外观特点，以及危害和原因。

表 1-1 锡焊缺陷及分析

焊点缺陷	外观特点	危害	原因分析
焊料过多	焊料面呈凸形	浪费焊料，且容易包藏缺陷	焊锡丝撤离过迟
焊料过少	焊料未形成平滑面	机械强度不足	焊锡丝撤离过早
松香焊	焊缝中加有松香渣	强度不足，导通不良	助焊剂过多或失效；焊接时间不足，加热不够；表面氧化膜未除去
过热	焊点发白，无金属光泽，表面较粗糙	焊盘容易剥落，强度降低	电烙铁功率过大，加热时间过长
冷焊	表面呈现豆腐渣状颗粒，有时可能有裂纹	强度低，导电性不好	焊料未凝固前焊件抖动或电烙铁功率不够
虚焊	焊料与焊件交面接触角过大	强度低，不通或时通时断	焊件清理不干净；助焊剂不足或质量差；焊件未充分加热
不对称	焊锡未流满焊盘	强度不足	焊料流动性不好；助焊剂不足或质量差；加热不足
松动	导线或元件引线可动	导通不良或不导通	焊接未凝固前引线移动造成空隙；引线未处理好(镀锡)
拉尖	出现尖端	外观不佳，容易造成桥接现象	助焊剂过少，而加热时间过长；电烙铁撤离角度不当
桥接	邻导线连接	电气短路	焊锡过多；电烙铁撤离方向不当
剥落	焊点剥落(不是铜箔剥落)	断路	焊盘镀层不良
气泡	引线根部有时有喷火式焊料隆起，内部藏有空洞	暂时导通，但长时间容易引起导通不良	引线与孔间隙过大或引线浸润性不良

3）锡焊操作

手工锡焊前，要做的准备工作有以下几点。

（1）印制电路板与元器件的检查

焊装前应对印制电路板和元器件进行检查，主要检查印制电路板的线路和焊孔是否和要求相符，电路板有无断线、缺孔，表面是否清洁，有无氧化、腐蚀等现象，装配的元器件的品种、规格是否与要求吻合，元器件有无损坏等事项。

（2）元器件引脚镀锡

为了提高焊接的质量和速度，避免虚焊等缺陷，应该在装配以前对焊接表面进行处理，这就是预焊，也称为镀锡。在电子元器件的待焊面镀上焊锡，是焊接之前一道十分重要的工序，尤其是对于一些可焊性差的元器件显得尤为重要。

镀锡的工艺要求首先是待焊面应该保持清洁。对于较轻的污垢，可以用酒精或丙酮擦洗；严重的腐蚀性污垢，只有用刀刮或用砂纸打磨等机械办法去除，直到待焊面露出光亮的金属本色为止。其次，烙铁头的温度要适合。温度不能太低，太低了锡镀不上；温度也不能太高，太高了容易产生氧化物，使锡层不均匀，还可能会使焊盘脱落。掌握好加热时间是控制温度的有效办法。最后，使用松香作助焊剂去除氧化膜，防止工件和焊料氧化。

（3）元器件引线弯曲

为了使元器件在印制电路板上排列整齐并便于焊接，在安装前通常采用手工或专用机械把元器件引脚弯曲成一定的形状。元器件在印制电路板上的安装方式有三种：立式安装、卧式安装和表面安装。表面安装会在本章的后面内容中讲到。立式安装和卧式安装无论采用哪种方法，都应该按照元器件在印制电路板上孔位的尺寸要求，使其弯曲成型的引脚能够方便地插入孔内。卧式、立式安装的电阻和二极管元器件的引线弯曲成型分别如图 1-9（a）、（b）所示。引脚弯曲处距离元器件实体至少在 2 mm 以上，绝对不能从引线的根部开始弯折。

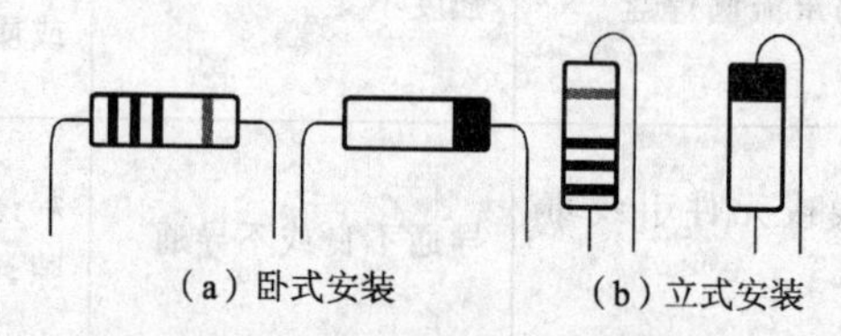

（a）卧式安装　　（b）立式安装

图 1-9　元器件引线弯曲成形

元件水平插装和垂直插装的引线成型，都有规定的成型尺寸。总的要求是各种成型方法能承受剧烈的热冲击，引线根部不产生应力，元器件不受到热传导的损伤等。

（4）元器件的插装

元器件的插装方式有两种，一种是贴板插装，另一种是悬空插装，如图 1-10（a）、（b）所示。贴板插装稳定性好，插装简单，但不利于散热，且对某些安装位置不适合；悬空插装适用范围广，有利于散热，但插装比较复杂，需要控制一定高度以保持美观。插装时具体方式应首先满足图纸中安装工艺的要求，其次按照实际安装位置确定。一般来说，如果没有特殊要求，只要位置允许，采用贴板插装更为常见。

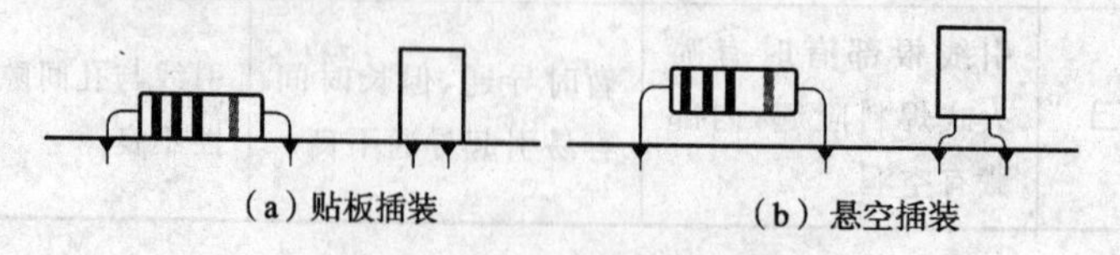

（a）贴板插装　　（b）悬空插装

图 1-10　元器件的插装方式

元器件插装时应注意插装元器件字符标记方向一致，以便于读出。插装时不要用手直接触碰元器件引线和印制电路板上的铜箔。插装后为了固定可对引线进行折弯处理。

(5) 电烙铁和焊锡丝的拿法

电烙铁拿法有反握法、正握法和握笔法三种，如图 1-11(a)、(b)、(c)所示。反握法动作稳定，长时间操作不易疲劳，适于大功率烙铁的操作。正握法适于中等功率烙铁或带弯头电烙铁的操作。通常，在操作台上焊印制电路板的焊件时多采用握笔法。

焊锡丝通常有两种拿法，如图 1-12 所示。由于在焊锡丝成分中，铅占一定比例，众所周知，铅是对人体有害的重金属，因此操作时应戴手套或操作后洗手，避免食入。

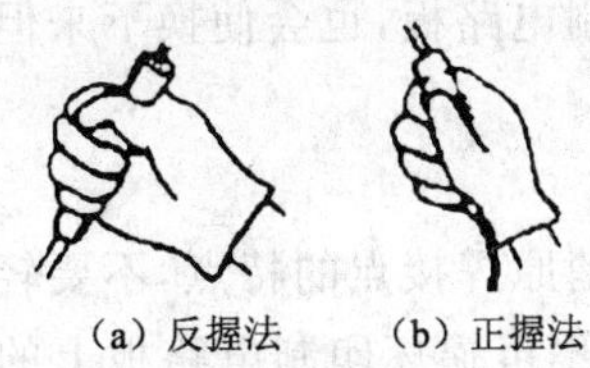
(a) 反握法

(b) 正握法

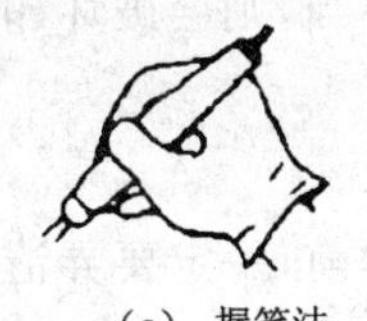
(c) 握笔法

图 1-11 电烙铁的拿法

图 1-12 焊锡丝的拿法

(6) 焊接方法

焊接五步法是常用的基本焊接方法，适合于焊接热容量大的器件。

① 准备施焊：准备好焊锡丝和烙铁，做好焊前准备。

② 加热焊件：将烙铁接触焊接点，注意首先要保持烙铁加热的焊件各部件(如印制电路板上的引线和焊盘)都受热，其次注意让烙铁头的扁平部分(较大部分)接触热容量较大的焊件，烙铁头的侧面或边缘部分接触热容量较小的焊件，以保持焊件均匀受热。

③ 熔化焊料：在焊件加热到能熔化焊料的温度后，将焊丝置于焊点，焊料开始融化并润湿焊点。

④ 移开焊锡：在熔化一定量的焊锡后，将焊锡丝移开。

⑤ 移开烙铁：在焊锡完全浸润焊点后移开烙铁，注意移开烙铁的方向应该与水平面大致成 45°角。

对于焊接热容量较小的器件，可以简化为三步法操作：准备焊接，放上电烙铁和焊锡丝，撤走焊锡丝并移开烙铁。

(7) 焊接注意事项

印制电路板的焊接，除遵循锡焊要领之外，还应注意以下几点：

① 烙铁一般选用内热式(20～35 W)或调温式(烙铁的温度不超过 300 ℃)，烙铁头选用小圆锥形。

② 加热时应尽量使烙铁头接触印制电路板上的铜箔和元器件引线。对于较大的焊盘(直径大于 5 mm)，焊接时应移动烙铁，即烙铁绕焊盘转动。

③ 对于金属化孔的焊接，焊接时不仅要让焊料浸润焊盘，而且孔内也要浸润填充。因此，金属化孔加热时间应比单面板长。

④ 焊接时不要用烙铁头摩擦焊盘，要靠表面清理和预焊来增强焊料浸润性能。耐热性差的元器件应使用工具辅助散热，如镊子。

焊接晶体管时，注意每个管子的焊接时间不要超过 10 秒钟，并使用尖嘴钳或镊子夹持引脚散热，防止烫坏晶体管。焊接 CMOS 电路时，如果事先已将各引线短路，焊接前不要拿掉短路线。对使用高压的烙铁，最好在焊接时拔下插头，利用余热焊接。焊接集成电路时，在能够保证浸润的前提下，尽量缩短焊接时间，一般每脚不要超过 2 秒钟。

(8) 焊后处理

焊接完毕后，要进行适当的焊后处理，主要做到以下几点：

① 剪去多余引线，注意不要对焊点施加剪切力以外的其他力。

② 检查印制电路板上所有元器件引线的焊点，并修补焊点缺陷。

③ 根据供应要求，选择清洗液清洗印制电路板；而使用松香焊剂的一般不用清洗。

4) 拆焊操作

在调试、维修电子设备的工作中，经常需要更换一些元器件。更换元器件的前提当然是要把原先的元器件拆焊下来。如果拆焊的方法不当，则会破坏印制电路板，也会使换下来但并没失效的元器件无法重新使用。

(1) 拆焊原则

拆焊的步骤一般与焊接的步骤相反。拆焊前，一定要弄清楚原焊接点的特点，不要轻易动手。不损坏拆除的元器件、导线、原焊接部位的结构件。拆焊时不可损坏印制电路板上的焊盘与印制导线。对已判断为损坏的元器件，可先行将引线剪断，再进行拆除，这样可减小其他损伤的可能性。在拆焊过程中，应该尽量避免拆除其他元器件或变动其他元器件的位置。若确实需要，则要做好复原工作。

(2) 拆焊要点

① 严格控制加热的温度和时间。拆焊的加热时间和温度较焊接时间要长、要高，所以要严格控制温度和加热时间，以免将元器件烫坏或使焊盘翘起、断裂。宜采用间隔加热法来进行拆焊。

② 拆焊时不要用力过猛。在高温状态下，元器件封装的强度都会下降，尤其是对塑封器件、陶瓷器件、玻璃端子等，过分用力拉、摇、扭都会损坏元器件和焊盘。

③ 吸去拆焊点上的焊料。拆焊前，用吸锡工具吸去焊料，有时可以直接将元器件拔下。即使还有少量锡连接，也可以减少拆焊的时间，减小元器件及印制电路板损坏的可能性。在没有吸锡工具的情况下，则可以将印制电路板或能够移动的部件倒过来，用电烙铁加热拆焊点，利用重力，让焊锡自动流向烙铁头，也能达到部分去锡的目的。

(3) 拆焊方法

通常，对于电阻、电容、晶体管等引脚不多且每个引线可相对活动的元器件，可以用烙铁直接拆焊。把印制电路板竖起来夹住，一边用烙铁加热待拆元件的焊点，一边用镊子或尖嘴钳夹住元器件引线轻轻拉出。当拆焊多个引脚的集成电路或多管脚元器件时，一般有以下几种方法。

① 选择合适的医用空心针头拆焊。将医用针头用铜锉锉平，作为拆焊的工具，具体方法是：一边用电烙铁熔化焊点，一边把针头套在被焊元器件的引线上，直至焊点熔化后，将针头迅速插入印制电路板的孔内，使元器件的引线脚与印制电路板的焊盘分开。

② 用吸锡材料拆焊。可用做吸焊材料的有屏蔽线编织网、细铜网或多股铜导线等。将吸锡材料加松香助焊剂，用烙铁加热进行拆焊。

③ 采用吸锡烙铁或吸锡器进行拆焊。吸锡烙铁对拆焊是很有用的，既可以拆下待换的元件，同时又可不堵塞焊孔，而且不受元器件种类的限制。但它必须逐个焊点除锡，效率不高，而且必须及时排除吸入的焊锡。

④ 采用专用拆焊工具进行拆焊。专用拆焊工具能一次完成多引线引脚元器件的拆焊，而

且不易损坏印制电路板及其周围的元器件。

⑤ 用热风枪或红外线焊枪进行拆焊。热风枪或红外线焊枪可同时对所有焊点进行加热，待焊点熔化后取出元器件。对于表面安装元器件，用热风枪或红外线焊枪进行拆焊效果最好。用此方法拆焊的优点是拆焊速度快，操作方便，不宜损伤元器件和印制电路板上的铜箔。

1.2 数字逻辑电路的设计、安装调试及常用的故障排除方法

1.2.1 电子电路设计的基本步骤

(1) 明确设计任务要求

充分了解设计任务的具体要求，如性能指标、内容及要求，明确设计任务。

(2) 方案选择

根据掌握的知识和资料，针对设计提出的任务、要求和条件，设计合理、可靠、经济、可行的设计框架，对其优缺点进行分析，做到心中有数。

(3) 根据设计框架进行电路单元设计、参数计算和器件选择

具体设计时可以模仿成熟的电路进行改进和创新，注意信号之间的关系和限制；接着根据电路工作原理和分析方法，进行参数的估计与计算；器件选择时，元器件的工作、电压、频率和功耗等参数应满足电路指标要求，元器件的极限参数必须留有足够的裕量，一般应大于额定值的1.5倍，电阻和电容的参数应选择计算值附近的标称值。

(4) 电路原理图的绘制

电路原理图是组装、焊接、调试和检修的依据，绘制电路图时布局必须合理、排列均匀、清晰、便于看图、有利于读图；信号的流向一般从输入端或信号源画起，由左至右或由上至下按信号的流向依次画出各单元电路，反馈通路的信号流向则与此相反；图形符号要标准，并加适当的标注；连线应为直线，并且交叉和折弯应最少，互相连通的交叉处用圆点表示，地线用接地符号表示。

1.2.2 电子电路的组装

电路组装通常采用通用印制电路板焊接和实验箱上插接两种方式，不管哪种方式，都要注意以下几点。

(1) 集成电路：认清方向，找准第一脚，不要倒插，所有IC(集成电路)的插入方向一般应保持一致，管脚不能弯曲、折断；

(2) 元器件的装插：去除元器件管脚上的氧化层，根据电路图确定元器件的位置，并按信号的流向依次将元器件顺序连接；

(3) 导线的选用与连接：导线直径应与过孔(或插孔)相当，过大、过细均不好；为检查电路方便，要根据不同用途选择不同颜色的导线，一般习惯是正电源用红线，负电源用蓝线，地线用黑线，信号线用其他颜色的线；连接用的导线要求紧贴板上，焊接或接触良好，连接线不允许跨越IC或其他器件，尽量做到横平竖直，便于查线和更换器件，但高频电路部分的连线应尽量

短；电路之间要有公共地。

（4）在电路的输入、输出端和其测试端应预留测试空间和接线柱，以方便测量、调试。

（5）布局合理和组装正确的电路，不仅整齐美观，而且能提高电路工作的可靠性，便于检查和排除故障。

1.2.3 电路调试的一般方法

在众多电子产品中，由于其包含的各元器件的性能参数具有很大的离散性，电路设计中的近似性，再加上生产过程中的不确定性，使得装配完成的产品在性能方面有较大的差异，通常达不到设计规定的功能和性能指标，这就是整机装配完毕后必须进行调试的原因。数字逻辑电路调试技术包括调整和测试两部分。调整主要是对电路参数的调整，如电阻、电容和电感参数等，使电路达到预定的功能和性能要求；测试主要是对电路的各项技术指标和功能进行测量与试验，并与设计的性能指标进行比较，以确定电路是否合格。电路测试是电路调整的依据，又是检验结论的判断依据。实际上，电子产品的调整和测试是同时进行的，要经过反复的调整和测试，产品的性能才能达到预期的目标。

1. 调试方法

电子电路调试方法有两种：分块调试和整体调试。

1）分块调试

分块调试是把总体电路按功能分成若干个模块，对每个模块分别进行调试。模块的调试顺序最好是按信号的流向，一块一块地进行，逐步扩大调试范围，最后完成总调。

实施分块调试法有两种方式，一种是边安装边调试，即按信号流向组装一个模块就调试一个模块，然后再继续组装其他模块；另一种是总体电路一次组装完毕后，再分块调试。

用分块调试法调试，问题出现的范围小，可及时发现，易于解决。所以此种方法适于新设计电路和课程设计。

2）整体调试

此种方法是把整个电路组装完毕后，实行一次性总调。它只适于不进行分块调试定型产品或某些需要相互配合、不能分块调试的产品。

不论是分块调试，还是整体调试，调试的内容应包括静态与动态调试两部分。静态调试一般是指在没有外加输入信号的条件下，测试电路各点的电位，比如，测试数字电路各输入和输出的高低电平和逻辑关系等；动态调试包括调试信号幅值、波形、相位关系、频率、放大倍数及时序逻辑关系等。

值得指出的是，如果一个电路中包括模拟电路、数字电路和微机系统三个部分，由于它们对输入信号的要求各不相同，故一般不允许直接联调和总调，而应三部分分别进行调试后，再进行整机联调。

2. 调试步骤

不论采用分块调试，还是整体调试，通常电子电路的调试步骤如下。

（1）检查电路

任何组装好的电子电路，在通电调试之前，必须认真检查电路连线是否有错误。对照电路图，按一定的顺序逐级对应检查。特别要注意检查电源是否接错，电源与地是否有短路，二极管方向和电解电容的极性是否接反，集成电路和晶体管的引脚是否接错，轻轻拔一拔元器件，观察焊点是否牢固等等。

(2) 通电观察

一定要调试好所需要的电源电压数值，并确定印制电路板电源端无短路现象后，才能给电路接通电源。电源一经接通，不要急于用仪器观测波形和数据，而是要观察是否有异常现象，如冒烟、异常气味、放电的声光、元器件发烫等。如果有，不要惊慌失措，而应立即关断电源，待排除故障后方可重新接通电源。然后再测量每个集成块的电源引脚电压是否正常，以确定集成电路是否已通电工作。

(3) 静态调试

先不加输入信号，测量各级直流工作电压和电流是否正常。直流电压的测试非常方便，可直接测量。而电流的测量就不太方便，通常采用两种方法来测量：若电路在印制电路板上有测试用的试孔，可串入电流表直接测量出电流的数值，然后再用焊锡连接好；若没有试孔，则可测量直流电压，再根据电阻值大小计算出直流电流。一般对晶体管和集成电路需进行静态工作点调试。

(4) 动态调试

加上输入信号，观测电路输出信号是否符合要求。也就是调整电路的交流通路元件，电容、电感等，使电路相关点的交流信号的波形、幅度、频率等参数达到设计要求。若输入信号为周期性的变化信号，可用示波器观测输出信号。当采用分块调试时，除输入级采用外加输入信号外，其他各级的输入信号应采用前级输出信号。对于数字电路，观测输出信号波形、幅值、脉冲宽度、相位及动态逻辑关系是否符合要求。在数字电路调试中，常常希望让电路状态发生一次性变化，而不是周期性的变化。因此，输入信号应为单位阶跃信号(又称开关信号)，用以观察电路状态变化的逻辑关系。

(5) 指标测试

数字逻辑电路经静态和动态调试正常之后，便可对设计要求的技术指标进行测试并记录测试数据，对测试数据进行分析，最后作出测试结论，以确定电路的技术指标是否符合设计要求。如有不符，则应仔细检查问题所在，一般是对某些元件参数加以调整和改变。若仍达不到要求，则应对某部分电路进行修改，甚至要对整个电路重新加以修改。因此，要求在设计的全过程中，要认真、细致，考虑问题要更周全。尽管如此，出现局部返工也是难免的。

1.2.4 常用的故障排除方法

在数字逻辑电路的调试过程中会遇到调试失败、出现电路故障的情况。可以通过观察查找电路故障。通常有不通电和通电两种观察方式。对于新安装的电路，一般先进行不通电观察，主要借助万用表检查元器件、连线和接触不良等情况。若未发现问题，则可通电检查电路有无冒烟、元器件过热、焦臭味等现象，此时注意力一定要集中，一旦发现异常现象，应马上切断电源，记住故障点，并对故障及时进行排除。

常用的故障排除方法如下：

(1) 直观检查法。这是一种只靠检修人员的直观感觉，不用有关仪器来发现故障的方法。如观察元器件和连线有无脱焊、短路、烧焦等现象；触摸元器件是否发烫；调节开关、旋钮，看是否能够正常使用等。

(2) 参数测量法。用万用表检测电路的各级直流电压、电流值，并与正常理论值(图纸上的标定值或正常产品工作时的实测值)进行比较，从而发现故障。这是检修时最有效可行的一种方法。如测整机电流，若电流过大，则说明有短路性故障；反之，则说明有开路性故障。进一步测各部分单元电压或电流可查出哪一级电路不正常，从而找到故障的部位。

(3) 电阻测量法。这种方法是在切断电源后，再用万用表的欧姆挡测电路某两点间的电阻，从而检查出电路的通断。如检查开关触点是否接触良好、线圈内部是否断路、电容是否漏电、管子是否击穿等。

(4) 信号寻迹法。常用于检查放大级电路，用函数信号发生器对被检查电路输入一频率、幅度合适的信号，用示波器从前往后逐级观测信号波形是否正常或有无波形输出，从而发现故障的部位。

(5) 替代法。用好的元器件替代被怀疑有问题的元器件来发现并排除故障。若故障消失，则说明被怀疑的元器件的确坏了，同时故障也排除了。

(6) 短接旁路法。短接旁路法适用于检查交流信号传输过程中的电路故障，若短接后电路正常了，则说明故障在中间连线或插接环节。主要用于检查自激振荡及各种杂音的故障现象。

(7) 电路分割法。有时一个故障现象牵连电路较多而难以找到故障点，这时可把有牵连的各部分电路分割，缩小故障的检查范围，逐步逼近故障点。

第2章　数字逻辑电路基础型实训

2.1　基本门电路逻辑功能与参数测试

一、实验目的

(1) 掌握 TTL、CMOS 集成与非门的逻辑功能。
(2) 掌握 TTL、CMOS 集成器件的使用规则。
(3) 学会 TTL、CMOS 集成门电路主要参数的测试方法。

二、实验原理

本实验采用四输入双与非门 74LS20，即在一块集成块内含有两个互相独立的与非门，每个与非门有四个输入端。其逻辑图、逻辑符号及引脚排列如图 2-1(a)、(b)、(c)所示。

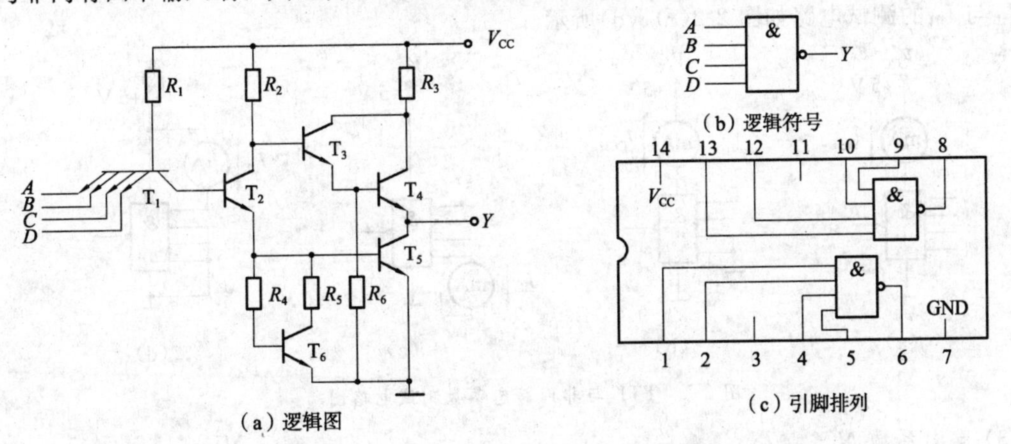

图 2-1　74LS20 逻辑图、逻辑符号及引脚排列

1. 基础芯片介绍

数字电路实验中所用到的集成芯片都是双列直插式的，其引脚排列规则如图 2-1(c)所示。识别方法是：正对集成电路型号(如 74LS20)或看标记(左边的缺口或小圆点标记)，从左下角开始按逆时针方向以 1，2，3…依次排列到最后一脚(在左上角)。在标准形 TTL 集成电路中，电源端 V_{CC} 一般排在左上端，接地端 GND 一般排在右下端。如 74LS20 为 14 脚芯片，14 脚为 V_{CC}，7 脚为 GND。若集成芯片引脚上的功能标号为 NC，则表示该引脚为空脚，与内部电路不连接。

2. TTL 集成逻辑门的逻辑功能

1）与非门的逻辑功能

与非门的逻辑功能是：当输入端中有一个或一个以上是低电平时，输出端为高电平；只有当输入端全部为高电平时，输出端才是低电平（即有“0”得“1”，全“1”得“0”）。其逻辑表达式为

$$Y=\overline{AB}$$

2）TTL 与非门的主要参数

（1）低电平输出电源电流 I_{CCL} 和高电平输出电源电流 I_{CCH}

与非门处于不同的工作状态，电源提供的电流是不同的。I_{CCL} 是指所有输入端悬空，输出端空载时，电源提供给器件的电流。I_{CCH} 是指输出端空载，每个门各有一个以上的输入端接地，其余输入端悬空时，电源提供给器件的电流。通常 $I_{CCL}>I_{CCH}$，它们的大小标志着器件静态功耗的大小。器件的最大功耗为 $P_{CCL}=V_{CC}I_{CCL}$。手册中提供的电源电流和功耗值是指整个器件总的电源电流和总的功耗。I_{CCL} 和 I_{CCH} 测试电路如图 2-2(a)、(b)所示。

注意：TTL 电路对电源电压要求较严，电源电压 V_{CC} 只允许在 $5\times(1\pm10\%)$ V 的范围内工作，超过 5.5 V 将损坏器件；低于 4.5 V，器件的逻辑功能将不正常。

（2）低电平输入电流 I_{iL} 和高电平输入电流 I_{iH}

I_{iL} 是指被测输入端接地，其余输入端悬空，输出端空载时，由被测输入端流出的电流值。在多级门电路中，I_{iL} 相当于前级门输出低电平时，后级向前级门灌入的电流，它关系到前级门的灌电流负载能力，即直接影响前级门电路带负载的个数，因此希望 I_{iL} 小些。

I_{iH} 是指被测输入端接高电平，其余输入端接地，输出端空载时，流入被测输入端的电流值。在多级门电路中，它相当于前级门输出高电平时，前级门的拉电流负载，其大小关系到前级门的拉电流负载能力，因此希望 I_{iH} 小些。由于 I_{iH} 较小，难以测量，一般免于测试。

I_{iL} 与 I_{iH} 的测试电路如图 2-2(c)、(d)所示。

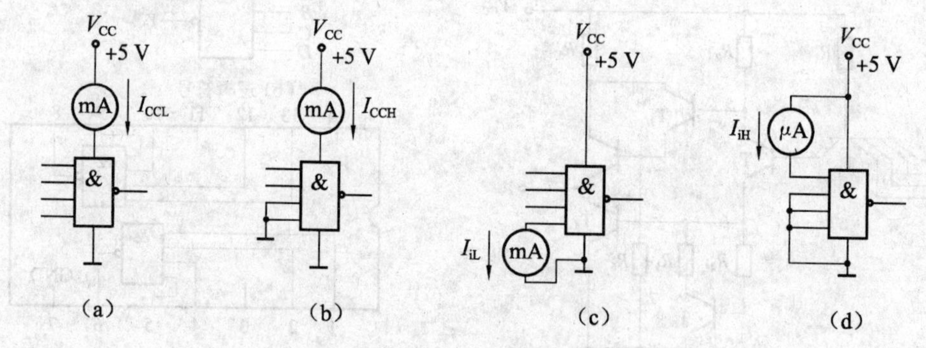

图 2-2　TTL 与非门静态参数测试电路图

（3）扇出系数 N_O

扇出系数 N_O 是指门电路能驱动同类门的个数，它是衡量门电路负载能力的一个参数，TTL 与非门有两种不同性质的负载，即灌电流负载和拉电流负载，因此有两种扇出系数，即低电平扇出系数 N_{OL} 和高电平扇出系数 N_{OH}。通常 $I_{iH}<I_{iL}$，则 $N_{OH}>N_{OL}$，故常以 N_{OL} 作为门的扇出系数。

N_{OL} 的测试电路如图 2-3 所示，门的输入端全部悬空，输出端接灌电流负载 R_L，调节 R_L 使 I_{OL} 增大，V_{OL} 随之增高，当 V_{OL} 达到 V_{OLm}（手册中规定低电平规范值为 0.4 V）时的 I_{OL} 就是允许灌入的最大负载电流，则

$$N_{OL}=\frac{I_{OL}}{I_{iL}} \qquad (通常 N_{OL}\geqslant 8)$$

(4) 电压传输特性

门的输出电压 v_o 随输入电压 v_i 而变化的曲线 $v_o=f(v_i)$ 称为门的电压传输特性，通过它可读得门电路的一些重要参数，如输出高电平 V_{OH}、输出低电平 V_{OL}、关门电平 V_{OFF}、开门电平 V_{ON}、阈值电平 V_T 及抗干扰容限 V_{NL}、V_{NH} 等值。测试电路如图 2-4 所示，采用逐点测试法，即调节 R_W，逐点测得 v_i 及 v_o，然后绘成曲线。

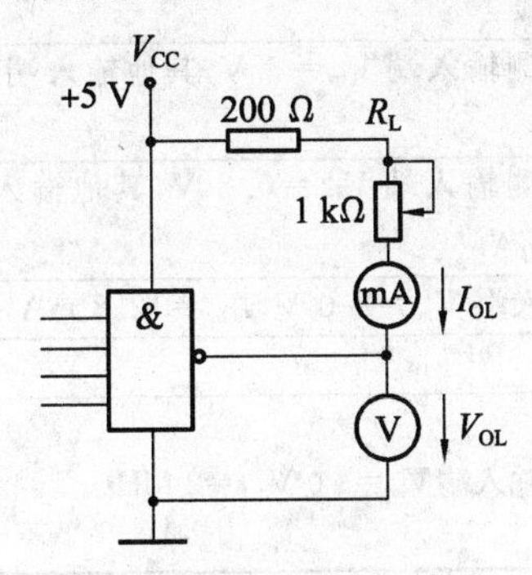

图 2-3　扇出系数测试电路

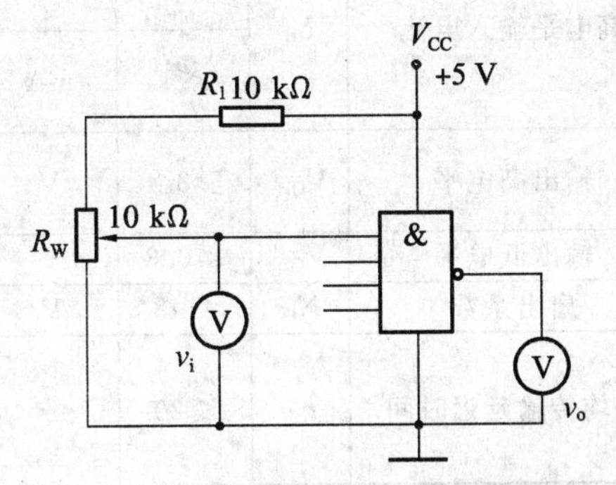

图 2-4　传输特性测试电路

(5) 平均传输延迟时间 t_{pd}

t_{pd} 是衡量门电路开关速度的参数，它是指输出波形边沿的 $0.5V_m$（V_m 为波形幅值）至输入波形对应边沿 $0.5V_m$ 点的时间间隔，如图 2-5(a)所示。

图 2-5(a)中的 t_{pdL} 为导通延迟时间，t_{pdH} 为截止延迟时间，平均传输延迟时间为

$$t_{pd}=\frac{1}{2}(t_{pdL}+t_{pdH})$$

t_{pd} 的测试电路如图 2-5(b)所示，由于 TTL 门电路的延迟时间较小，直接测量时对函数信号发生器和示波器的性能要求较高，故实验采用测量由奇数个与非门组成的环形振荡器的振荡周期 T 来求得。其工作原理是：假设电路在接通电源后某一瞬间，电路中的 A 点为逻辑"1"，经过三级门的延迟后，使 A 点由原来的逻辑"1"变为逻辑"0"；再经过三级门的延迟后，A 点电平又重新回到逻辑"1"。电路中其他各点电平也跟随变化。说明使 A 点发生一个周期的振荡，必须经过六级门的延迟时间。因此平均传输延迟时间为 $t_{pd}=T/6$。TTL 电路的 t_{pd} 一般在10～40 ns 之间。

74LS20 主要电参数规范如表 2-1 所示。

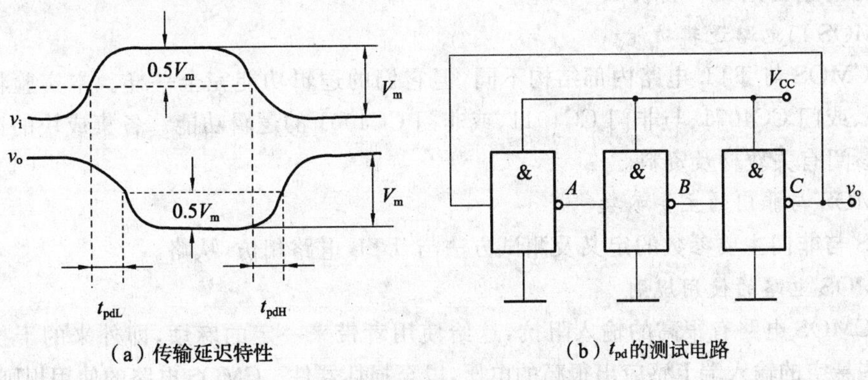

(a) 传输延迟特性　　(b) t_{pd}的测试电路

图 2-5　传输延迟特性测试电路及特性曲线

表 2-1　74LS20 主要电参数

参数名称和符号			规范值	单位	测试条件
直流参数	导通电源电流	I_{CCL}	<14	mA	$V_{CC}=5$ V,输入端悬空,输出端空载
	截止电源电流	I_{CCH}	<7	mA	$V_{CC}=5$ V,输入端接地,输出端空载
	低电平输入电流	I_{iL}	≤1.4	mA	$V_{CC}=5$ V,被测输入端接地,其他输入端悬空,输出端空载
	高电平输入电流	I_{iH}	<50	μA	$V_{CC}=5$ V,被测输入端 $V_{in}=2.4$ V,其他输入端接地,输出端空载
			<1	mA	$V_{CC}=5$ V,被测输入端 $V_{in}=5$ V,其他输入端接地,输出端空载
	输出高电平	V_{OH}	≥3.4	V	$V_{CC}=5$ V,被测输入端 $V_{in}=0.8$ V,其他输入端悬空,$I_{OH}=400$ μA
	输出低电平	V_{OL}	<0.3	V	$V_{CC}=5$ V,输入端 $V_{in}=2.0$ V,$I_{OL}=12.8$ mA
	扇出系数	N_O	4～8	V	同 V_{OH} 和 V_{OL}
交流参数	平均传输延迟时间	t_{pd}	≤20	ns	$V_{CC}=5$ V,被测输入端 $V_{in}=3.0$ V,$f=2$ MHz

3. CMOS 集成逻辑门的逻辑功能

1) CMOS 集成电路

CMOS 集成电路是将 N 沟道 MOS 晶体管和 P 沟道 MOS 晶体管同时用于一个集成电路中,成为组合两种沟道 MOS 管性能的更优良的集成电路。CMOS 集成电路的主要优点是:

(1) 功耗低,其静态工作电流在 10^{-9} A 数量级,是目前所有数字集成电路中最低的,而 TTL 器件的功耗则大得多。

(2) 高输入阻抗,通常大于 10^{10} Ω,远高于 TTL 器件的输入阻抗。

(3) 接近理想的传输特性,输出高电平可达电源电压的 99.9%以上,低电平可达电源电压的 0.1%以下,因此输出逻辑电平的摆幅很大,噪声容限很高。

(4) 电源电压范围广,可在+3～+18 V 范围内正常运行。

(5) 由于有很高的输入阻抗,要求驱动电流很小,约 0.1 μA,输出电流在+5 V 电源下约为 500 μA,远小于 TTL 电路,其扇出系数将非常大。在一般低频率时,无需考虑扇出系数,但在高频时,后级门的输入电容将成为主要负载,使其扇出能力下降,所以在较高频率工作时,CMOS 电路的扇出系数一般取 10～20。

2) CMOS 门电路逻辑功能

尽管 CMOS 与 TTL 电路内部结构不同,但它们的逻辑功能完全一样。本实验将测定与门 CC4081、或门 CC4071、与非门 CC4011、或非门 CC4001 的逻辑功能。各集成块的逻辑功能与真值表参阅有关教材及资料。

3) CMOS 与非门的主要参数

CMOS 与非门主要参数的定义及测试方法与 TTL 电路相仿,从略。

4) CMOS 电路的使用规则

由于 CMOS 电路有很高的输入阻抗,这给使用者带来一定的麻烦,即外来的干扰信号很容易在一些悬空的输入端上感应出很高的电压,以至损坏器件。CMOS 电路的使用规则如下。

(1) V_{DD}接电源正极,V_{SS}接电源负极(通常接地),不得接反。CC4000 系列的电源允许电压在＋3～＋18 V 范围内选择，实验中一般要求使用＋5～＋15 V。

(2) 所有输入端一律不准悬空。

闲置输入端的处理方法：

① 按照逻辑要求，直接接 V_{DD}(与非门)或 V_{SS}(或非门)；

② 在工作频率不高的电路中，允许输入端并联使用。

(3) 输出端不允许直接与 V_{DD} 或 V_{SS} 连接，否则将导致器件损坏。

(4) 在装接电路，改变电路连接或插、拔电路时，均应切断电源，严禁带电操作。

(5) 焊接、测试和储存时的注意事项：

① 电路应存放在导电的容器内，有良好的静电屏蔽；

② 焊接时必须切断电源，电烙铁外壳必须良好接地，或拔下烙铁，靠其余热焊接；

③ 所有的测试仪器必须良好接地。

三、实验设备及器件

(1) ＋5 V 直流电源　　(2) 逻辑电平开关

(3) 逻辑电平显示器　　(4) 直流数字电压表

(5) 直流毫安表　　(6) 直流微安表

(7) 双踪示波器　　(8) 连续脉冲源

(9) 1 kΩ、10 kΩ、100 kΩ 电位器，200 Ω/0.5 W、1 kΩ 电阻

(10) 74LS20、CC4011、CC4001、CC4071、CC4081

四、实验内容

1. TTL 集成电路使用规则

(1) 接插集成块时，要认清定位标记，不得插反。

(2) 电源电压使用范围为＋4.5～＋5.5 V 之间，实验中要求使用 V_{CC}＝＋5 V。电源极性绝对不允许接错。

(3) 闲置输入端处理方法。

① 悬空，相当于正逻辑“1”。对于一般小规模集成电路的数据输入端，实验时允许悬空处理。但易受外界干扰，导致电路的逻辑功能不正常。因此，对于接有长线的输入端，中规模以上的集成电路和使用集成电路较多的复杂电路，所有控制输入端必须按逻辑要求接入电路，不允许悬空。

② 直接接电源电压 V_{CC}(也可以串入一只 1～10 kΩ 的固定电阻)或接至某一固定电压(＋2.4～＋4.5 V)的电源上，或与输入端为接地的多余与非门的输出端相接。

③ 若前级驱动能力允许，可以与使用的输入端并联。

(4) 输入端通过电阻接地，电阻值的大小将直接影响电路所处的状态。当 $R \leqslant 680\ \Omega$ 时，输入端相当于逻辑“0”；当 $R \geqslant 4.7\ \text{k}\Omega$ 时，输入端相当于逻辑“1”。对于不同系列的器件，要求的阻值不同。

(5) 输出端不允许并联使用(集电极开路门 OC 和三态输出门电路 3S 除外)。否则不仅会使电路逻辑功能混乱，还会导致器件损坏。

(6) 输出端不允许直接接地或直接接＋5 V 电源，否则将损坏器件。有时为了使后级电

路获得较高的输出电平，允许输出端通过电阻 R 接至 V_{CC}，一般取 $R=3\sim5.1\ \text{k}\Omega$。

2. **验证 TTL 集成与非门 74LS20 的逻辑功能**

在合适的位置选取一个 14P 插座，按定位标记插好 74LS20 集成块。按图 2-6 接线，门的四个输入端接逻辑电平开关输出插口，以提供"0"与"1"电平信号，开关向上，输出逻辑"1"，向下为逻辑"0"。门的输出端接至由 LED 发光二极管组成的逻辑电平显示器（又称 0-1 指示器）的显示插口，LED 亮为逻辑"1"，不亮为逻辑"0"。按表 2-2 的真值表逐个测试集成块中两个与非门的逻辑功能。74LS20 有 4 个输入端，有 16 个最小项，在实际测试时，只要通过对输入 1111、0111、1011、1101、1110 五项进行检测就可判断其逻辑功能是否正常。

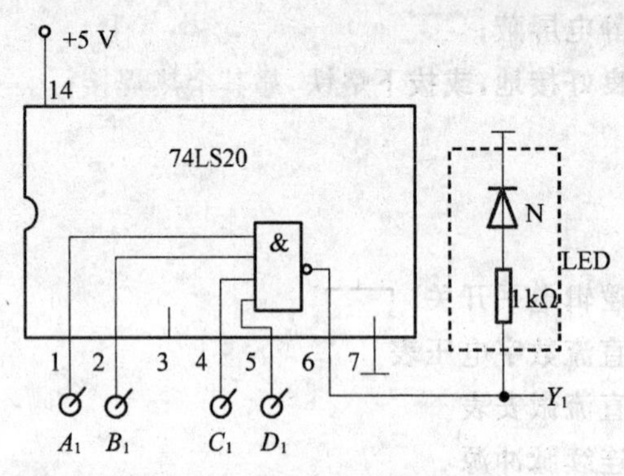

图 2-6　与非门逻辑功能测试电路

表 2-2　74LS20 真值表

输入				输出	
A_n	B_n	C_n	D_n	Y_1	Y_2
1	1	1	1		
0	1	1	1		
1	0	1	1		
1	1	0	1		
1	1	1	0		

3. **74LS20 主要参数的测试**

（1）分别按图 2-2、2-3、2-5(b)接线并进行测试，将测试结果记入表 2-3 中。

表 2-3　74LS20 主要参数

I_{CCL}(mA)	I_{CCH}(mA)	I_{iL}(mA)	I_{OL}(mA)	$N_O=I_{OL}/I_{iL}$	$t_{pd}=T/6$ (ns)

（2）按图 2-4 接线，调节电位器 R_W，使 v_i 从 0 伏向高电平变化，逐点测量 v_i 和 v_o 的对应值，记入表 2-4 中。

表 2-4　74LS20 电压传输特性的测试

v_i(V)	0	0.2	0.4	0.6	0.8	1.0	1.5	2.0	2.5	3.0	3.5	4.0	…
v_o(V)													

4. **CMOS 与非门 CC4011 参数测试（方法与 TTL 电路相同）**

（1）测试 CC4011 一个门的 I_{CCL}，I_{CCH}，I_{iL}，I_{iH}。

（2）测试 CC4011 一个门的传输特性（一个输入端作信号输入，另一个输入端接逻辑高电平）。

（3）将 CC4011 的三个门串接成振荡器，用示波器观测输入、输出波形，并计算出 t_{pd} 值。

5. **验证 CMOS 各门电路的逻辑功能**

验证与非门 CC4011、与门 CC4081、或门 CC4071 及或非门 CC4001 的逻辑功能，其引脚排列见附录 C。

以 CC4011 为例，如图 2-7 所示。测试时，选好一个 14P 插座，插入被测器件，其输入端 A、B 接逻辑电平开关的输出插口，其输出端 Y 接至逻辑电平显示器输入插口，拨动逻辑电平开关，逐个测试各门的逻辑功能，并记入表 2-5 中。

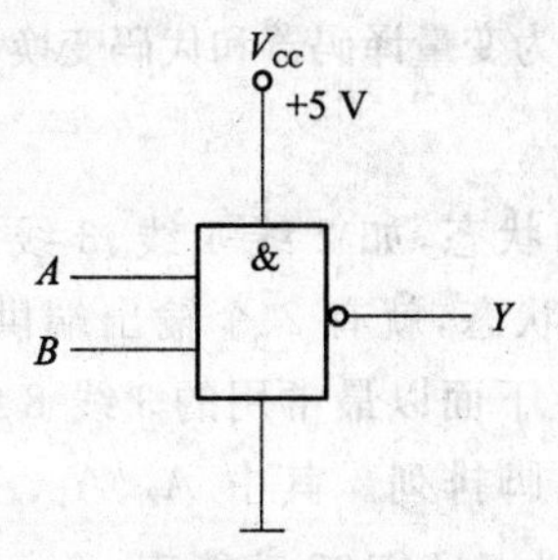

图 2-7　与非门逻辑功能测试

表 2-5　CC4011 功能表

输入		输出			
A	B	Y_1	Y_2	Y_3	Y_4
0	0				
0	1				
1	0				
1	1				

6. 观察与非门、与门、或非门对脉冲的控制作用

选用与非门按图 2-8(a)、(b)接线，将一个输入端接连续脉冲源（频率为 20 kHz），用示波器观察两种电路的输出波形，记录之。然后测定与门和或非门对连续脉冲的控制作用。

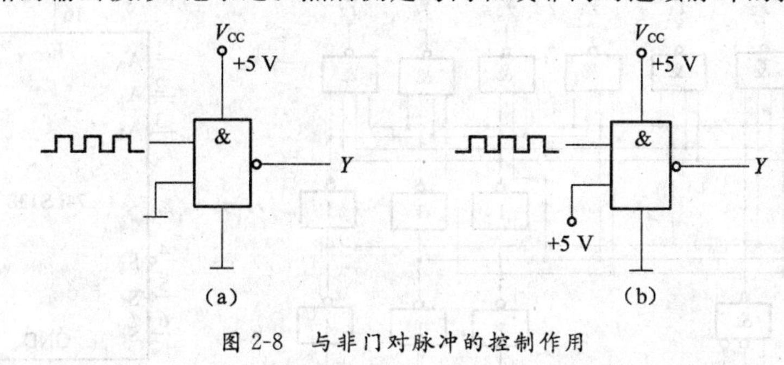

图 2-8　与非门对脉冲的控制作用

五、实验报告

(1) 整理实验结果，用坐标纸画出传输特性曲线。

(2) 根据实验结果，写出各门电路的逻辑表达式，并判断被测电路的功能好坏。

2.2　译码器/数据分配器功能的测试及应用

一、实验目的

(1) 熟悉 3 线-8 线译码器 74LS138 功能。

(2) 利用 74LS138 译码器实现 8 路分配器功能。

(3) 掌握用译码器实现多个逻辑函数。

(4) 熟悉数码管的使用方法。

二、实验原理

译码器是一个多输入、多输出的组合逻辑电路。它的作用是把给定的代码进行“翻译”，变成相应的状态，使输出通道中相应的一路有信号输出。译码器在数字系统中有广泛的用途，不仅用于代码的转换，终端的数字显示，还用于数据分配，存储器寻址和组合控制信号等。不同的功能可选用不同种类的译码器。

译码器可分为通用译码器和显示译码器两大类。前者又分为变量译码器和代码变换译码器。

1. 74LS138 译码器的工作原理

变量译码器(又称二进制译码器),用以表示输入变量的状态,如 2 线-4 线、3 线-8 线和 4 线-16 线译码器。若有 n 个输入变量,则有 2^n 个不同的组合状态,就有 2^n 个输出端供其使用,而每一个输出所代表的函数对应于 n 个输入变量的最小项。下面以最常用的 3 线-8 线译码器 74LS138 为例进行分析,图 2-9(a)、(b)分别为其逻辑图及引脚排列。其中 A_2、A_1、A_0 为地址输入端,$\overline{Y}_0 \sim \overline{Y}_7$ 为译码输出端,S_1、$\overline{S}_2$、$\overline{S}_3$ 为使能端。表 2-6 为 74LS138 功能表。

当 $S_1=1$,$\overline{S}_2+\overline{S}_3=0$ 时,器件使能,地址码所指定的输出端有信号(为 0)输出,其他所有输出端均无信号(全为 1)输出。当 $S_1=0$,$\overline{S}_2+\overline{S}_3=\times$ 时,或 $S_1=\times$,$\overline{S}_2+\overline{S}_3=1$ 时,译码器被禁止,所有输出同时为 1。(×表示任意状态。)

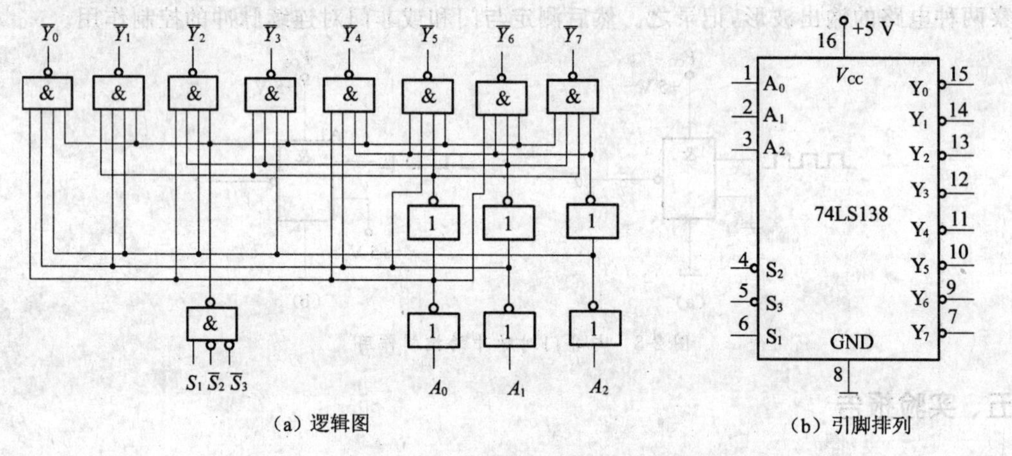

(a) 逻辑图　　(b) 引脚排列

图 2-9　3 线-8 线译码器 74LS138 逻辑图及引脚排列

表 2-6　74LS138 功能表

输入					输出							
使能端		选择端										
S_1	$\overline{S}_2+\overline{S}_3$	A_2	A_1	A_0	$\overline{Y}_0$	$\overline{Y}_1$	$\overline{Y}_2$	$\overline{Y}_3$	$\overline{Y}_4$	$\overline{Y}_5$	$\overline{Y}_6$	$\overline{Y}_7$
1	0	0	0	0	0	1	1	1	1	1	1	1
1	0	0	0	1	1	0	1	1	1	1	1	1
1	0	0	1	0	1	1	0	1	1	1	1	1
1	0	0	1	1	1	1	1	0	1	1	1	1
1	0	1	0	0	1	1	1	1	0	1	1	1
1	0	1	0	1	1	1	1	1	1	0	1	1
1	0	1	1	0	1	1	1	1	1	1	0	1
1	0	1	1	1	1	1	1	1	1	1	1	0
0	×	×	×	×	1	1	1	1	1	1	1	1
×	1	×	×	×	1	1	1	1	1	1	1	1

2. 用 74LS138 构成 8 路分配器

二进制译码器实际上也是负脉冲输出的脉冲分配器。若利用使能端中的一个输入端输入数据信息,器件就成为一个数据分配器(又称多路分配器),如图 2-10 所示。若在 S_1 端输入数据信息,$\overline{S}_2=\overline{S}_3=0$,地址码所对应的输出是 S_1 端数据信息的反码;若在$\overline{S}_2$ 端输入数据信息,令 $S_1=1$、$\overline{S}_3=0$,地址码所对应的输出就是$\overline{S}_2$ 端数据信息的原码。若数据信息是时钟脉冲,则数据分配器便成为时钟脉冲分配器。根据输入地址的不同组合译出唯一地址，故可用作地址译码器。接成多路分配器，可将一个信号源的数据信息传输到不同的地址。

3. 用 74LS138 实现逻辑函数

一个 3 线-8 线译码器有 3 个地址码输入端，可实现最多三个输入变量的逻辑函数。二进制译码器还能方便地实现逻辑函数，如图 2-11 所示，实现的逻辑函数是

$$Z=\overline{ABC}+\overline{A}B\,\overline{C}+A\,\overline{B}\,\overline{C}+ABC$$

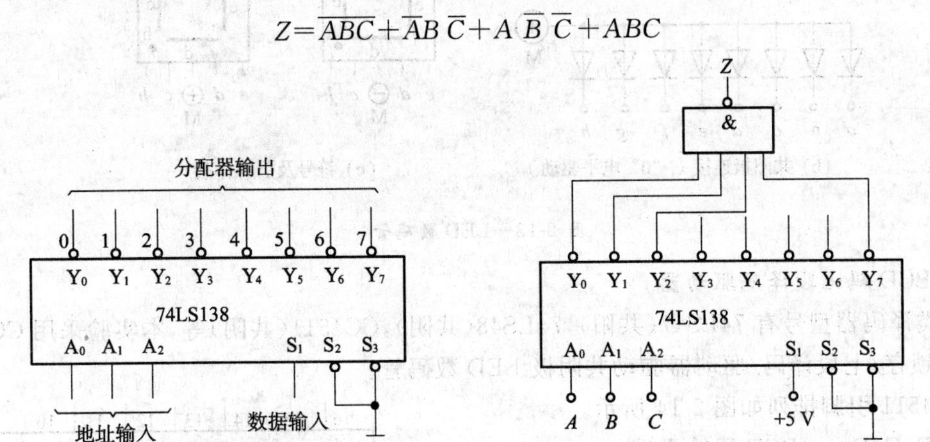

图 2-10 数据分配器　　　图 2-11 用 74LS138 实现逻辑函数

4. 译码器的扩展功能

利用译码器的使能端可实现译码器的扩展功能，并且扩展的方法不止一种。图 2-12 方便地将两个 3 线-8 线译码器组合成一个 4 线-16 线译码器。

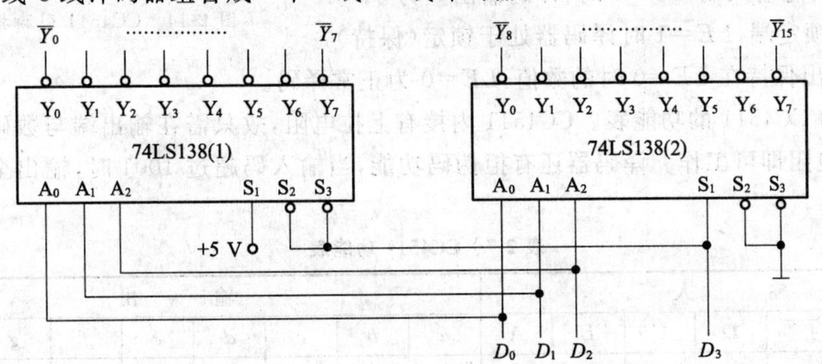

图 2-12 用两片 74LS138 组合成 4 线-16 线译码器

5. 数码显示译码器

1) 七段发光二极管(LED 数码管)

LED 数码管是目前最常用的数字显示器，图 2-13 (a)、(b)为共阴极和共阳极的电路，(c)为两种不同接线形式的符号及引脚排列图。

一个 LED 数码管可用来显示一位 0～9 十进制数和一个小数点。小型数码管(0.5 寸和 0.36 寸)每段发光二极管的正向压降，随显示光的颜色(通常为红、绿、黄、橙色)不同而略有差别，通常约为 2～2.5 V，每个发光二极管的点亮电流为 5～10 mA。LED 数码管要显示 BCD 码所表示的十进制数字就需要有一个专门的译码器，该译码器不但要完成译码功能，还要有相当的驱动能力。

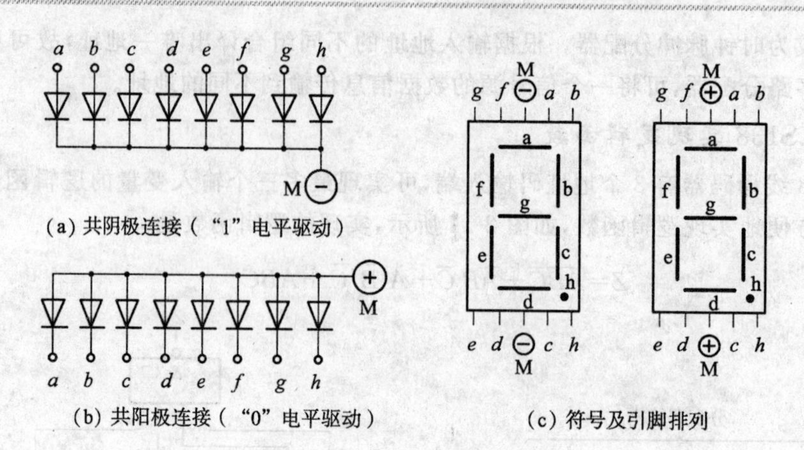

图 2-13　LED 数码管

2) BCD 码七段译码驱动器

此类译码器型号有 74LS47(共阳)，74LS48(共阴)，CC4511(共阴)等，本实验采用 CC4511 BCD 码锁存/七段译码/驱动器驱动共阴极 LED 数码管。

CC4511 引脚排列如图 2-14 所示。

A、B、C、D——BCD 码输入端；

a、b、c、d、e、f、g——译码输出端，输出“1”有效，用来驱动共阴极 LED 数码管；

$\overline{LT}$——测试输入端，$\overline{LT}=0$ 时，译码输出全为“1”；

$\overline{BI}$——消隐输入端，$\overline{BI}=0$ 时，译码输出全为 0；

LE——锁定端，$LE=1$ 时译码器处于锁定(保持)状态，译码输出保持在 $LE=0$ 时的数值，$LE=0$ 为正常译码。

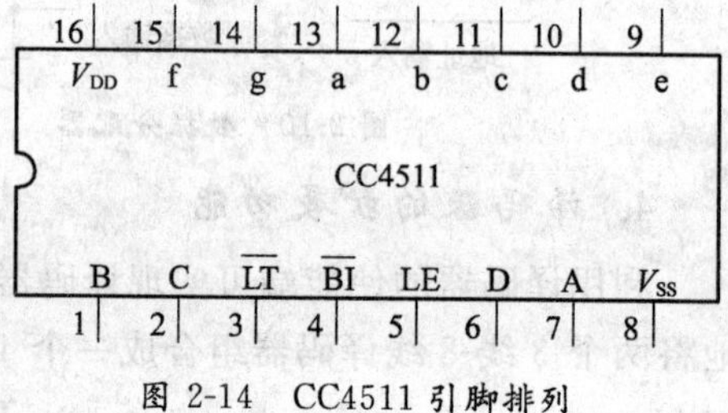

图 2-14　CC4511 引脚排列

表 2-7 为 CC4511 的功能表。CC4511 内接有上拉电阻，故只需在输出端与数码管笔段之间串入限流电阻即可工作。译码器还有拒伪码功能，当输入码超过 1001 时，输出全为“0”，数码管熄灭。

表 2-7　CC4511 功能表

输入							输出							
LE	$\overline{BI}$	$\overline{LT}$	D	C	B	A	a	b	c	d	e	f	g	显示字形
×	×	0	×	×	×	×	1	1	1	1	1	1	1	8
×	0	1	×	×	×	×	0	0	0	0	0	0	0	消隐
0	1	1	0	0	0	0	1	1	1	1	1	1	0	0
0	1	1	0	0	0	1	0	1	1	0	0	0	0	1
0	1	1	0	0	1	0	1	1	0	1	1	0	1	2
0	1	1	0	0	1	1	1	1	1	1	0	0	1	3
0	1	1	0	1	0	0	0	1	1	0	0	1	1	4
0	1	1	0	1	0	1	1	0	1	1	0	1	1	5
0	1	1	0	1	1	0	0	0	1	1	1	1	1	6
0	1	1	0	1	1	1	1	1	1	0	0	0	0	7
0	1	1	1	0	0	0	1	1	1	1	1	1	1	8

（续表）

输入							输出							
LE	$\overline{BI}$	$\overline{LT}$	D	C	B	A	a	b	c	d	e	f	g	显示字形
0	1	1	1	0	0	1	1	1	1	0	0	1	1	9
0	1	1	1	0	1	0	0	0	0	0	0	0	0	消隐
0	1	1	1	0	1	1	0	0	0	0	0	0	0	消隐
0	1	1	1	1	0	0	0	0	0	0	0	0	0	消隐
0	1	1	1	1	0	1	0	0	0	0	0	0	0	消隐
0	1	1	1	1	1	0	0	0	0	0	0	0	0	消隐
0	1	1	1	1	1	1	0	0	0	0	0	0	0	消隐
1	1	1	×	×	×	×	锁存							锁存

实验箱完成了译码器 CC4511 和通用 LED 数码管之间的连接。实验时，只要接通＋5 V 电源并将十进制数的 BCD 码接至译码器的相应输入端 A、B、C、D 即可显示 0～9 的数字。四位数码管可接受四组 BCD 码输入。CC4511 与 LED 数码管的连接如图 2-15 所示。

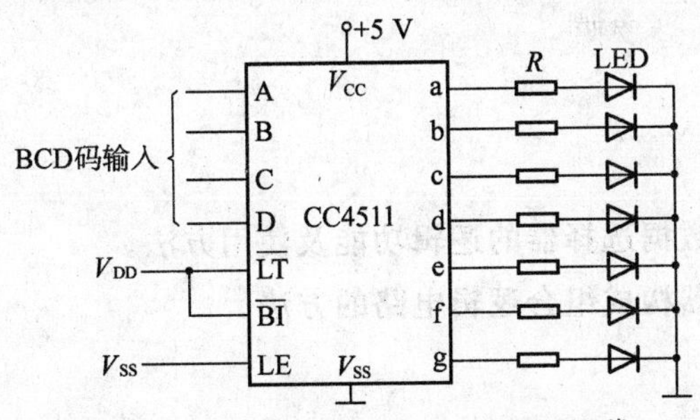

图 2-15　CC4511 驱动 1 位 LED 数码管

三、实验设备及器件

(1) ＋5 V 直流电源　(2) 双踪示波器　(3) 连续脉冲源
(4) 逻辑电平开关　(5) 逻辑电平显示器　(6) 拨码开关组
(7) 译码显示器　(8) 74LS138×2、CC4511

四、实验内容

1. 数据拨码开关的使用

将四组拨码开关的输出 A_i、B_i、C_i、D_i 分别接至 4 组显示译码/驱动器 CC4511 的对应输入口，LE、$\overline{BI}$、$\overline{LT}$ 接至三个逻辑电平开关的输出口，接上＋5 V 逻辑电平显示器的电源，然后按功能表 2-7 输入的要求揿动四个数码的增减键（“＋”与“－”键）并操作与 LE、$\overline{BI}$、$\overline{LT}$ 对应的三个逻辑电平开关，观察拨码盘上的四位数与 LED 数码管显示的对应数字是否一致，及译码显示是否正常。

2. 74LS138 译码器逻辑功能测试

将译码器使能端 S_1、$\overline{S}_2$、$\overline{S}_3$ 及地址端 A_2、A_1、A_0 分别接至逻辑电平开关输出口，八个输出端 $\overline{Y}_7$～$\overline{Y}_0$ 依次连接在逻辑电平显示器的八个输入口上，拨动逻辑电平开关，按表 2-6 逐项测试 74LS138 的逻辑功能。

3. 用 74LS138 构成时序脉冲分配器

参照图 2-11 和实验原理说明，时钟脉冲 CP 频率约为 10 kHz，要求分配器输出端 $\overline{Y}_0$～$\overline{Y}_7$

的信号与 CP 输入信号同相。

画出分配器的实验电路，用示波器观察和记录在地址端 A_2、A_1、A_0 分别取 000～111 八种不同状态时 $\overline{Y}_0 \sim \overline{Y}_7$ 端的输出波形，注意输出波形与 CP 输入波形之间的相位关系。

4. 用 74LS138 构成译码器

用两片 74LS138 组合成一个 4 线-16 线译码器，并进行实验。

五、实验报告

(1) 画出实验线路，把观察到的波形画在坐标纸上，并标上对应的地址码。

(2) 对实验结果进行分析、讨论。

2.3 数据选择器功能测试及其应用

一、实验目的

(1) 掌握中规模集成数据选择器的逻辑功能及使用方法。

(2) 学习用数据选择器构成组合逻辑电路的方法。

二、实验原理

数据选择器又叫“多路开关”。数据选择器在地址码(或叫选择控制)电位的控制下，从几个数据输入中选择一个并将其送到一个公共的输出端。数据选择器的功能类似一个多掷开关，如图 2-16 所示，图中有四路数据 $D_0 \sim D_3$，通过选择控制信号 A_1、A_0(地址码)从四路数据中选中某一路数据送至输出端 Q。

数据选择器为目前逻辑设计中应用十分广泛的逻辑部件，它有 2 选 1、4 选 1、8 选 1、16 选 1 等类别。数据选择器的电路结构一般由与或门阵列组成，也有由传输门开关和门电路混合而成的。

1. 8 选 1 数据选择器 74LS151

74LS151 为互补输出的 8 选 1 数据选择器，引脚排列如图 2-17 所示，功能表如表 2-8 所示。

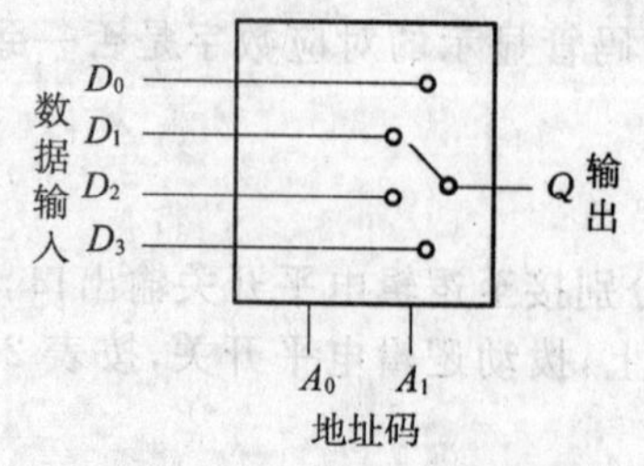

图 2-16 4 选 1 数据选择器示意图

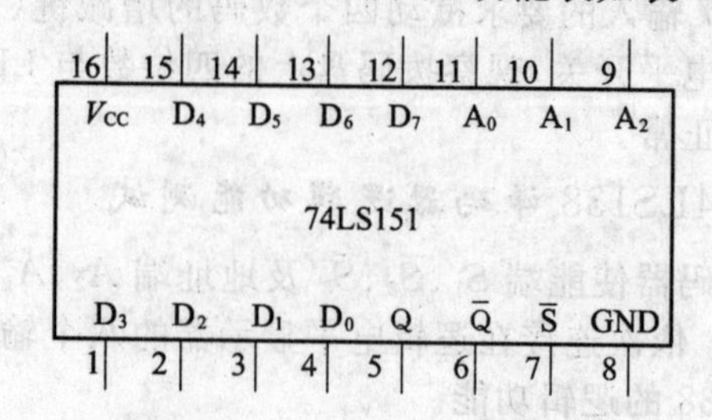

图 2-17 74LS151 引脚排列

表 2-8　8 选 1 数据选择器 74LS151 功能表

输入				输出	
$\overline{S}$	A_2	A_1	A_0	Q	$\overline{Q}$
1	×	×	×	0	1
0	0	0	0	D_0	$\overline{D_0}$
0	0	0	1	D_1	$\overline{D_1}$
0	0	1	0	D_2	$\overline{D_2}$
0	0	1	1	D_3	$\overline{D_3}$
0	1	0	0	D_4	$\overline{D_4}$
0	1	0	1	D_5	$\overline{D_5}$
0	1	1	0	D_6	$\overline{D_6}$
0	1	1	1	D_7	$\overline{D_7}$

选择控制端(地址端)为 $A_2 \sim A_0$，按二进制译码，从 8 个输入数据 $D_0 \sim D_7$ 中，选择 1 个需要的数据送到输出端 Q，$\overline{S}$ 为使能端，低电平有效。

(1) 使能端 $\overline{S}=1$ 时，不论 $A_2 \sim A_0$ 状态如何，均无输出($Q=0$，$\overline{Q}=1$)，多路开关被禁止。

(2) 使能端 $\overline{S}=0$ 时，多路开关正常工作，根据地址码 A_2、A_1、A_0 的状态选择 $D_0 \sim D_7$ 中某一个通道的数据输送到输出端 Q。

如：$A_2A_1A_0=000$，则选择 D_0 数据到输出端，即 $Q=D_0$；$A_2A_1A_0=001$，则选择 D_1 数据到输出端，即 $Q=D_1$，其余类推。

2. ***双 4 选 1 数据选择器* 74LS153**

所谓双 4 选 1 数据选择器就是在一块集成芯片上有两个 4 选 1 数据选择器。引脚排列如图 2-18 所示，功能表如表 2-9 所示。

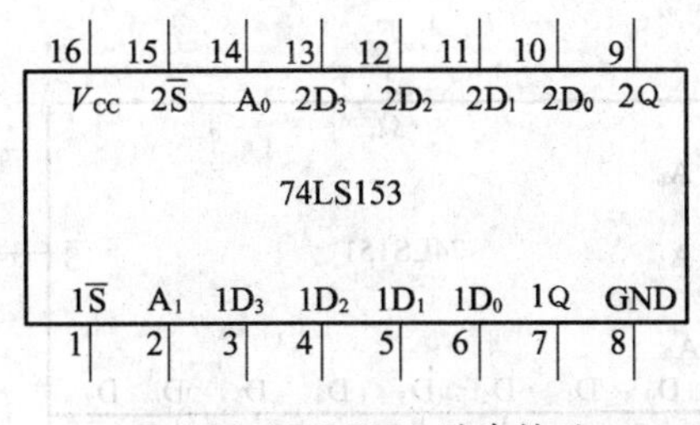

图 2-18　74LS153 引脚排列

表 2-9　74LS153 功能表

输入			输出
$\overline{S}$	A_1	A_0	Q
1	×	×	0
0	0	0	D_0
0	0	1	D_1
0	1	0	D_2
0	1	1	D_3

$1\overline{S}$、$2\overline{S}$ 为两个独立的使能端；A_1、A_0 为公用的地址输入端；$1D_0 \sim 1D_3$ 和 $2D_0 \sim 2D_3$ 分别为两个 4 选 1 数据选择器的数据输入端；Q_1、Q_2 为两个输出端。

① 当使能端 $1\overline{S}(2\overline{S})=1$ 时，多路开关被禁止，无输出，$Q=0$。

② 当使能端 $1\overline{S}(2\overline{S})=0$ 时，多路开关正常工作，根据地址码 A_1、A_0 的状态，将相应的数据 $D_0 \sim D_3$ 送到输出端 Q。

如：$A_1A_0=00$，则选择 D_0 数据到输出端，即 $Q=D_0$；$A_1A_0=01$，则选择 D_1 数据到输出端，即 $Q=D_1$，其余类推。

数据选择器的用途很多，例如多通道传输，数码比较，并行码变串行码，以及实现逻辑函数等。

3. 用数据选择器实现逻辑函数

任何一个逻辑函数都可以用由输入变量构成的最小项的和的形式表示，用数据选择器实现逻辑函数设计的步骤如下：

(1) 根据要求确定输入、输出变量的个数。

(2) 为输入、输出变量进行逻辑赋值。

(3) 列真值表。

(4) 根据真值表写逻辑表达式，并写成最小项和的形式。

(5) 确定所用的数据选择器，写出该数据选择器输出端的逻辑表达式。

(6) 将数据选择器的选择端设定为变量输入端，采用对照比较的方法，求解数据选择器中所有各数据输入端的取值或表达式。

(7) 画逻辑图。

例 1: 用 8 选 1 数据选择器 74LS151 实现函数 $F=A\overline{B}+\overline{A}C+B\overline{C}$。

采用 8 选 1 数据选择器 74LS151 可实现任意三输入变量的组合逻辑函数。作出函数 F 的功能表，如表 2-10 所示。

将函数 F 的功能表与 8 选 1 数据选择器的功能表相比较，可知：

(1) 将输入变量 C、B、A 作为 8 选 1 数据选择器的地址码 A_2、A_1、A_0。

(2) 使 8 选 1 数据选择器的各数据输入 $D_0 \sim D_7$ 分别与函数 F 的输出值一一对应。

即：$A_2A_1A_0=CBA$，$D_0=D_7=0$，$D_1=D_2=D_3=D_4=D_5=D_6=1$，则 8 选 1 数据选择器的输出 Q 便实现了函数 $F=A\overline{B}+\overline{A}C+B\overline{C}$。

接线图如图 2-19 所示。显然，采用具有 n 个地址端的数据选择实现 n 变量的逻辑函数时，应将函数的输入变量加到数据选择器的地址端 A，选择器的数据输入端 D 按次序以函数 F 的输出值来赋值。

表 2-10　函数 $F=A\overline{B}+\overline{A}C+B\overline{C}$ 的功能表

输入			输出
C	B	A	F
0	0	0	0
0	0	1	1
0	1	0	1
0	1	1	1
1	0	0	1
1	0	1	1
1	1	0	1
1	1	1	0

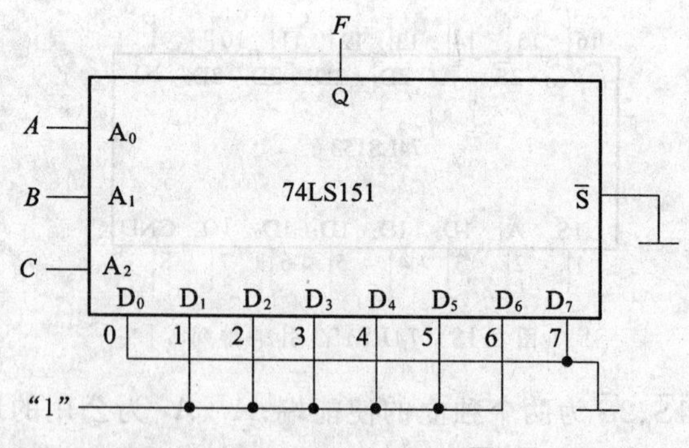

图 2-19　用 8 选 1 数据选择器实现 $F=A\overline{B}+\overline{A}C+B\overline{C}$ 的接线图

例 2: 用 8 选 1 数据选择器 74LS151 实现函数 $F=A\overline{B}+\overline{A}B$。

(1) 列出函数 F 的功能表，如表 2-11 所示。

(2) 将 A、B 加到地址端 A_1、A_0，而 A_2 接地，由表 2-11 可见，将 D_1、D_2 接"1"及 D_0、D_3 接地，其余数据输入端 $D_4 \sim D_7$ 都接地，则 8 选 1 数据选择器的输出 Q 便实现了函数 $F=A\overline{B}+B\overline{A}$。

接线图如图 2-20 所示。显然，当函数输入变量个数小于数据选择器的地址端个数时，应将不用的地址端及不用的数据输入端 D 都接地。

表 2-11　函数 $F=\overline{A}BC+A\overline{B}C+AB\overline{C}+ABC$ 的功能表

输入		输出
B	A	F
0	0	0
0	1	1
1	0	1
1	1	0

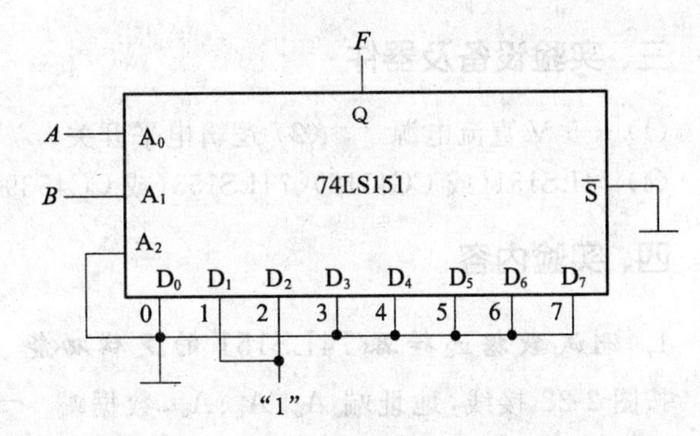

图 2-20　用 8 选 1 数据选择器实现 $F=A\overline{B}+\overline{A}B$ 的接线图

例 3:用双 4 选 1 数据选择器 74LS153 实现函数 $F=\overline{A}BC+A\overline{B}C+AB\overline{C}+ABC$。

函数 F 的功能表如表 2-12 所示。函数 F 有三个输入变量 A、B、C,而数据选择器有两个地址端 A_1、A_0,少于函数输入变量个数,在设计时可任选 A 接 A_1,B 接 A_0。将函数功能表改成表 2-13 所示的形式,当将输入变量 A、B、C 中 A、B 接选择器的地址端 A_1、A_0 时,由表 2-13 不难看出:$D_0=0$,$D_1=D_2=C$,$D_3=1$,则双 4 选 1 数据选择器的输出 Q 便实现了函数 $F=\overline{A}BC+A\overline{B}C+AB\overline{C}+ABC$,接线图如图 2-21 所示。

表 2-12　函数 $F=\overline{A}BC+A\overline{B}C+AB\overline{C}+ABC$ 的功能表(1)

输入			输出
A	B	C	F
0	0	0	0
0	0	1	0
0	1	0	0
0	1	1	1
1	0	0	0
1	0	1	1
1	1	0	1
1	1	1	1

表 2-13　函数 $F=\overline{A}BC+A\overline{B}C+AB\overline{C}+ABC$ 的功能表(2)

输入			输出	中选数据端
A	B	C	F	
0	0	0	0	$D_0=0$
		1	0	
0	1	0	0	$D_1=C$
		1	1	
1	0	0	0	$D_2=C$
		1	1	
1	1	0	1	$D_3=1$
		1	1	

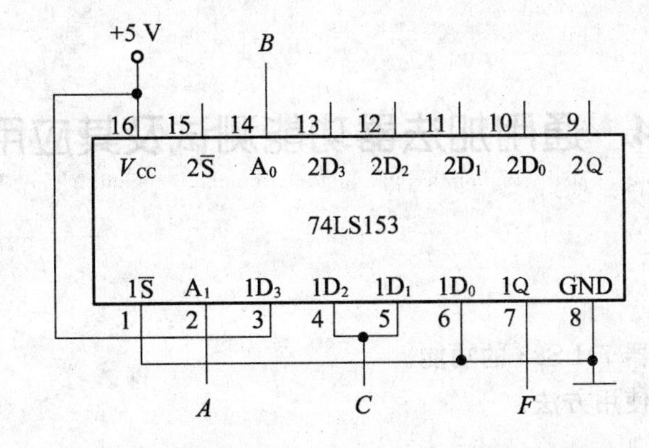

图 2-21　用双 4 选 1 数据选择器实现 $F=\overline{A}BC+A\overline{B}C+AB\overline{C}+ABC$ 的接线图

当函数输入变量个数大于数据选择器地址端个数时,随着选用函数输入变量作地址的方案不同,设计结果可能会不同,需对几种方案比较,以获得最佳方案。

三、实验设备及器件

(1) +5 V 直流电源　(2) 逻辑电平开关　(3) 逻辑电平显示器

(4) 74LS151(或 CC4512)、74LS153(或 CC4539)

四、实验内容

1. 测试数据选择器 74LS151 的逻辑功能

按图 2-22 接线，地址端 A_2、A_1、A_0，数据端 $D_0 \sim D_7$，使能端 $\overline{S}$ 接逻辑电平开关，输出端 Q 接逻辑电平显示器，按 74LS151 功能表逐项进行测试，记录测试结果。

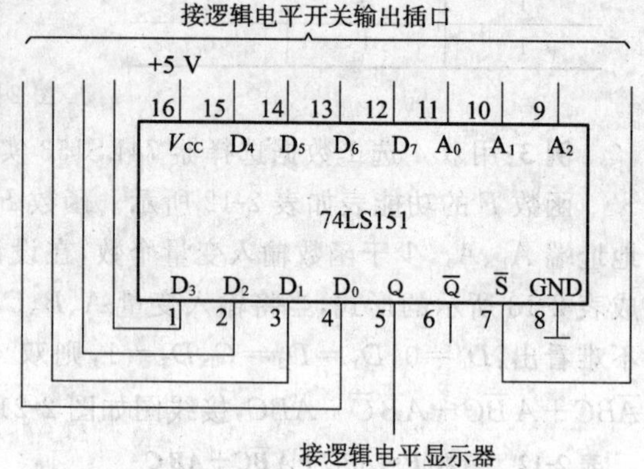

图 2-22　74LS151 逻辑功能测试

2. 测试 74LS153 的逻辑功能

测试方法及步骤同上，记录之。

3. 用 8 选 1 数据选择器 74LS151 设计三输入多数表决电路

(1) 写出设计过程。(2) 画出接线图。(3) 验证逻辑功能。

4. 用 8 选 1 数据选择器实现逻辑函数

(1) 写出设计过程。(2) 画出接线图。(3) 验证逻辑功能。

5. 用双 4 选 1 数据选择器 74LS153 实现全加器

(1) 写出设计过程。(2) 画出接线图。(3) 验证逻辑功能。

五、实验报告

(1) 用数据选择器对实验内容进行设计，写出设计全过程，画出接线图，进行逻辑功能测试。

(2) 总结实验收获、体会。

2.4　通用加法器功能测试及其应用

一、实验目的

(1) 熟悉集成加法器 74LS83 的功能。

(2) 掌握加法器的使用方法。

二、实验原理

1. 74LS83 集成加法器

一位全加器的设计及构成多位加法器的方法，可以参看教科书的相关内容。一位全加器

的真值表如表 2-14 所示，输出逻辑表达式为

$$\Sigma=(A\oplus B)\oplus C_{in}$$

$$C_{out}=AB+(A\oplus B)C_{in}$$

其中Σ为本位求和，C_{in}为求和的进位输出。根据逻辑表达式可用逻辑门电路实现一位全加器的连接。

表 2-14　全加器真值表

输　入			输　出	
A	B	C_{in}	C_{out}	Σ
0	0	0	0	0
0	0	1	0	1
0	1	0	0	1
0	1	1	1	0
1	0	0	0	1
1	0	1	1	0
1	1	0	1	0
1	1	1	1	1

74LS83 是 4 位二进制集成加法器，其外部引脚参看图2-23，$A_4\sim A_3$ 与 $B_4\sim B_1$ 分别是两个 4 位二进制数的输入端，C_0 是最低位的进位输入端。$\Sigma_4\sim\Sigma_1$是相应位上的求和输出，C_4 是最高位的进位输出。

如果用两片 74LS83 集成加法器构成一个 8 位的二进制加法器，需要将低位集成加法器的进位输入端 C_0 接逻辑"0"，将低位输出端 C_4 接高位集成加法器的进位输入端 C_0，高位集成加法器的进位输出为所构成的 8 位二进制的进位输出。此时，两片 74LS83 集成加法器构成的两组数据输入 A_i 与 B_i，就是所构成的 8 位二进制加法器的加数与被加数两组数据的输入端。

2. **十六进制数转换为 8421BCD 码**

两个 BCD 码相加，为了保证求和结果正确，如果相加的结果大于 9 或最高位有进位，应加 6(0110)校正。例如 5＋6＝11，用 BCD 码相加应为：0101＋0110＝1011，1011 结果大于 9(1001)，因此加 6(0110)校正，即 1011＋0110＝10001，这个结果就是 BCD 码的 000100011，也就是十进制 11。

十六进制数转换为 8421BCD 码的转换原理是把一个被转换的十六进制数看做是两个 BCD 码相加的结果。若这个十六进制大于 1001，加 0110 后可转换为 BCD 码的形式；若这个十六进制数等于或小于 1001，加 0000 便可以了。运用集成加法器实现这种把十六进制数转换为 8421BCD 码的转换电路如图 2-24 所示。

图 2-23　74LS83 外部引脚

图 2-24　十六进制数转换为 BCD 码电路

3. **8421BCD 码转换为余 3 码**

8421BCD 码转换为余 3 码的方法是：余 3 码＝8421BCD 码＋0011。

三、实验设备及器件

(1) ＋5 V 直流电源。(2) 16 位逻辑电平输出、16 位逻辑电平输入及高电平显示电路。(3) 数字万用表一块。(4) 74LS00、74LS20、74LS32、74LS83 各一片。

四、实验内容

1. 验证全加器功能

用门电路设计一个全加器，验证结果并记录。

2. 验证集成加法器功能

参考图 2-24，加法器所有输入端分别接“16 位逻辑电平输出”端，所有输出端分别接“16 位逻辑电平输入及高电平显示”端，本实验只要求输入表 2-15 中的 3 组输入数据，记录输出结果，验证加法结果是否正确。

表 2-15 集成加法器功能表

输入									输出				
A_4	A_3	A_2	A_1	B_4	B_3	B_2	B_1	C_0	C_4	Σ_4	Σ_3	Σ_2	Σ_1
0	0	1	1	0	1	1	1	0					
1	0	1	0	1	1	0	1	0					
1	1	0	1	1	0	1	1	1					

3. 代码转换

按图 2-24 接线，实现十六进制数转换为 BCD 码的操作，自制表格并记录结果。

4. 逻辑设计

用集成加法器 74LS83 及必要的门电路，设计一个一位 BCD 码加法器。所设计的加法器应具有两组 BCD 码输入端，一个来自低位的进位输入、本位的求和输出和一个向高位的进位输出。自己设计实验方案，画原理图，自制表格并记录结果。

五、实验报告

认真预习加法器的相关内容；提前完成实验任务中的设计内容，画逻辑图；提前做好实验记录表格。实验报告要求如下：

(1) 写明实验名称、目的、原理、所用实验设备、仪器和器件。

(2) 按照实验项目顺序写清各实验项目的名称、内容，画逻辑图并说明实验方法、步骤，记录实验数据和结论。

(3) 设计内容应写明主要设计步骤，其他与实验报告要求 2 相同。

(4) 实验小结(收获、体会、成功经验、失败教训)。

2.5 触发器及其应用

一、实验目的

(1) 掌握基本 RS、JK、D 和 T 触发器的逻辑功能。

(2) 掌握用门电路组成的基本 RS 触发器。

(3) 掌握集成触发器的逻辑功能及使用方法。

(4) 熟悉触发器之间相互转换的方法。

(5) 熟悉用触发器实现同步时序电路的设计。

二、实验原理

触发器具有两个稳定状态，用以表示逻辑状态“1”和“0”，在一定的外界信号作用下，可以从一个稳定状态翻转到另一个稳定状态，它是一个具有记忆功能的二进制信息存储器件，是构成各种时序电路的最基本的逻辑单元。

1. 基本 RS 触发器

图 2-25 为由两个与非门交叉耦合构成的基本 RS 触发器，它是无时钟控制、低电平直接触发的触发器。基本 RS 触发器具有置“0”、置“1”和“保持”三种功能。通常称 $\overline{S}$ 为置“1”端，因为 $\overline{S}=0(\overline{R}=1)$ 时触发器被置“1”；$\overline{R}$ 为置“0”端，因为 $\overline{R}=0(\overline{S}=1)$ 时触发器被置“0”，当 $\overline{S}=\overline{R}=1$ 时状态保持；$\overline{S}=\overline{R}=0$ 时，触发器状态不定，应避免此种情况发生。表 2-16 为基本 RS 触发器的功能表。

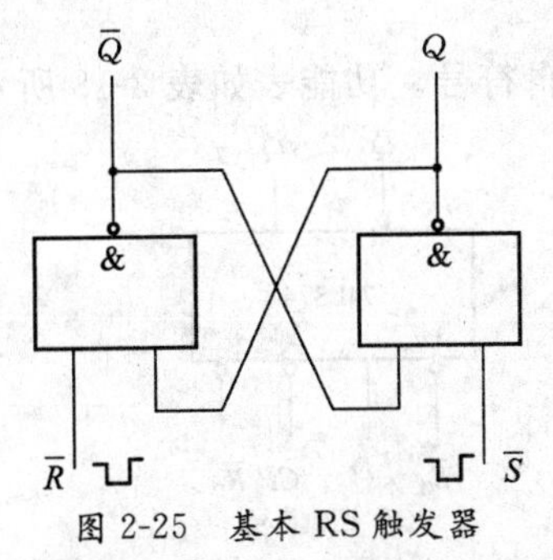

图 2-25 基本 RS 触发器

表 2-16 基本 RS 触发器的功能表

输入		输出	
$\overline{S}$	$\overline{R}$	Q^{n+1}	$\overline{Q}^{n+1}$
0	1	1	0
1	0	0	1
1	1	Q^n	$\overline{Q}^n$
0	0	φ	φ

注：$Q^n(\overline{Q}^n)$——现态；$Q^{n+1}(\overline{Q}^{n+1})$——次态；φ——不定态。

基本 RS 触发器也可以用两个或非门组成，此时为高电平触发有效。

2. JK 触发器

在输入信号为双端的情况下，JK 触发器是功能完善、使用灵活和通用性较强的一种触发器。本实验采用 74LS112 双 JK 触发器，是下降沿触发的边沿触发器。引脚功能及逻辑符号如图 2-26(a)、(b)所示，功能表如表 2-17 所示。

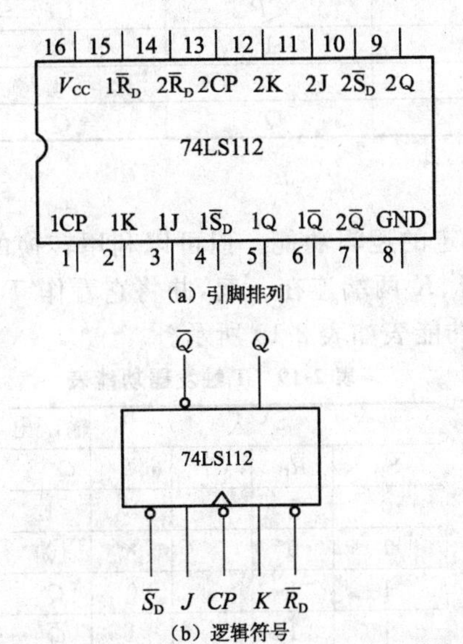

图 2-26 74LS112 双 JK 触发器引脚排列及逻辑符号

表 2-17 下降沿触发 JK 触发器的功能表

输入					输出	
$\overline{S}_D$	$\overline{R}_D$	CP	J	K	Q^{n+1}	$\overline{Q}^{n+1}$
0	1	×	×	×	1	0
1	0	×	×	×	0	1
0	0	×	×	×	φ	φ
1	1	↓	0	0	Q^n	$\overline{Q}^n$
1	1	↓	1	0	1	0
1	1	↓	0	1	0	1
1	1	↓	1	1	$\overline{Q}^n$	Q^n
1	1	↑	×	×	Q^n	$\overline{Q}^n$

注：×——任意态；↓——高到低电平跳变；↑——低到高电平跳变。

JK 触发器的状态方程为

$$Q^{n+1}=J\overline{Q}^n+\overline{K}Q^n$$

J 和 K 是数据输入端，是触发器状态更新的依据，若 J、K 有两个或两个以上输入端时，组成“与”的关系。Q 与 $\overline{Q}$ 为两个互补输出端。通常把 $Q=0$、$\overline{Q}=1$ 的状态定为触发器的“0”状态；而把$Q=1$，$\overline{Q}=0$ 定为“1”状态。下降沿触发 JK 触发器的功能如表 2-17 所示。

JK 触发器常被用作缓冲存储器、移位寄存器和计数器。

3. D 触发器

在输入信号为单端的情况下，D 触发器用起来最为方便，其状态方程为

$$Q^{n+1}=D^n$$

其输出状态的更新发生在 CP 脉冲的上升沿，故又称为上升沿触发的边沿触发器，触发器的状态只取决于时钟到来前 D 端的状态，D 触发器的应用很广，可用作数字信号的寄存、移位寄存、分频和波形发生等。有多种型号可供各种用途的需要而选用。如双 D74LS74、四 D74LS175、六 D74LS174 等。

图 2-27(a)、(b)所示为双D74LS74 的引脚排列及逻辑符号。功能表如表 2-18 所示。

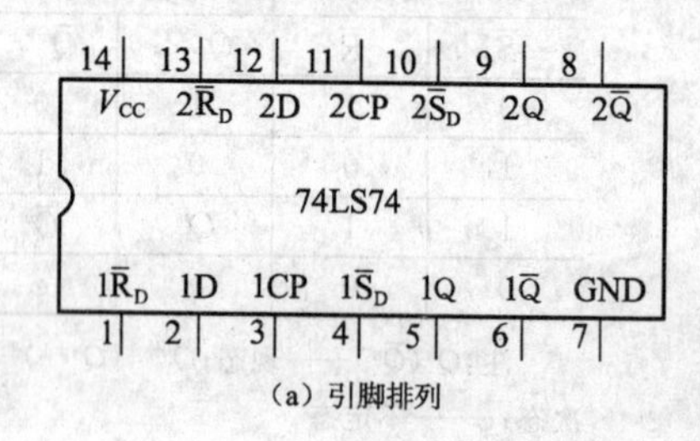

(a) 引脚排列

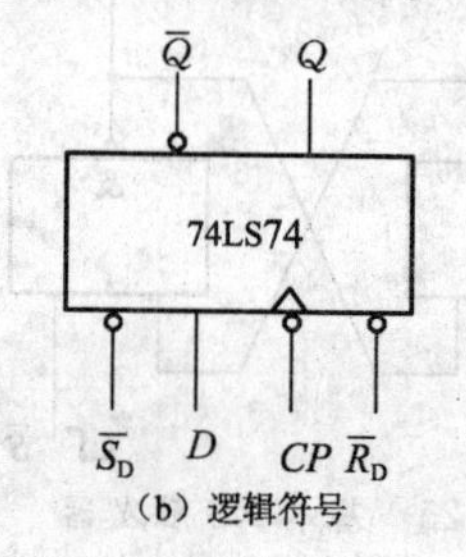

(b) 逻辑符号

图 2-27 74LS74 引脚排列及逻辑符号

表 2-18 双 D74LS74 功能表

输入				输出	
$\overline{S}_D$	$\overline{R}_D$	CP	D	Q^{n+1}	$\overline{Q}^{n+1}$
0	1	×	×	1	0
1	0	×	×	0	1
0	0	×	×	CP	CP
1	1	↑	1	1	0
1	1	↑	0	0	1
1	1	↓	×	Q^n	$\overline{Q}^n$

4. 触发器之间的相互转换

在集成触发器的产品中，每一种触发器都有自己固定的逻辑功能。但可以利用转换的方法获得具有其他功能的触发器。例如将 JK 触发器的 J、K 两端连在一起，并将它看作 T 端，就得到所需的 T 触发器。T 触发器如图 2-28(a)所示，功能表如表 2-19 所示。

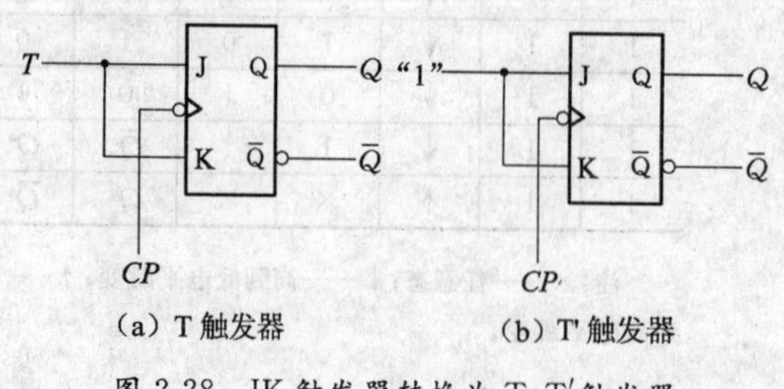

(a) T 触发器　　(b) T′触发器

图 2-28 JK 触发器转换为 T、T′触发器

表 2-19 T 触发器功能表

输入				输出
$\overline{S}_D$	$\overline{R}_D$	CP	T	Q^{n+1}
0	1	×	×	1
1	0	×	×	0
1	1	↓	0	Q^n
1	1	↓	1	$\overline{Q}^n$

其状态方程为

$$Q^{n+1}=T\overline{Q}^{n}+\overline{T}Q^{n}$$

由功能表可见，当 $T=0$ 时，时钟脉冲作用后，其状态保持不变；当 $T=1$ 时，时钟脉冲作用后，触发器状态翻转。所以，若将 T 触发器的 T 端置“1”，如图 2-28(b)所示，即得 T′触发器。在 T′触发器的 CP 端每来一个 CP 脉冲信号，触发器的状态就翻转一次，故称之为反转触发器，广泛用于计数电路中。

同样，若将 D 触发器 $\overline{Q}$ 端与 D 端相连，便转换成 T′触发器。如图 2-29 所示。JK 触发器也可转换为 D 触发器，如图 2-30 所示。

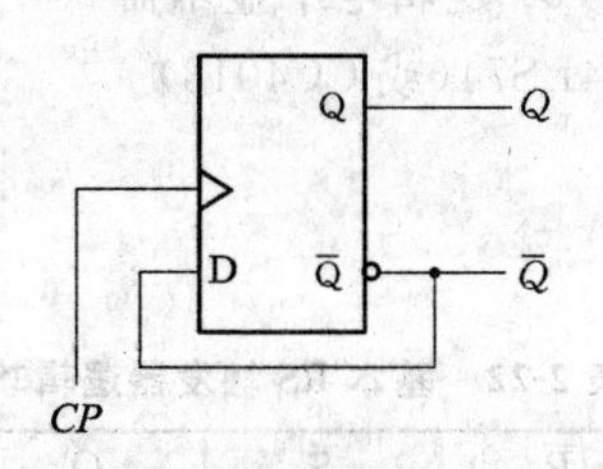

图 2-29　D 触发器转成 T′触发器

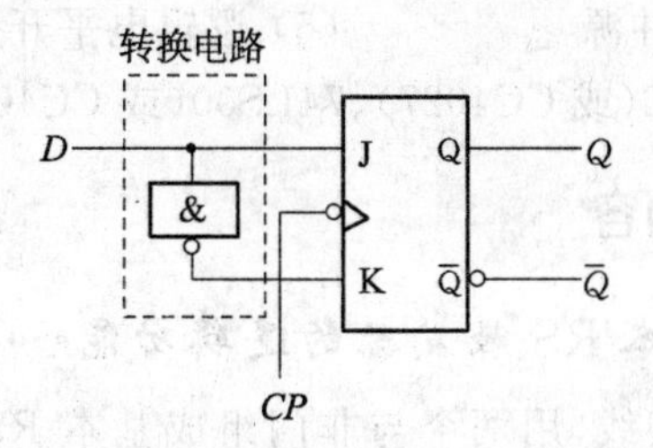

图 2-30　JK 触发器转成 D 触发器

5. CMOS 触发器

1) CMOS 边沿型 D 触发器

CC4013 是由 CMOS 传输门构成的边沿型 D 触发器。它是上升沿触发的双 D 触发器，表 2-20 为其功能表，图 2-31 为引脚排列。

表 2-20　双上升沿 D 触发器功能表

输入				输出
S	R	CP	D	Q^{n+1}
1	0	×	×	1
0	1	×	×	0
1	1	×	×	φ
0	0	↑	1	1
0	0	↑	0	0
0	0	↓	×	Q^{n}

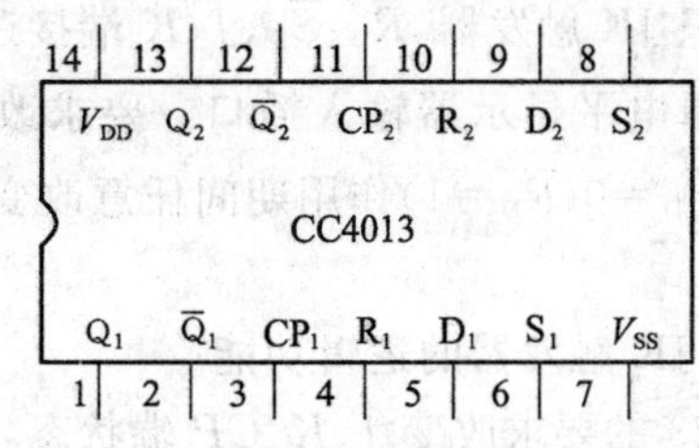

图 2-31　双上升沿 D 触发器引脚排列

2) CMOS 边沿型 JK 触发器

CC4027 是由 CMOS 传输门构成的边沿型 JK 触发器，它是上升沿触发的双 JK 触发器，表 2-21 为其功能表，图 2-32 为引脚排列。

表 2-21　双上升沿 JK 触发器功能表

输入					输出
S	R	CP	J	K	Q^{n+1}
1	0	×	×	×	1
0	1	×	×	×	0
1	1	×	×	×	φ
0	0	↑	0	0	Q^{n}
0	0	↑	1	0	1
0	0	↑	0	1	0
0	0	↑	1	1	$\overline{Q}^{n}$
0	0	↓	×	×	Q^{n}

16 15 14 13 12 11 10 9
V_{DD} Q_2 $\overline{Q}_2$ CP_2 R_2 K_2 J_2 S_2
CC4027
Q_1 $\overline{Q}_1$ CP_1 R_1 K_1 J_1 S_1 V_{SS}
1 2 3 4 5 6 7 8

图 2-32　双上升沿 JK 触发器引脚排列

CMOS 触发器的直接置位输入端 S 和直接复位输入端 R 是高电平有效，当 $S=1$(或 $R=1$)时，触发器将不受其他输入端所处状态的影响，使触发器直接置“1”(或置“0”)。但直接置位输入端 S 和直接复位输入端 R 必须遵守 $RS=0$ 的约束条件。CMOS 触发器在按逻辑功能工作时，S 和 R 必须均置“0”。

三、实验设备及器件

(1) +5 V 直流电源　(2) 双踪示波器　(3) 连续脉冲源

(4) 单次脉冲源　(5) 逻辑电平开关　(6) 逻辑电平显示器

(7) 74LS112(或 CC4027)、74LS00(或 CC4011)、74LS74(或 CC4013)

四、实验内容

1. 测试基本 RS 触发器的逻辑功能

按图 2-25 接线，用两个与非门组成基本 RS 触发器，输入端 $\overline{R}$、$\overline{S}$ 接逻辑电平开关的输出插口，输出端 Q、$\overline{Q}$ 接逻辑电平显示器输入插口，按表 2-22 要求测试，记录之。

表 2-22　基本 RS 触发器逻辑功能测试表

$\overline{R}$	$\overline{S}$	Q	$\overline{Q}$
1	1→0		
	0→1		
1→0	1		
0→1			

2. 测试双 JK 触发器 74LS112 的逻辑功能

1) 测试 $\overline{R}_D$、$\overline{S}_D$ 的复位、置位功能

任取一只 JK 触发器，$\overline{R}_D$、$\overline{S}_D$、J、K 端接逻辑电平开关输出插口，CP 端接单次脉冲源，Q、$\overline{Q}$ 端接至逻辑电平显示器输入插口。要求改变 $\overline{R}_D$，$\overline{S}_D$(J、K、CP 处于任意状态)，并在 $\overline{R}_D=0$($\overline{S}_D=1$)或$\overline{S}_D=0$($\overline{R}_D=1$)作用期间任意改变 J、K 及 CP 的状态，观察 Q、$\overline{Q}$ 状态。自拟表格并记录之。

2) 测试 JK 触发器的逻辑功能

按表 2-23 的要求改变 J、K、CP 端状态，观察 Q、$\overline{Q}$ 状态变化，观察触发器状态更新是否发生在 CP 脉冲的下降沿(即 CP 由 1→0)，记录之。

3) 测试 T 触发器的逻辑功能

将 JK 触发器的 J、K 端连在一起，构成 T 触发器。

在 CP 端输入 1 Hz 连续脉冲，观察 Q 端的变化；在 CP 端输入 1 kHz 连续脉冲，用双踪示波器观察 CP、Q、$\overline{Q}$ 端波形，注意相位关系，描绘之。

3. 测试双 D 触发器 74LS74 的逻辑功能

1) 测试 $\overline{R}_D$、$\overline{S}_D$ 的复位、置位功能

测试方法同实验内容 2(1)，自拟表格并记录。

2) 测试 D 触发器的逻辑功能

按表 2-24 要求进行测试，并观察触发器状态更新是否发生在 CP 脉冲的上升沿(即由 0→1)，记录之。

3) 测试 T′触发器的逻辑功能

将 D 触发器的 $\overline{Q}$ 端与 D 端相连接，构成 T′触发器。测试方法同 T 触发器的逻辑功能测试步骤，记录之。

表 2-23 JK 触发器逻辑功能测试表

J	K	CP	Q^{n+1}	
			$Q^n=0$	$Q^n=1$
0	0	0→1		
		1→0		
0	1	0→1		
		1→0		
1	0	0→1		
		1→0		
1	1	0→1		
		1→0		

表 2-24 D 触发器逻辑功能测试表

D	CP	Q^{n+1}	
		$Q^n=0$	$Q^n=1$
0	0→1		
	1→0		
1	0→1		
	1→0		

4. **双相时钟脉冲电路**

用 JK 触发器及与非门构成的双相时钟脉冲电路如图 2-33 所示，此电路是用来将时钟脉冲 CP 转换成两相时钟脉冲 CP_A 及 CP_B，其频率相同、相位不同。

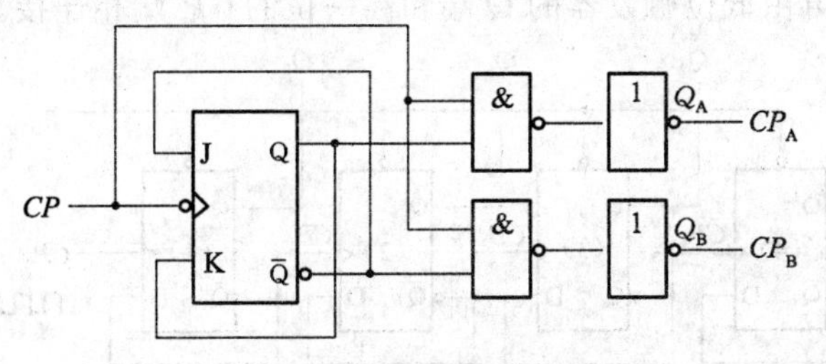

图 2-33 双相时钟脉冲电路

分析电路工作原理，并按图 2-33 接线，用双踪示波器同时观察 CP、CP_A，CP、CP_B 及 CP_A、CP_B 波形，并描绘之。

5. **乒乓球练习电路**

采用双 D 触发器 74LS74 设计实验线路，模拟两名运动员在练球时，乒乓球能往返运转。两个 CP 端触发脉冲分别由两名运动员操作，两触发器的输出状态用逻辑电平显示器显示。

五、实验报告

(1) 列表整理各类触发器的逻辑功能。

(2) 总结观察到的波形，说明触发器的触发方式。

(3) 体会触发器的应用。

(4) 利用普通的机械开关组成的数据开关所产生的信号是否可作为触发器的时钟脉冲信号？为什么？是否可以用作触发器的其他输入端的信号？又是为什么？

2.6 计数器及其应用

一、实验目的

(1) 学习用集成触发器构成计数器的方法。

(2) 掌握中规模集成计数器的使用及功能测试方法。

(3) 运用集成计数器构成 1/N 分频器。

二、实验原理

计数器是一个用以实现计数功能的时序部件，它不仅可用来计脉冲数，还常用作数字系统的定时、分频和执行数字运算以及其他特定的逻辑功能。

计数器种类很多。按构成计数器中的各触发器是否使用一个时钟脉冲源来分，有同步计数器和异步计数器；根据计数制的不同，分为二进制计数器、十进制计数器和任意进制计数器；根据计数的增减趋势，又分为加法、减法和可逆计数器。还有可预置数和可编程序功能计数器等等。目前，无论是 TTL 还是 CMOS 集成电路，都有品种较齐全的中规模集成计数器，使用者只要借助于器件手册提供的功能表和工作波形图以及引出端的排列，就能正确地运用这些器件。

1. 用 D 触发器构成异步二进制加/减计数器

图 2-34 是用四只 D 触发器构成的 4 位二进制异步加法计数器，它的连接特点是将每只 D 触发器接成 T′触发器，再由低位触发器的 $\overline{Q}$ 端和高一位的 CP 端相连接。

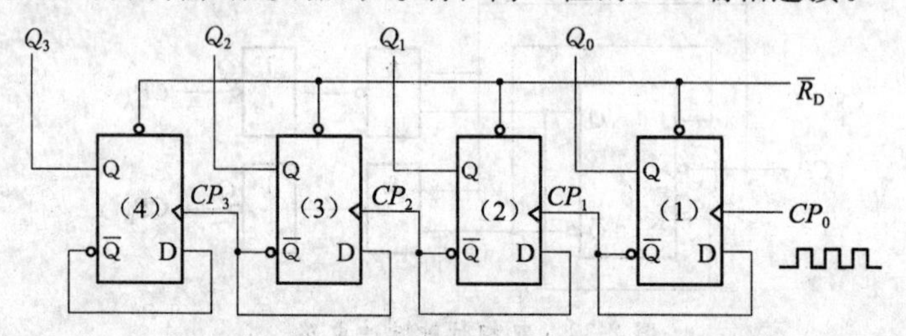

图 2-34 4 位二进制异步加法计数器

若将图 2-34 稍加改动，即将低位触发器的 Q 端与高一位的 CP 端相连接，即构成了一个 4 位二进制减法计数器。

2. 中规模十进制计数器

CC40192 是同步十进制可逆计数器，具有双时钟输入，并具有清除和置数等功能，其引脚排列及逻辑符号如图 2-35(a)、(b)所示。

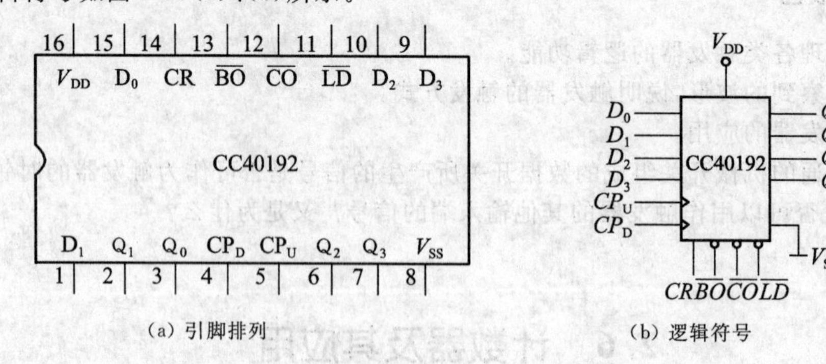

(a) 引脚排列　　(b) 逻辑符号

图 2-35 CC40192 引脚排列及逻辑符号

图中，$\overline{LD}$——置数端；CP_U——加计数端；CP_D——减计数端；$\overline{CO}$——非同步进位输出端；$\overline{BO}$——非同步借位输出端；D_0、D_1、D_2、D_3——计数器输入端；Q_0、Q_1、Q_2、Q_3——数据输出端；CR——清除端。

CC40192(同 74LS192，二者可互换使用)的功能表如表 2-25 所示，说明如下：

表 2-25　同步十进制可逆计数器 CC40192 功能表

输入								输出			
CR	$\overline{LD}$	CP_U	CP_D	D_3	D_2	D_1	D_0	Q_3	Q_2	Q_1	Q_0
1	×	×	×	×	×	×	×	0	0	0	0
0	0	×	×	d	c	b	a	d	c	b	a
0	1	↑	1	×	×	×	×	加计数			
0	1	1	↑	×	×	×	×	减计数			

当清除端 CR 为高电平"1"时，计数器直接清零；CR 置低电平则执行其他功能。当 CR 为低电平，置数端$\overline{LD}$也为低电平时，数据直接从置数端 D_0、D_1、D_2、D_3 置入计数器。当 CR 为低电平，$\overline{LD}$为高电平时，执行计数功能。执行加计数时，减计数端 CP_D 接高电平，计数脉冲由 CP_U 输入，在计数脉冲上升沿进行 8421 码十进制加法计数；执行减计数时，加计数端 CP_U 接高电平，计数脉冲由减计数端 CP_D 输入。表 2-26 为 8421 码十进制加、减计数器的状态转换表(表中从左向右是加法计数状态，从右向左是减法计数状态)。

表 2-26　加、减计数器状态转换表

输入脉冲数		0	1	2	3	4	5	6	7	8	9
输出	Q_3	0	0	0	0	0	0	0	0	1	1
	Q_2	0	0	0	0	1	1	1	1	0	0
	Q_1	0	0	1	1	0	0	1	1	0	0
	Q_0	0	1	0	1	0	1	0	1	0	1

3. **计数器的级联使用**

一个十进制计数器只能表示 0～9 十个数，为了扩大计数器范围，常用多个十进制计数器级联使用。

同步计数器往往设有进位(或借位)输出端，故可选用其进位(或借位)输出信号驱动下一级计数器。

图 2-36 是由 CC40192 利用进位输出$\overline{CO}$控制高一位的 CP_U 端构成的加数级联图。

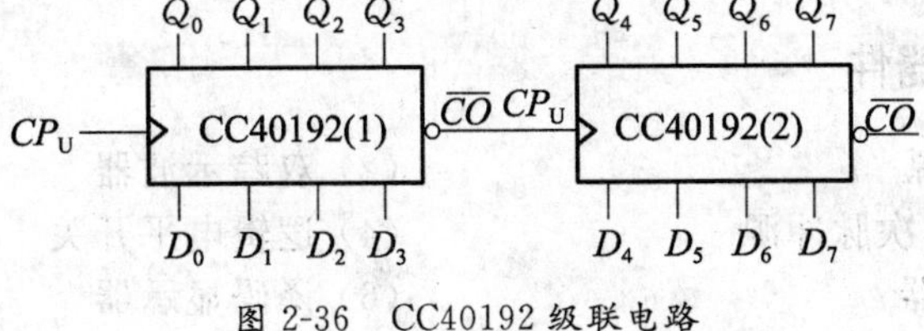

图 2-36　CC40192 级联电路

4. **实现任意进制计数**

1) 用复位法获得任意进制计数器

假定已有 N 进制计数器，而需要得到一个 M 进制计数器时，只要 $M<N$，用复位法使计数器计数到 M 时置"0"，即获得 M 进制计数器。如图 2-37 所示为一个由 CC40192 十进制计数器接成的六进制计数器。

2) 利用预置功能获得 M 进制计数器

图 2-38 为用三片 CC40192 组成的 421 进制计数器。外加的由与非门构成的锁存器可以克服器件计数速度的离散性，保证在反馈置"0"信号作用下计数器可靠置"0"。

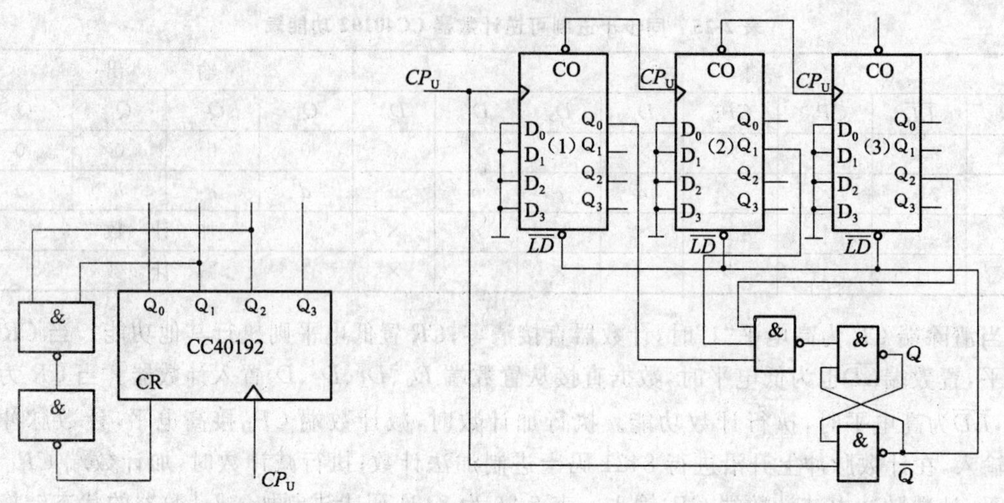

图 2-37　六进制计数器　　　　图 2-38　421 进制计数器

图 2-39 是一个特殊十二进制的计数器电路方案。在数字钟里，对时位的计数序列是 1、2…11、12、1…，是十二进制的，且无 0 数。当计数到 13 时，通过与非门产生一个复位信号，使 CC40192(2)，即时十位直接置成 0000，而 CC40192(1)，即时个位直接置成 0001，从而实现了 1～12 计数。

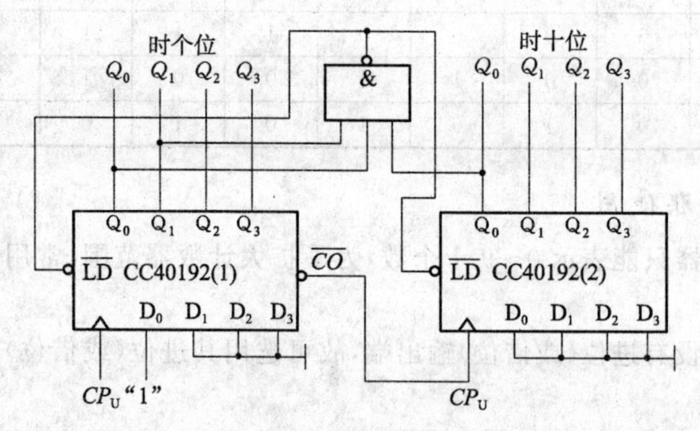

图 2-39　特殊十二进制计数器

三、实验设备及器件

(1) +5 V 直流电源　　(2) 双踪示波器

(3) 连续脉冲源、单次脉冲源　　(4) 逻辑电平开关

(5) 逻辑电平显示器　　(6) 译码显示器

(7) CC4013×2(或 74LS74)、CC40192×3(或 74LS192)、CC4011(或 74LS00)、CC4012(或 74LS20)

四、实验内容

1. 用 CC4013 或 74LS74 D 触发器构成 4 位二进制异步加法计数器

(1) 按图 2-34 接线，$\overline{R}_D$接至逻辑电平开关输出插口，将低位 CP_0 端接单次脉冲源，输出端 Q_3、Q_2、Q_3、Q_0 接逻辑电平显示器输入插口，各 $\overline{S}_D$ 接高电平“1”。

(2) 清零后，逐个送入单次脉冲，观察并列表记录 $Q_3 \sim Q_0$ 状态。

(3) 将单次脉冲改为 1 Hz 的连续脉冲，观察 $Q_3 \sim Q_0$ 的状态。

(4) 将 1 Hz 的连续脉冲改为 1 kHz，用双踪示波器观察 CP_0、CP_1、CP_2、CP_3、Q_3、Q_2、Q_1、Q_0端波形，描绘之。

(5) 将图 2-34 电路中的低位触发器的 Q 端与高一位的 CP 端相连接，构成减法计数器，按实验内容 1(2)、(3)、(4)进行实验，观察并列表记录 Q_3～Q_0的状态。

2. 测试 CC40192 或 74LS192 同步十进制可逆计数器的逻辑功能

计数脉冲由单次脉冲源提供，清除端 CR、置数端$\overline{LD}$、数据输入端 D_3、D_2、D_1、D_0分别接逻辑电平开关，输出端 Q_3、Q_2、Q_1、Q_0 接实验设备的相应译码显示输入插口 A、B、C、D；$\overline{CO}$和$\overline{BO}$接逻辑电平显示器插口。按表 2-25 逐项测试并判断该集成块的功能是否正常。

(1) 清除：令 $CR=1$，其他输入为任意态，这时 $Q_3Q_2Q_1Q_0=0000$，译码数字显示为 0。清除功能完成后，置 $CR=0$。

(2) 置数：$CR=0$，CP_U、CP_D任意，数据输入端输入任意一组二进制数，令$\overline{LD}=0$，观察计数译码显示输出，预置功能是否完成，此后置$\overline{LD}=1$。

(3) 加计数：$CR=0$，$\overline{LD}=CP_D=1$，CP_U接单次脉冲源。清零后送入 10 个单次脉冲，观察译码显示是否按 8421 码十进制状态转换表进行；输出状态变化是否发生在 CP_U的上升沿。

(4) 减计数：$CR=0$，$\overline{LD}=CP_U=1$，CP_D接单次脉冲源。参照实验内容 2(3)进行实验。

3. 用 CC40192 构成 2 位十进制加法计数器

按图 2-36 电路进行实验，用两片 CC40192 组成 2 位十进制加法计数器，输入 1 Hz 连续计数脉冲，进行由 00～99 累加计数，记录之。

4. 用 CC40192 构成 2 位十进制减法计数器

将 2 位十进制加法计数器改为 2 位十进制减法计数器，实现由 99～00 递减计数，记录之。

5. 将 CC40192 十进制计数器接成六进制计数器

按图 2-37 电路进行实验，记录之。

6. 用 CC40192 构成任意进制计数器

按图 2-38 或图 2-39 进行实验，记录之。

7. 设计六十进制计数器

设计一个数字钟移位六十进制计数器并进行实验。

五、实验报告

(1) 画出实验线路图，记录、整理实验现象及实验所得的波形。对实验结果进行分析。

(2) 总结使用集成计数器的体会。

2.7 移位寄存器及其应用

一、实验目的

(1) 掌握中规模 4 位双向移位寄存器逻辑功能及使用方法。

(2) 熟悉移位寄存器的应用——实现数据的串行、并行转换和构成环形计数器。

二、实验原理

移位寄存器是一个具有移位功能的寄存器，是指寄存器中所存的代码能够在移位脉冲的作用下依次左移或右移。既能左移又能右移的称为双向移位寄存器，只需要改变左、右移的控制信号便可实现双向移位要求。根据移位寄存器存取信息的方式不同分为：串入串出、串入并出、并入串出、并入并出四种形式。

1. 移位寄存器 CC40194

本实验选用的 4 位双向通用移位寄存器，型号为 CC40194 或 74LS194，两者功能相同，可互换使用，以 CC40194 为例，其逻辑符号及引脚排列如图 2-40 所示。

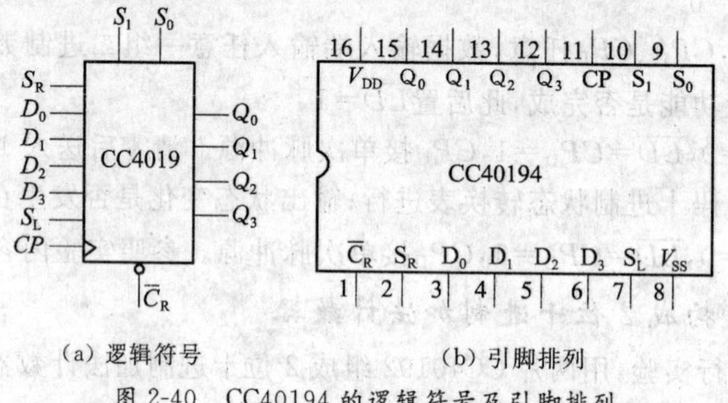

（a）逻辑符号　　（b）引脚排列

图 2-40　CC40194 的逻辑符号及引脚排列

其中 D_0、D_1、D_2、D_3 为并行输入端；Q_0、Q_1、Q_2、Q_3 为并行输出端；S_R 为右移串行输入端，S_L 为左移串行输入端；S_1、S_0 为操作模式控制端；$\overline{C}_R$ 为直接无条件清零端；CP 为时钟脉冲输入端。

CC40194 有 5 种不同操作模式，即并行送数寄存、右移（方向由 $Q_0 \to Q_3$）、左移（方向由 $Q_3 \to Q_0$）、保持及清零。CC40194 的功能表如表 2-27 所示。

表 2-27　移位寄存器 CC40194 功能表

功　能	输　入										输　出			
	CP	$\overline{C}_R$	S_1	S_0	S_R	S_L	D_0	D_1	D_2	D_3	Q_0	Q_1	Q_2	Q_3
清除	×	0	×	×	×	×	×	×	×	×	0	0	0	0
送数	↑	1	1	1	×	×	a	b	c	d	a	b	c	d
右移	↑	1	0	1	D_{SR}	×	×	×	×	×	D_{SR}	Q_0	Q_1	Q_2
左移	↑	1	1	0	×	D_{SL}	×	×	×	×	Q_1	Q_2	Q_3	D_{SL}
保持	↑	1	0	0	×	×	×	×	×	×	Q_0^n	Q_1^n	Q_2^n	Q_3^n
保持	↓	1	×	×	×	×	×	×	×	×	Q_0^n	Q_1^n	Q_2^n	Q_3^n

注：$abcd$ 为任意 4 位二进制组合数。

2. 移位寄存器的应用

移位寄存器应用很广，可构成移位寄存器型计数器、顺序脉冲发生器、串行累加器，可用作数据转换，即把串行数据转换为并行数据，或把并行数据转换为串行数据等。本实验研究移位寄存器用作环形计数器和数据的串、并行转换。

（1）环形计数器

把移位寄存器的输出反馈到它的串行输入端，就可以进行循环移位。如图 2-41 所示，把输出端 Q_3 和右移串行输入端 S_R 相连接，设初始状态 $Q_0Q_1Q_2Q_3=1000$，则在时钟脉冲作用下 $Q_0Q_1Q_2Q_3$ 将依次变为 0100→0010→0001→1000→⋯，如表 2-28 所示，可见它是一个具有四个有效状态的计数器，这种类型的计数器通常称为环形计数器。图 2-41 电路可以由各个输出端输出在时间上有先后顺序的脉冲，因此也可作为顺序脉冲发生器。

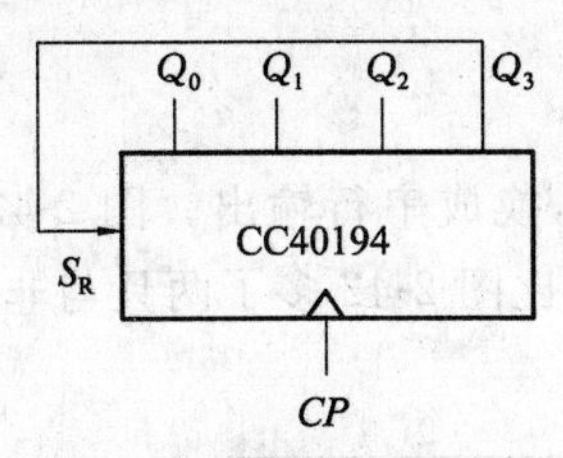

图 2-41 环形计数器

表 2-28 环形计数器状态表

CP	Q_0	Q_1	Q_2	Q_3
0	1	0	0	0
1	0	1	0	0
2	0	0	1	0
3	0	0	0	1

如果将输出 Q_0 与左移串行输入端 S_L 相连接，即可实现左移循环移位。

(2) 实现数据串、并行转换

① 串行/并行转换器

串行/并行转换是指串行输入的数码，经转换电路之后变换成并行输出。图 2-42 是用两片 CC40194(或 74LS194)4 位双向移位寄存器组成的 7 位串行/并行数据转换电路。

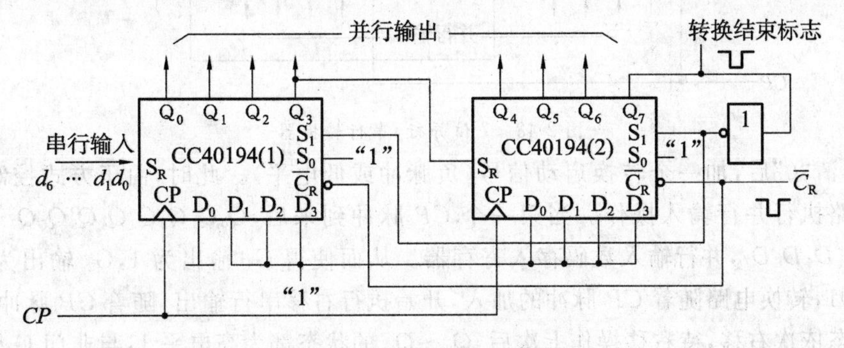

图 2-42 7 位串行/并行转换器

电路中 S_0 端接高电平 1，S_1 受 Q_7 控制，两片寄存器连接成串行输入右移工作模式。Q_7 是转换结束标志。当 $Q_7=1$ 时，S_1 为 0，使之成为 $S_1S_0=01$ 的串入右移工作方式；当 $Q_7=0$ 时，$S_1=1$，有 $S_1S_0=10$，则串行送数结束，标志着串行输入的数据已转换成并行输出了。

串行/并行转换的具体过程如下：转换前，$\overline{C}_R$ 端加低电平，使两片寄存器的内容清 0，此时 $S_1S_0=11$，寄存器执行并行输入工作方式。当第一个 CP 脉冲到来后，寄存器的输出状态 $Q_0\sim Q_7$ 为 01111111，与此同时 S_1S_0 变为 01，转换电路变为执行串入右移工作方式，串行输入数据由 1 片的 S_R 端加入。随着 CP 脉冲的依次加入，输出状态的变化如表 2-29 所示。

表 2-29 串行/并行转换器输出状态

CP	Q_0	Q_1	Q_2	Q_3	Q_4	Q_5	Q_6	Q_7	说明
0	0	0	0	0	0	0	0	0	清零
1	0	1	1	1	1	1	1	1	送数
2	d_0	0	1	1	1	1	1	1	右移操作七次
3	d_1	d_0	0	1	1	1	1	1	
4	d_2	d_1	d_0	0	1	1	1	1	
5	d_3	d_2	d_1	d_0	0	1	1	1	
6	d_4	d_3	d_2	d_1	d_0	0	1	1	
7	d_5	d_4	d_3	d_2	d_1	d_0	0	1	
8	d_6	d_5	d_4	d_3	d_2	d_1	d_0	0	
9	0	1	1	1	1	1	1	1	送数

由表 2-29 可见，右移操作七次之后，Q_7 变为 0，S_1S_0 又变为 11，说明串行输入结束。这时，串行输入的数码已经转换成并行输出了。当再来一个 CP 脉冲时，电路又重新执行一次并行输入，为第二组串行数码转换作好了准备。

② 并行/串行转换器

并行/串行转换器是指并行输入的数码经转换电路之后，换成串行输出。图 2-43 是用两片 CC40194（或 74LS194）组成的 7 位并行/串行转换电路，它比图 2-42 多了两只与非门 G_1 和 G_2，电路工作方式同样为右移。

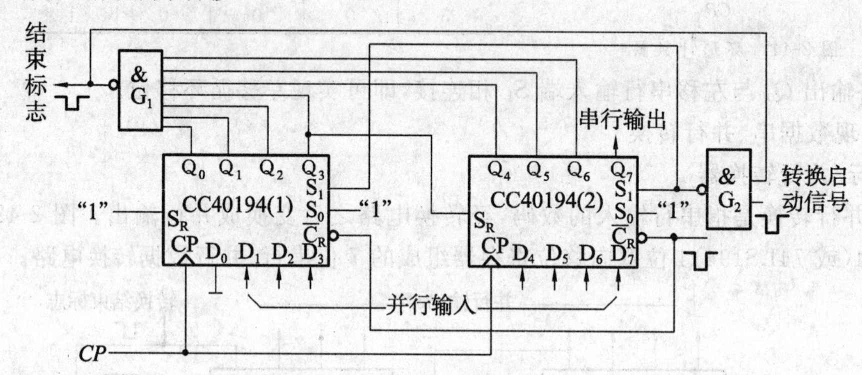

图 2-43　7 位并行/串行转换器

寄存器清"0"后，加一个转换启动信号（负脉冲或低电平）。此时，由于方式控制 S_1S_0 为 11，转换电路执行并行输入操作。当第一个 CP 脉冲到来后，$Q_0Q_1Q_2Q_3Q_4Q_5Q_6Q_7$ 的状态为 $0D_1D_2D_3D_4D_5D_6D_7$，并行输入数码存入寄存器。从而使得 G_1 输出为 1，G_2 输出为 0，结果，S_1S_2 变为 01，转换电路随着 CP 脉冲的加入，开始执行右移串行输出，随着 CP 脉冲的依次加入，输出状态依次右移，待右移操作七次后，$Q_0 \sim Q_6$ 的状态都为高电平 1，与非门 G_1 输出为低电平，G_2 门输出为高电平，S_1S_2 又变为 11，表示并/串行转换结束，且为第二次并行输入创造了条件。转换过程如表 2-30 所示。

表 2-30　并行/串行转换器状态转换表

CP	Q_0	Q_1	Q_2	Q_3	Q_4	Q_5	Q_6	Q_7	串行输出						
0	0	0	0	0	0	0	0	0							
1	0	D_1	D_2	D_3	D_4	D_5	D_6	D_7							
2	1	0	D_1	D_2	D_3	D_4	D_5	D_6	D_7						
3	1	1	0	D_1	D_2	D_3	D_4	D_5	D_6	D_7					
4	1	1	1	0	D_1	D_2	D_3	D_4	D_5	D_6	D_7				
5	1	1	1	1	0	D_1	D_2	D_3	D_4	D_5	D_6	D_7			
6	1	1	1	1	1	0	D_1	D_2	D_3	D_4	D_5	D_6	D_7		
7	1	1	1	1	1	1	0	D_1	D_2	D_3	D_4	D_5	D_6	D_7	
8	1	1	1	1	1	1	1	0	D_1	D_2	D_3	D_4	D_5	D_6	D_7
9	0	D_1	D_2	D_3	D_4	D_5	D_6	D_7							

中规模集成移位寄存器，其位数往往以 4 位居多，当需要的位数多于 4 位时，可把几片移位寄存器用级联的方法来扩展位数。

三、实验设备及器件

(1) ＋5 V 直流电源　　　　(2) 单次脉冲源

(3) 逻辑电平开关　　　　　　　　(4) 逻辑电平显示器

(5) CC40194×2(或 74LS194)、CC4011(或 74LS00)、CC4068(或 74LS30)

四、实验内容

1. 测试 CC40194(或 74LS194)的逻辑功能

按图 2-44 接线，$\overline{C}_R$、S_1、S_0、S_L、S_R、D_0、D_1、D_2、D_3 分别接至逻辑电平开关的输出插口；Q_0、Q_1、Q_2、Q_3 接至逻辑电平显示器输入插口。CP 端接单次脉冲源。按表 2-31 所规定的输入状态，逐项进行测试。

(1) 清除：令 $\overline{C}_R=0$，其他输入均为任意态，这时寄存器输出 Q_0、Q_1、Q_2、Q_3 应均为 0。清除后，置 $\overline{C}_R=1$。

(2) 送数：令 $\overline{C}_R=S_1=S_0=1$，送入任意 4 位二进制数，如 $D_0D_1D_2D_3=abcd$，加 CP 脉冲，观察 $CP=0$、CP 由 0→1、CP 由 1→0 三种情况下寄存器输出状态的变化，并观察变化是否发生在 CP 脉冲的上升沿。

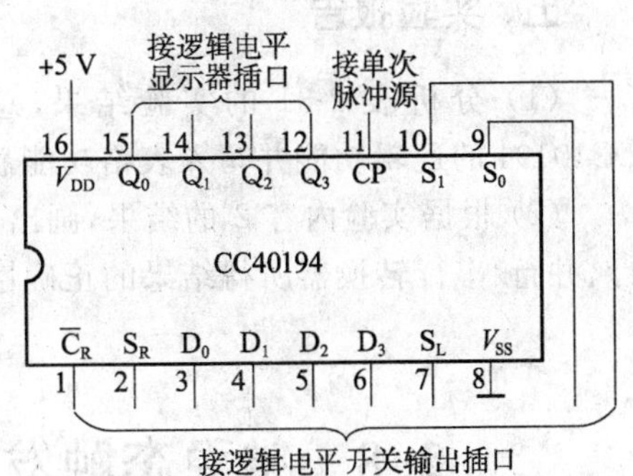

图 2-44　CC40194 逻辑功能测试

表 2-31　CC40194 逻辑功能测试表

清除	模式		时钟	串行		输入				输出				功能总结
$\overline{C}_R$	S_1	S_0	CP	S_L	S_R	D_0	D_1	D_2	D_3	Q_0	Q_1	Q_2	Q_3	
0	×	×	×	×	×	×	×	×	×					
1	1	1	↑	×	×	a	b	c	d					
1	0	1	↑	×	0	×	×	×	×					
1	0	1	↑	×	1	×	×	×	×					
1	0	1	↑	×	0	×	×	×	×					
1	0	1	↑	×	0	×	×	×	×					
1	1	0	↑	1	×	×	×	×	×					
1	1	0	↑	1	×	×	×	×	×					
1	1	0	↑	1	×	×	×	×	×					
1	1	0	↑	1	×	×	×	×	×					
1	0	0	↑	×	×	×	×	×	×					

(3) 右移：清零后，令 $\overline{C}_R=1$，$S_1=0$，$S_0=1$，由右移输入端 S_R 送入二进制数码(如 0100)，由 CP 端连续加 4 个脉冲，观察输出情况，记录之。

(4) 左移：先清零或预置，再令 $\overline{C}_R=1$，$S_1=1$，$S_0=0$，由左移输入端 S_L 送入二进制数码(如 1111)，连续加四个 CP 脉冲，观察输出端情况，记录之。

(5) 保持：寄存器预置任意 4 位二进制数码 $abcd$，令 $\overline{C}_R=1$，$S_1=S_0=0$，加 CP 脉冲，观察寄存器输出状态，记录之。

2. 环形计数器

自拟实验线路用并行送数法预置寄存器为某二进制数码(如 0100)，然后进行右移循环，观察寄存器输出端状态的变化，记入表 2-32 中。

3. 实现数据的串、并行转换

(1) 串行输入、并行输出

按图 2-42 接线，进行右移串入、并出实验，串入数码自定。改接线路用左移方式实现并行输出。自拟表格，记录之。

(2) 并行输入、串行输出

按图 2-43 接线，进行右移并入、串出实验，并入数码自定。改接线路用左移方式实现串行输出。自拟表格，记录之。

表 2-32 环形计数器输出状态测试表

CP	Q_0	Q_1	Q_2	Q_3
0	0	1	0	0
1				
2				
3				
4				

五、实验报告

(1) 分析表 2-31 的实验结果，总结移位寄存器 CC40194 的逻辑功能并写入表格功能总结一栏中。

(2) 根据实验内容 2 的结果，画出 4 位环形计数器的状态转换图及波形图。分析串行/并行、并行/串行转换器所得结果的正确性。

2.8 单稳态触发器与施密特触发器及其应用

一、实验目的

(1) 掌握使用集成门电路构成单稳态触发器的基本方法。

(2) 熟悉集成单稳态触发器的逻辑功能及其使用方法。

(3) 熟悉集成施密特触发器的性能及其应用。

二、实验原理

在数字电路中常使用矩形脉冲作为信号，进行信息传递，或作为时钟信号用来控制和驱动电路，使各部分协调动作。本实验是自激多谐振荡器，它是不需要外加信号触发的矩形波发生器。另一类是他激多谐振荡器，如单稳态触发器，它需要在外加触发信号的作用下输出具有一定宽度的矩形脉冲波；施密特触发器(整形电路)，它对外加输入的正弦波等波形进行整形，使电路输出矩形脉冲波。

1. 用与非门组成单稳态触发器

利用与非门作开关，依靠定时元件 RC 电路的充放电来控制与非门的启闭。单稳态电路有微分型与积分型两大类，这两类触发器对触发脉冲的极性与宽度有不同的要求。

1) 微分型单稳态触发器

微分型单稳态触发器的电路如图 2-45 所示。该电路为负脉冲触发。其中 R_P、C_P 构成输入端微分隔直电路。R、C 构成微分型定时电路，定时元件 R、C 的取值不同，输出脉宽 t_W 也不同。

$$t_W \approx (0.7 \sim 1.3)RC$$

与非门 G_3 起整形、倒相作用。

图 2-46 为微分型单稳态触发器各点波形图，结合波形图说明其工作原理。

(1) 无外加触发脉冲时电路初始稳态 $t<t_1$

稳态时 v_i 为高电平。适当选择电阻 R 的阻值，使与非门 G_2 的输入电压 v_B 小于门的关门电平 V_{OFF}($v_B<V_{OFF}$)，则门 G_2 关闭，输出 v_D 为高电平。适当选择电阻 R_P 的阻值，使与非门 G_1 的输入电压 v_P 大于门的开门电平 V_{ON}($v_P>V_{ON}$)，于是 G_1 的两个输入端全为高电平，则 G_1 开启，输出 v_A 为低电平(为方便计，取 $V_{OFF}=V_{ON}=V_T$)。

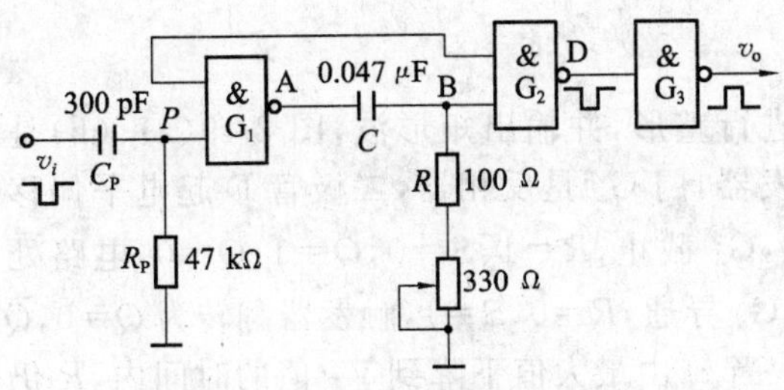

图 2-45 微分型单稳态触发器

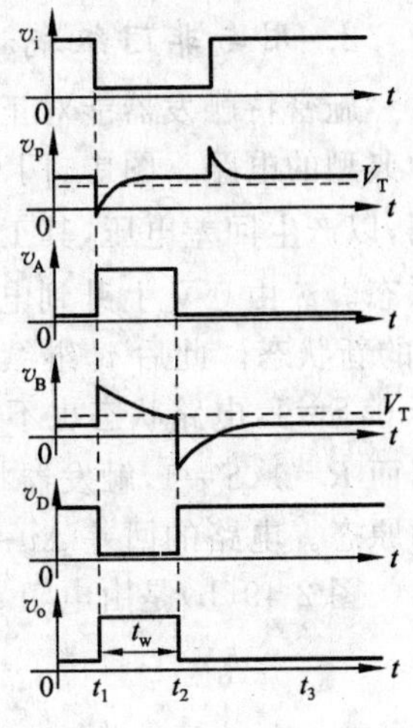

图 2-46 微分型单稳态触发器波形图

(2) 触发翻转 $t=t_1$

v_i 负跳变，v_p 也负跳变，门 G_1 的输出 v_A 升高，经电容 C 耦合，v_B 也升高，门 G_2 的输出 v_D 降低，正反馈到 G_1 输入端，结果使的 G_1 的输出 v_A 由低电平迅速上跳至高电平，G_1 迅速关闭；v_B 也上跳至高电平，G_2 的输出 v_D 则迅速下跳至低电平，G_2 迅速开通。

(3) 暂稳状态 $t_1<t<t_2$

$t\geqslant t_1$ 以后，G_1 输出高电平，对电容 C 充电，v_B 随之按指数规律下降，但只要 $v_B\geqslant V_T$，G_1 关、G_2 开的状态将维持不变，v_A、v_D 也维持不变。暂稳态时间的长短，决定于电容 C 的充电时间常数 $t=RC$。

(4) 自动翻转 $t=t_2$

$t=t_2$ 时刻，v_B 下降至门的关门电平 V_T，G_2 的输出 v_D 升高，G_1 的输出 v_A，正反馈作用使电路迅速翻转至 G_1 开启、G_2 关闭的初始稳态。

(5) 恢复过程 $t_2<t<t_3$

电路自动翻转到 G_1 开启、G_2 关闭后，v_B 不是立即回到初始稳态值，这是因为电容 C 要有一个放电过程。

$t>t_3$ 以后，如果 v_i 再出现负跳变，则电路将重复上述过程。如果输入脉冲宽度较小时，则输入端可省去 R_PC_P 微分电路。

2) 积分型单稳态触发器

积分型单稳态触发器的电路如图 2-47 所示。

电路采用正脉冲触发，工作波形如图 2-48 所示。电路的稳定条件是 $R\leqslant1$ kΩ，输出脉冲宽度 $t_W\approx1.1RC$。

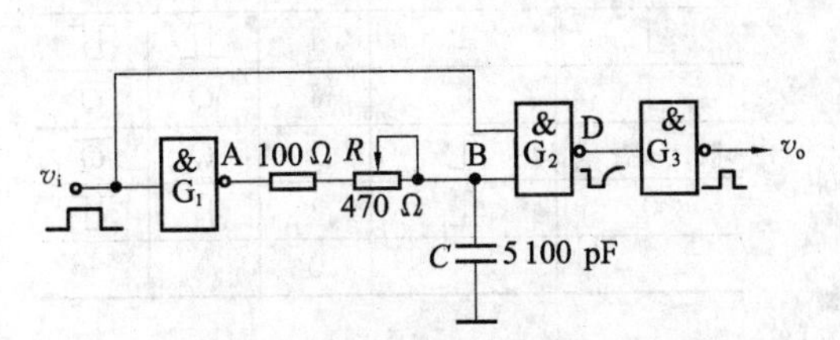

图 2-47 积分型单稳态触发器

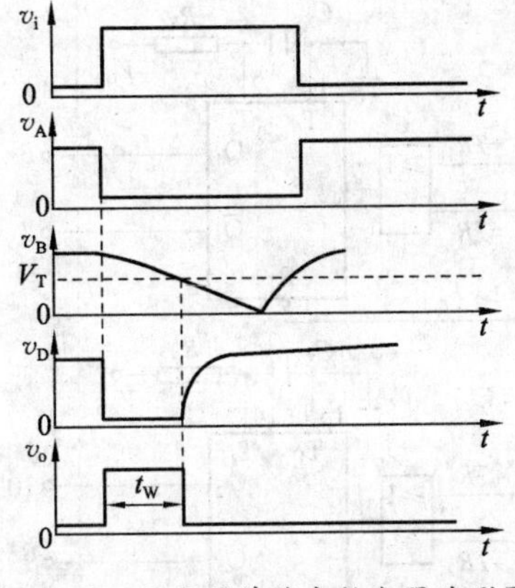

图 2-48 积分型单稳态触发器波形图

单稳态触发器共同特点是：触发脉冲未加入前，电路处于稳态。此时，可以测得各门的输入和输出电位。触发脉冲加入后，电路立刻进入暂稳态，暂稳态的时间即输出脉冲的宽度 t_W 只取决于 RC 数值的大小，与触发脉冲无关。

2. 用与非门组成施密特触发器

施密特触发器能对正弦波、三角波等信号进行整形，并输出矩形波，图 2-49(a)、(b)是两种典型的电路。图中，门 G_1、G_2 是基本 RS 触发器，门 G_3 是反相器，二极管 D 起电平偏移作用，以产生回差电压，其工作情况如下：设 $v_i=0$，G_3 截止，$R=1$、$S=0$，$Q=1$、$\overline{Q}=0$，电路处于原态。v_i 由 0 V 上升到电路的接通电位 V_T 时，G_3 导通，$R=0$，$S=1$，触发器翻转为 $Q=0$，$\overline{Q}=1$ 的新状态。此后 v_i 继续上升，电路状态不变。当 v_i 由最大值下降到 V_T 值的时间内，R 仍等于 0，$S=1$，电路状态也不变。当 $v_i \leqslant V_T$ 时，G_3 由导通变为截止，而 $V_S=V_T+V_D$ 为高电平，因而 $R=1$，$S=1$，触发器状态仍保持。只有 v_i 降至使 $v_S=V_T$ 时，电路才翻回到 $Q=1$，$\overline{Q}=0$ 的原态。电路的回差 $\Delta v=V_D$。

图 2-49(b)是由电阻 R_1、R_2 产生回差的电路。

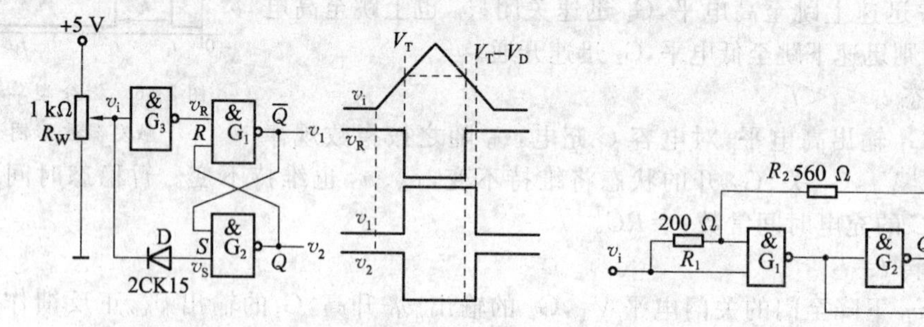

(a) 由二极管 D 产生回差的电路　　(b) 由电阻 R_1、R_2 产生回差的电路

图 2-49　与非门组成的施密特触发器

3. 集成双单稳态触发器 CC14528(或 CC4098)

1) 工作原理

图 2-50 为 CC14528(CC4098)的逻辑符号，功能表如表 2-33 所示。该器件能提供稳定的单脉冲，脉宽由外部电阻 R_X 和外部电容 C_X 决定，调整 R_X 和 C_X 可使 Q 端和 $\overline{Q}$ 端输出脉冲宽度有一个较宽的范围。本器件可采用上升沿触发（$+TR$）也可用下降沿触发（$-TR$），为使用带来很大的方便。在正常工作时，电路应由每一个新脉冲去触发。当采用上升沿触发时，为防止重复触发，$\overline{Q}$ 必须连到 $-TR$ 端。同样，在使用下降沿触发时，Q 端必须连到 $+TR$ 端。

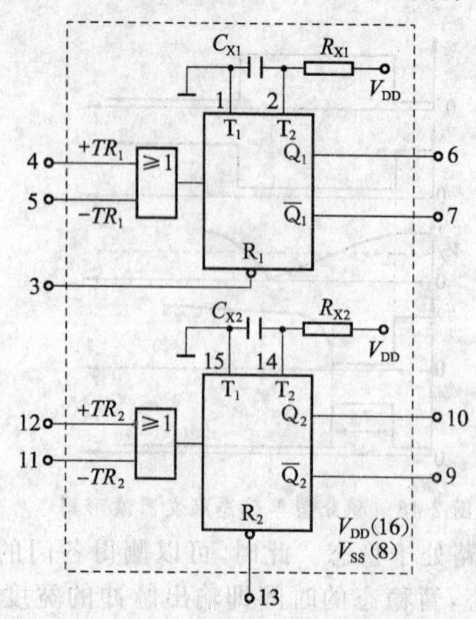

图 2-50　CC14528 的逻辑符号

表 2-33　CC14528 功能表

输入			输出	
$+TR$	$-TR$	$\overline{R}$	Q	$\overline{Q}$
↑(上升沿)	1	1	⎍(正脉冲)	⎍(负脉冲)
↑(上升沿)	0	1	Q	$\overline{Q}$
1	↓(下降沿)	1	Q	$\overline{Q}$
0	↓(下降沿)	1	⎍(正脉冲)	⎍(负脉冲)
×	×	0	0	1

该单稳态触发器的时间周期约为

$$T_X = R_X C_X$$

所有的输出级都有缓冲级，以提供较大的驱动电流。

2）应用举例

(1) 用 CC14528 实现脉冲延迟，如图 2-51 所示。

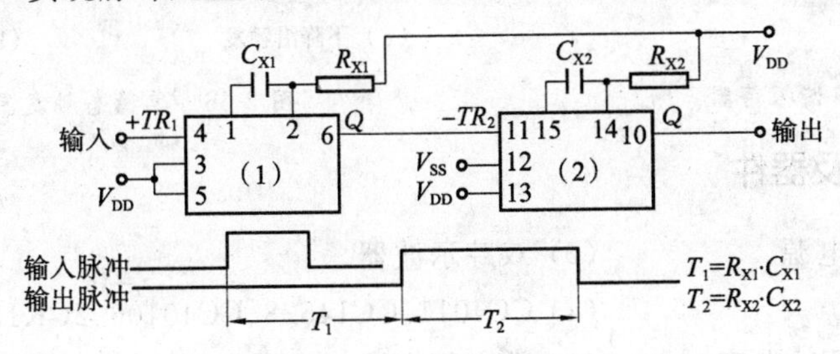

图 2-51 CC14528 组成的脉冲延迟电路

(2) 用 CC14528 实现多谐振荡器，如图 2-52 所示。

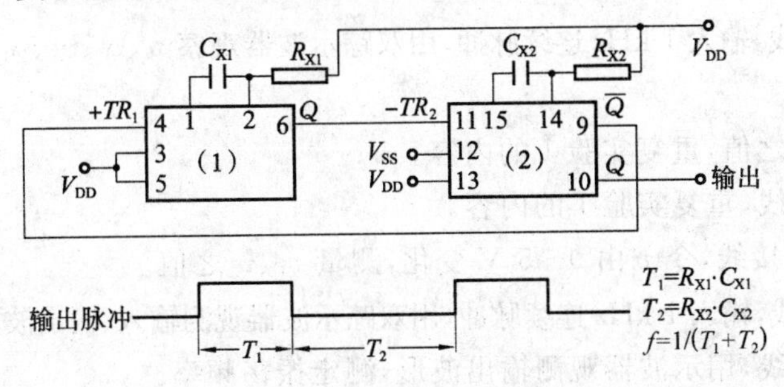

图 2-52 CC14528 组成的多谐振荡电路

4. 集成六施密特触发器 CC40106

图 2-53 为 CC40106 的引脚排列，它可用于波形的整形，也可作反相器或构成单稳态触发器和多谐振荡器。

(1) 用 CC40106 将正弦波转换为方波的原理图如图 2-54 所示。

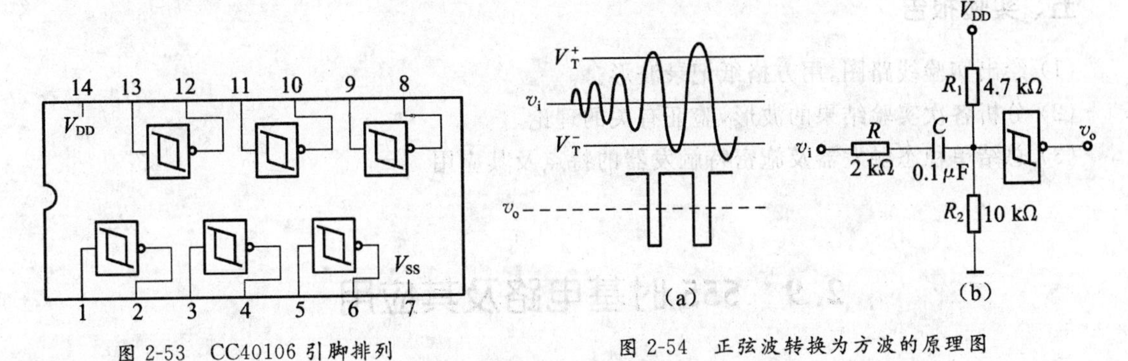

图 2-53 CC40106 引脚排列

图 2-54 正弦波转换为方波的原理图

(2) 用 CC40106 构成多谐振荡器的电路如图 2-55 所示。

(3) 用 CC40106 构成单稳态触发器的电路如图 2-56 所示，(a)为下降沿触发；(b)为上升沿触发。

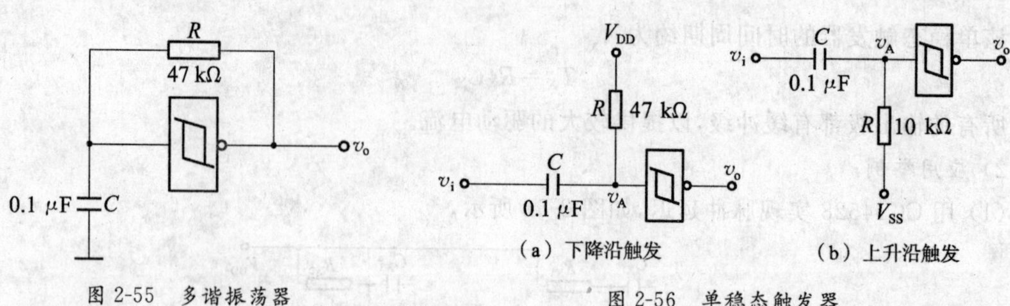

图 2-55　多谐振荡器

图 2-56　单稳态触发器

三、实验设备及器件

(1) +5 V 直流电源　　(2) 双踪示波器

(3) 连续脉冲源　　(4) CC4011、CC14528、CC40106、2CK15

(5) 电位器、电阻、电容　　(6) 数字频率计

四、实验内容

(1) 按图 2-45 接线，输入 1 kHz 连续脉冲，用双踪示波器观察 v_i、v_P、v_A、v_B、v_D 及 v_o 的波形，记录之。

(2) 改变 C 或 R 之值，重复实验 1 的内容。

(3) 按图 2-47 接线，重复实验 1 的内容。

(4) 按图 2-49(a)接线，令 v_i 由 0～5 V 变化，测量 v_1、v_2 之值。

(5) 按图 2-51 接线，输入 1 kHz 连续脉冲，用双踪示波器观测输入、输出波形，测定 T_1 与 T_2。

(6) 按图 2-52 接线，用示波器观测输出波形，测定振荡频率。

(7) 按图 2-55 接线，用示波器观测输出波形，测定振荡频率。

(8) 按图 2-54 接线，构成整形电路，被整形信号可由音频信号源提供，图中串联的 2 kΩ 电阻起限流保护作用。将正弦信号频率置 1 kHz，调节信号电压由低到高观测输出波形的变化。记录输入信号为 0 V、0.25 V、0.5 V、1.0 V、1.5 V、2.0 V 时的输出波形，记录之。

(9) 分别按图 2-56(a)、(b)接线，观察单稳态触发器的 v_i 和 v_o 的波形。

五、实验报告

(1) 绘出实验线路图，用方格纸记录波形。

(2) 分析各次实验结果的波形，验证有关的理论。

(3) 总结单稳态触发器及施密特触发器的特点及其应用。

2.9　555 时基电路及其应用

一、实验目的

1. 熟悉 555 型集成时基电路结构、工作原理及其特点。

2. 掌握555型集成时基电路的基本应用。

二、实验原理

集成时基电路又称为集成定时器或555电路，是一种数字、模拟混合型的中规模集成电路，其电路类型有双极型和CMOS型两大类，二者的结构与工作原理类似。双极型的电源电压$V_{CC}=+5\sim+15$ V，输出的最大电流达200 mA，CMOS型的电源电压为$+3\sim+18$ V。

1. 555 电路的工作原理

555电路的内部电路框图和引脚排列如图2-57(a)、(b)所示。它含有两个电压比较器，一个基本RS触发器，一个放电开关管T，比较器的参考电压由三只5 kΩ的电阻器构成的分压器提供。它们分别使高电平比较器A_1的同相输入端和低电平比较器A_2的反相输入端的参考电平为$\frac{2}{3}V_{CC}$和$\frac{1}{3}V_{CC}$。A_1与A_2的输出端控制RS触发器状态和放电开关管状态。当输入信号自6脚，即高电平触发输入并超过参考电平$\frac{2}{3}V_{CC}$时，触发器复位，555的输出端3脚输出低电平，同时放电开关管导通；当输入信号自2脚输入并低于$\frac{1}{3}V_{CC}$时，触发器置位，555的3脚输出高电平，同时放电开关管截止。

$\overline{R}_D$是复位端(4脚)，当$\overline{R}_D=0$时，555输出低电平。平时$\overline{R}_D$端开路或接V_{CC}。

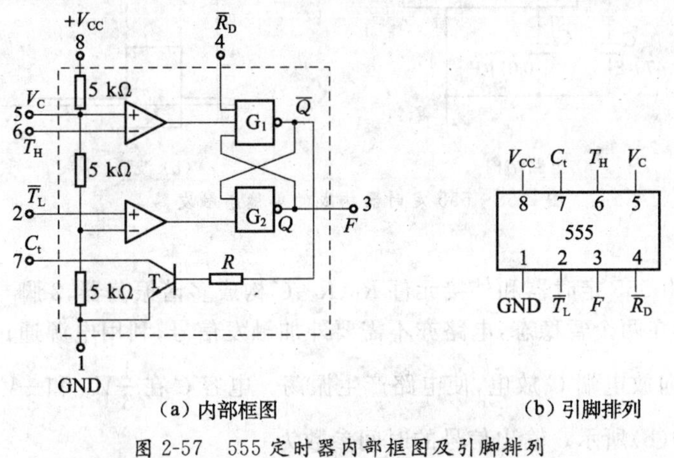

图2-57 555定时器内部框图及引脚排列

V_C是控制电压端(5脚)，平时输出$\frac{2}{3}V_{CC}$作为比较器A_1的参考电平，当5脚外接一个输入电压，即改变了比较器的参考电平，从而实现对输出的另一种控制，在不接外加电压时，通常接一个0.01 μF的电容器到地，起滤波作用，以消除外来的干扰，确保参考电平的稳定。T为放电开关管，当T导通时，将给接于7脚的电容器提供低阻放电通路。

555定时器主要是与电阻、电容构成充放电电路，并由两个比较器来检测电容器上的电压，以确定输出电平的高低和放电开关管的通断。这就很方便地构成从几微秒到数十分钟的延时电路，可构成单稳态触发器、多谐振荡器、施密特触发器等脉冲产生或波形变换电路。

2. 555 定时器的典型应用

1) 单稳态触发器

图2-58(a)为由555定时器和外接定时元件R、C构成的单稳态触发器。触发电路由C_1、R_1、D构成，其中D为钳位二极管。稳态时555电路输入端处于电源电平，内部放电开关管T导通，输出端F输出低电平。当有一个外部负脉冲触发信号经C_1加到2脚，并使2脚电位瞬

时低于$\frac{1}{3}V_{CC}$，低电平比较器动作，单稳态电路即开始一个暂态过程，电容C开始充电，v_C按指数规律增长。当v_C充电到$\frac{2}{3}V_{CC}$时，高电平比较器动作，比较器A_1翻转，输出v_0从高电平返回低电平，放电开关管T重新导通，电容C上的电荷很快经放电开关管放电，暂态结束，恢复稳态，为下个触发脉冲的来到做好准备。波形图如图2-58(b)所示。

暂稳态的持续时间t_W(即为延时时间)决定于外接元件R、C值的大小

$$t_W = 1.1RC$$

通过改变R、C的大小，可使延时时间在几个微秒到几十分钟之间变化。当这种单稳态电路作为计时器时，可直接驱动小型继电器，并可以使用复位端(4脚)接地的方法来中止暂态，重新计时。此外尚需用一个续流二极管与继电器线圈并接，以防继电器线圈反电势损坏内部功率管。

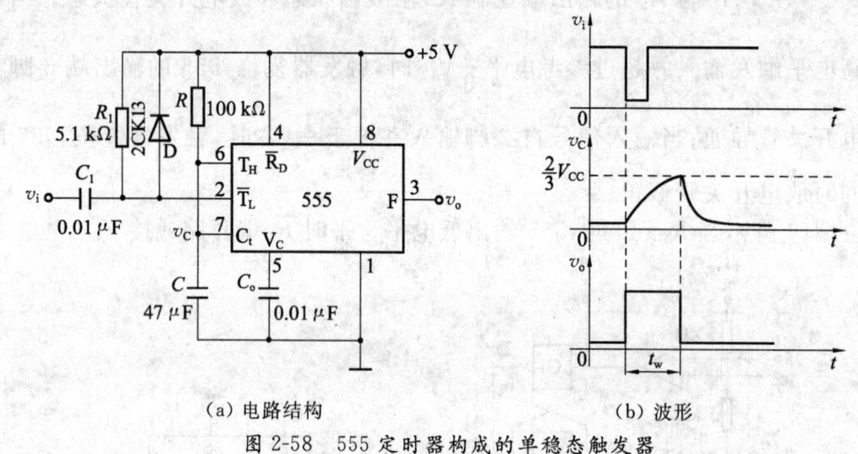

图2-58　555定时器构成的单稳态触发器

2) 多谐振荡器

如图2-59(a)，由555定时器和外接元件R_1、R_2、C构成多谐振荡器，2脚与6脚直接相连。电路没有稳态，仅存在两个暂稳态，电路亦不需要外加触发信号，利用电源通过R_1、R_2向C充电，以及C通过R_2向放电端C_t放电，使电路产生振荡。电容C在$\frac{1}{3}V_{CC}$和$\frac{2}{3}V_{CC}$之间充电和放电，其波形如图2-59(b)所示。输出信号的时间参数为

$$T = t_{w1} + t_{w2},\ t_{w1} = 0.7(R_1 + R_2)C,\ t_{w2} = 0.7R_2C$$

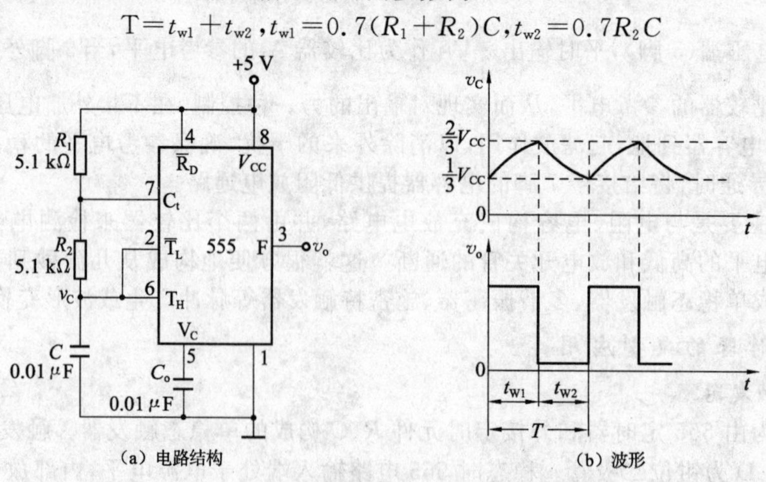

图2-59　555定时器构成的多谐振荡器

555 电路要求 R_1 与 R_2 均应大于或等于 1 kΩ，但 R_1+R_2 应小于或等于 3.3 MΩ。外部元件的稳定性决定了多谐振荡器的稳定性，555 定时器配以少量的元件即可获得较高精度的振荡频率和较强的功率输出能力。因此这种形式的多谐振荡器应用很广。

3）占空比可调的多谐振荡器

电路如图 2-60，它比图 2-61 所示电路增加了一个电位器和两个导引二极管。D_1、D_2 用来决定电容充、放电电流流经电阻的途径（充电时 D_1 导通，D_2 截止；放电时 D_2 导通，D_1 截止）。

占空比为

$$P=\frac{t_{w1}}{t_{w1}+t_{w2}}\approx\frac{0.7R_AC}{0.7C(R_A+R_B)}=\frac{R_A}{R_A+R_B}$$

可见，若取 $R_A=R_B$，电路即可输出占空比为 50%的方波信号。

4）占空比连续可调并能调节振荡频率的多谐振荡器

电路如图 2-61 所示，对 C_1 充电时，充电电流通过 R_1、D_1、R_{W2} 和 R_{W1}；放电时通过 R_{W1}、R_{W2}、D_2、R_2。当 $R_1=R_2$，R_{W2} 调至中心点时，因充放电时间基本相等，其占空比约为 50%，此时调节 R_{W1} 仅改变频率，占空比不变。如 R_{W2} 调至偏离中心点，再调节 R_{W1}，不仅振荡频率改变，而且对占空比也有影响。R_{W1} 不变，调节 R_{W2}，仅改变占空比，对频率无影响。因此，当接通电源后，应首先调节 R_{W1} 使频率至规定值，再调节 R_{W2}，以获得需要的占空比。若频率调节的范围比较大，还可以用波段开关改变 C_1 的值。

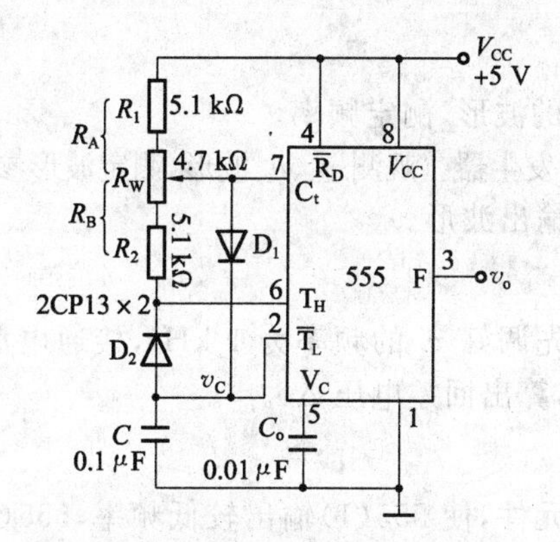

图 2-60　占空比可调的多谐振荡器

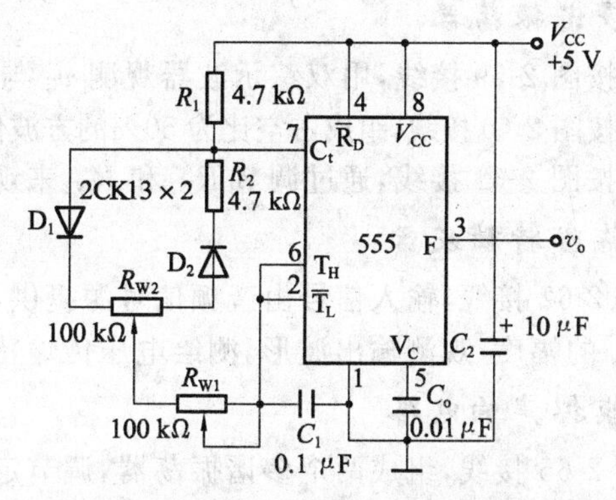

图 2-61　占空比与频率均可调的多谐振荡

5）施密特触发器

电路如图 2-62，只要将脚 2、6 连在一起作为信号输入端，即得到施密特触发器。图 2-63 示出了 v_s，v_i 和 v_o 的波形图。设被整形变换的电压为正弦波 v_s，其正半波通过二极管 D 加到 555 定时器的 2 脚和 6 脚，得 v_i 为半波整流波形。当 v_i 上升到 $\frac{2}{3}V_{CC}$ 时，v_o 从高电平翻转为低电平；当 v_i 下降到 $\frac{1}{3}V_{CC}$ 时，v_o 又从低电平翻转为高电平。电路的电压传输特性曲线如图 2-64 所示。回差电压 $\Delta v=\frac{2}{3}V_{CC}-\frac{1}{3}V_{CC}=\frac{1}{3}V_{CC}$。

三、实验设备及器件

(1) +5 V 直流电源	(2) 双踪示波器	(3) 连续脉冲源
(4) 单次脉冲源	(5) 音频信号源	(6) 数字频率计
(7) 逻辑电平显示器	(8) 555×2、2CK13×2	(9) 电位器、电阻、电容

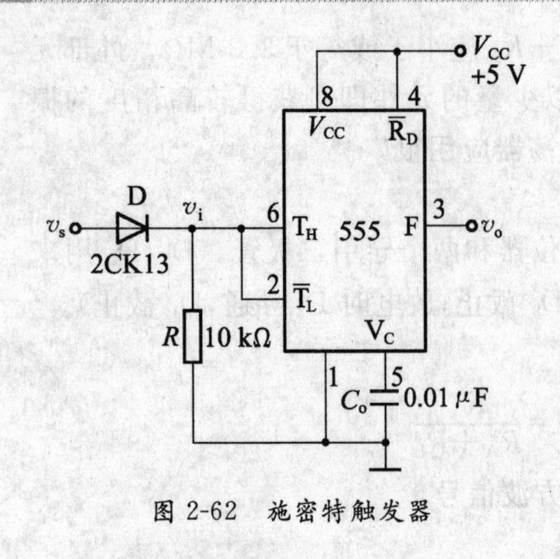

图 2-62　施密特触发器

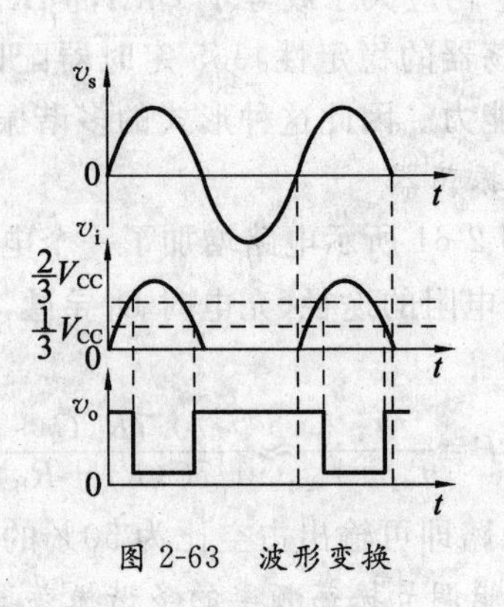

图 2-63　波形变换

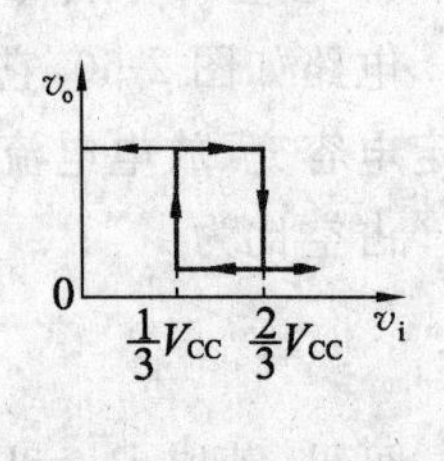

图 2-64　电压传输特性

四、实验内容

1. 单稳态触发器

(1) 按图 2-58 连线，取 $R=100\ \text{k}\Omega$，$C=47\ \mu\text{F}$，输入信号 v_i 由单次脉冲源提供，用双踪示波器观测 v_i、v_C、v_o 波形，测定幅度与暂稳时间。

(2) 将 R 改为 $1\ \text{k}\Omega$，C 改为 $0.1\ \mu\text{F}$，输入端加 1 kHz 的连续脉冲，观测 v_i、v_C、v_o 波形，测定幅度及暂稳时间。

2. 多谐振荡器

(1) 按图 2-59 接线，用双踪示波器观测 v_C 与 v_o 的波形，测定频率。

(2) 按图 2-60 接线，组成占空比为 50% 的方波信号发生器。观测 v_C、v_o 波形，测定波形参数。

(3) 按图 2-61 接线，通过调节 R_{W1} 和 R_{W2} 来观测输出波形。

3. 施密特触发器

按图 2-62 接线，输入信号由音频信号源提供，预先调好 v_s 的频率为 1 kHz，接通电源，逐渐加大 v_s 的幅度，观测输出波形，测绘电压传输特性，算出回差电压 Δv。

4. 模拟声响电路

按图 2-65 接线，组成两个多谐振荡器，调节定时元件，使 555(1) 输出较低频率，555(2) 输出较高频率，连好线，接通电源，试听音响效果。调换外接阻容元件，再试听音响效果。

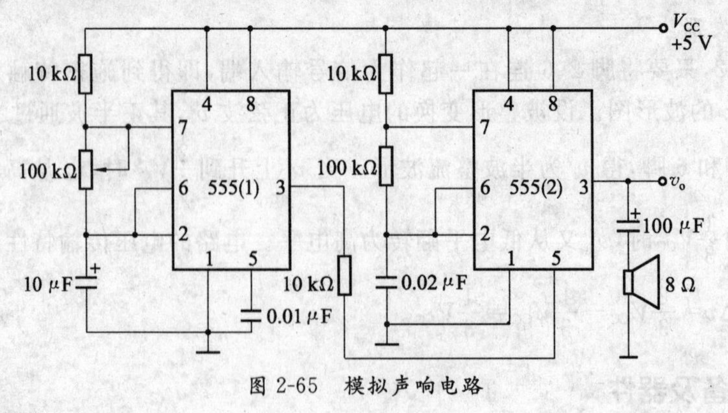

图 2-65　模拟声响电路

五、实验报告

(1) 绘出详细的实验线路图，定量绘出观测到的波形。

(2) 分析、总结实验结果。

第3章 数字逻辑电路综合型实训

3.1 智力竞赛抢答器

一、实验目的

(1) 学习数字电路中D触发器、分频电路、多谐振荡器、CP时钟脉冲源等单元电路的综合运用。

(2) 掌握四D触发器74LS175的原理及使用,熟悉与非门的使用。

(3) 掌握实验电路的工作原理。

(4) 培养独立分析故障及排除故障的能力。

二、实验原理

实验电路如图3-1所示,该电路由四D触发器、与非门及脉冲触发电路等组成。

74LS175为四D触发器,其内部具有四个独立的D触发器,四个触发器的输入端分别为D_1、D_2、D_3、D_4,输出端相应为Q_1、$\overline{Q}_1$,Q_2、$\overline{Q}_2$,Q_3、$\overline{Q}_3$,Q_4、$\overline{Q}_4$。四D触发器具有共同的时钟端(CP)和共同的清除端(CLR)。74LS20为四输入端与非门,一块芯片中有两个独立的与非门。74LS00为二输入端与非门,在一块芯片中有四个独立的与非门。

优先判决电路是用来判断哪一个预定状态优先发生的电路,如判断知识竞赛中谁先抢答。S_1、S_2、S_3、S_4为抢答人按钮,S_5为主持人复位按钮。当无人抢答时,$S_1 \sim S_4$均未被按下,$D_1 \sim D_4$均为低电平,在555电路产生的时钟脉冲作用下,74LS175的输出端$Q_1 \sim Q_4$均为0,LED发光二极管不亮,74LS20输出为低电平,蜂鸣器也不发声;当有人抢答时,例如S_1被按下时,D_1输入端输入为高电平,在时钟上升沿时,Q_1翻转为1,对应的LED发光二极管发光,同时$\overline{Q}_1=0$,使74LS20输出为1,蜂鸣器发声。74LS20输出经74LS00反相后变为低电平,将脉冲封锁,此时74LS175的输出不再变化,其他抢答者再按下按钮也不起作用,从而实现了优先判决。若要清除,则由主持人按S_5按钮完成,并为下一次抢答做好准备。

三、实验设备及器件

(1) +5 V直流电源	(2) 逻辑电平开关	(3) 逻辑电平显示器
(4) 双踪示波器	(5) 数字频率计	(6)直流数字电压表
(7) 电阻、电容若干	(8) 74LS175、74LS20、74LS00、NE555	

四、实验内容

(1) 测试各触发器及各逻辑门的逻辑功能，判断器件的好坏。

(2) 按图 3-1 接线，抢答器五个开关接实验装置上的逻辑电平开关，发光二极管接逻辑电平显示器。

(3) 断开抢答器电路中 *CP* 脉冲源电路，单独对多谐振荡器进行调试，观察 3 脚输出波形并测试其频率，测试抢答器电路功能。接通＋5 V 电源，*CP* 端接实验装置上的连续脉冲源，取重复频率约 1 kHz。

① 抢答开始前，开关 S_1、S_2、S_3、S_4 均置“0”，准备抢答，将开关 S_5 置“0”，发光二极管全熄灭，再将 S_5 置“1”。抢答开始，S_1、S_2、S_3、S_4 中某一开关置“1”，观察发光二极管的亮、灭情况，然后再将其他三个开关中任一个置“1”，观察发光二极管的亮、灭有否改变。

② 重复各触发器及各逻辑门的逻辑功能测试，改变 S_1、S_2、S_3、S_4 中任一个开关状态，观察抢答器的工作情况。

③ 整体测试。

断开实验装置上的连续脉冲源，接入 3 脚，再进行实验。

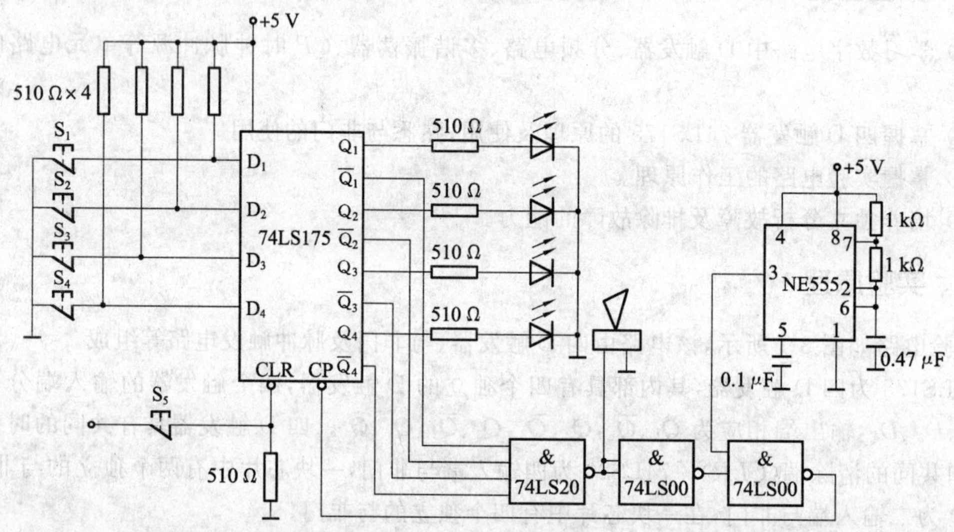

图 3-1 抢答器电路

五、实验预习要求

(1) 复习 D 触发器的工作原理。

(2) 熟悉 74LS175、74LS20、NE555 各引脚功能、使用方法。

(3) 绘制完整的实验线路和所需的实验记录表格。

(4) 拟定各个实验内容的具体实验方案。

六、实验报告

(1) 分析智力竞赛抢答装置各部分功能及工作原理。

(2) 总结数字系统的设计、调试方法。

(3) 分析实验中出现的故障并提出解决办法。

3.2 D/A、A/D 转换器及其应用

一、实验目的

(1) 了解 D/A 和 A/D 转换器的基本工作原理和基本结构。

(2) 掌握大规模集成 D/A 和 A/D 转换器的功能及其典型应用。

二、实验原理

在数字电子技术的很多应用场合往往需要把模拟量转换为数字量，称为模/数转换器（A/D 转换器，简称 ADC）；或把数字量转换成模拟量，称为数/模转换器（D/A 转换器，简称 DAC）。完成这种转换的线路有多种，特别是单片大规模集成 A/D、D/A 转换器的问世，为实现上述的转换提供了极大的方便。使用者借助于手册提供的器件性能指标及典型应用电路，即可正确使用这些器件。本实验将采用大规模集成电路 DAC0832 实现 D/A 转换，ADC0809 实现 A/D 转换。

1. D/A 转换器 DAC0832

DAC0832 是采用 CMOS 工艺制成的单片电流输出型 8 位数/模转换器。图 3-2(a)、(b) 是 DAC0832 的逻辑框图及引脚排列。

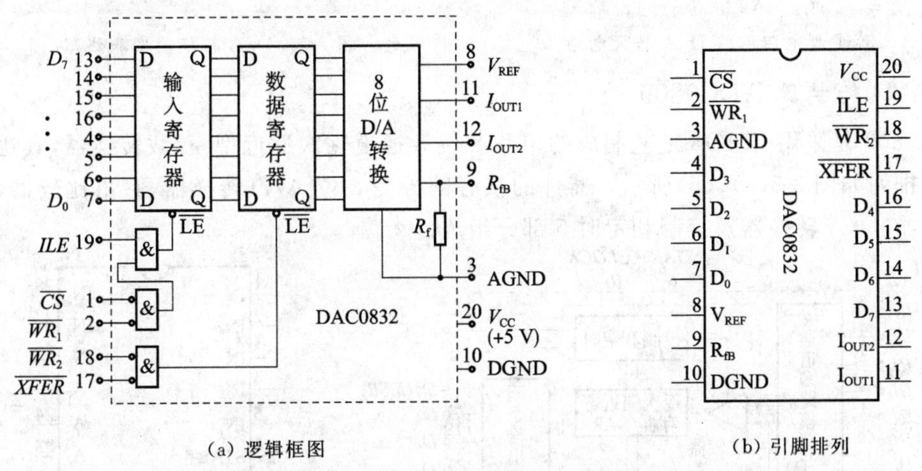

(a) 逻辑框图　　(b) 引脚排列

图 3-2　DAC0832 单片 D/A 转换器逻辑框图和引脚排列

器件的核心部分采用倒 T 型电阻网络的 8 位 D/A 转换器，如图 3-3 所示。它是由倒 T 型 R-$2R$ 电阻网络、模拟开关、运算放大器和参考电压 V_{REF} 四部分组成。

运放的输出电压为

$$v_o=\frac{-V_{REF}\cdot R_f}{2^nR}(D_{n-1}\cdot 2^{n-1}+D_{n-2}\cdot 2^{n-2}+\cdots+D_0\cdot 2^0)$$

由上式可见，输出电压 v_o 与输入的数字量成正比，这就实现了从数字量到模拟量的转换。

一个 8 位的 D/A 转换器，它有 8 个输入端，每个输入端是 8 位二进制数的一位，有一个模

拟输出端，输入可有 $2^8=256$ 个不同的二进制组态，输出为 256 个电压之一，即输出电压不是整个电压范围内的任意值，而只能是 256 个可能值。

DAC0832 的引脚功能说明如下：$D_0 \sim D_7$——数字信号输入端；ILE——输入寄存器允许信号，高电平有效；$\overline{CS}$——片选信号，低电平有效；$\overline{WR}_1$——写信号 1，低电平有效；$\overline{XFER}$——传送控制信号，低电平有效；$\overline{WR}_2$——写信号 2，低电平有效；I_{OUT1}，I_{OUT2}——DAC 电流输出端；R_{fB}——反馈电阻，是集成在片内的外接运放的反馈电阻；V_{REF}——基准电压，$-10 \sim +10$ V；V_{CC}——电源电压，$+5 \sim +15$ V；AGND——模拟地；DGND——数字地，可接在一起使用。

DAC0832 输出的是电流，要转换为电压，还必须经过一个外接的运算放大器，实验线路如图 3-4 所示。

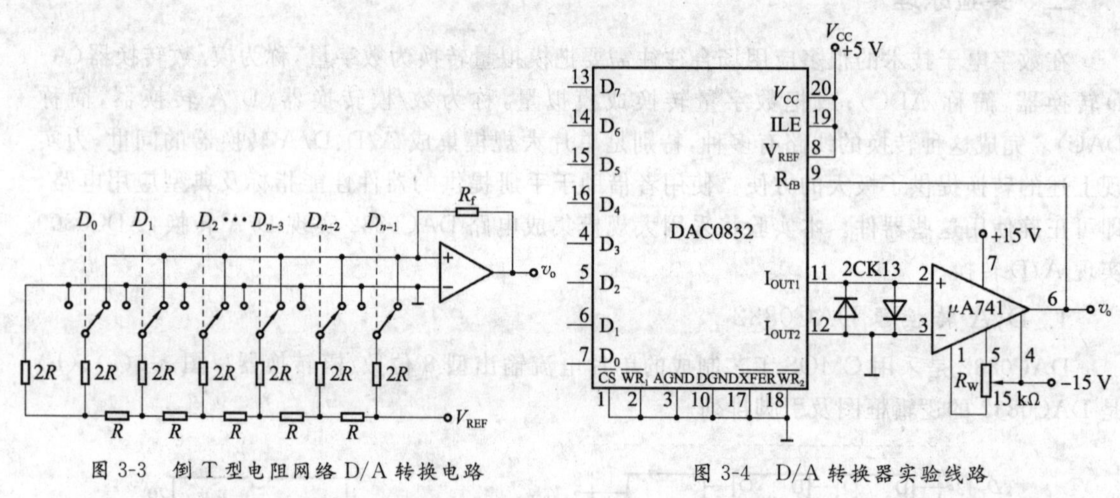

图 3-3 倒 T 型电阻网络 D/A 转换电路

图 3-4 D/A 转换器实验线路

2. A/D 转换器 ADC0809

ADC0809 是采用 CMOS 工艺制成的单片 8 位 8 通道逐次逼近型模/数转换器，其逻辑框图及引脚排列如图 3-5(a)、(b)所示。器件的核心部分是 8 位 A/D 转换器，它由比较器、逐次逼近寄存器、D/A 转换器及控制和定时 5 部分组成。

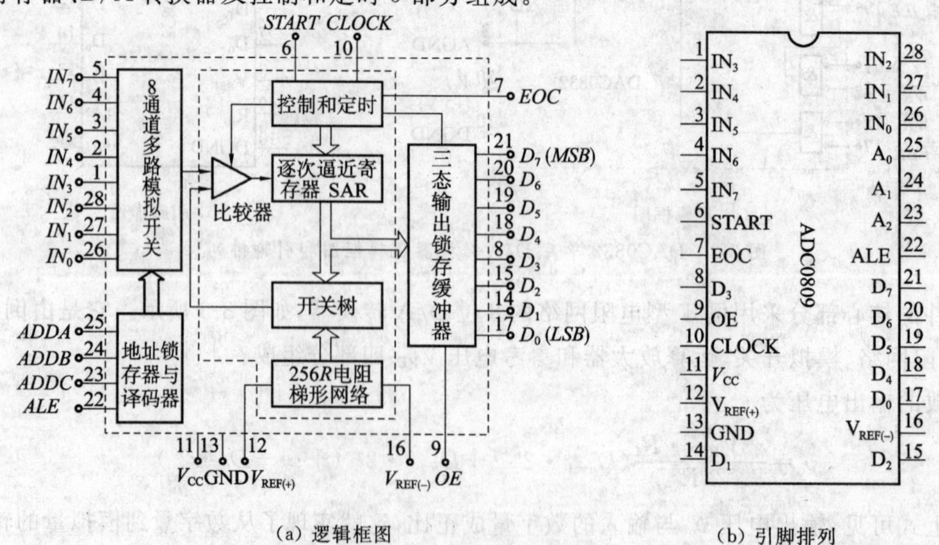

(a) 逻辑框图 (b) 引脚排列

图 3-5 ADC0809 转换器逻辑框图及引脚排列

ADC0809 的引脚功能说明如下：

$IN_0 \sim IN_7$——8 路模拟信号输入端；A_2、A_1、A_0——地址输入端；ALE——地址锁存允许输入信号，在此脚施加正脉冲，上升沿有效，此时锁存地址码，从而选通相应的模拟信号通道，以便进行 A/D 转换；$START$——启动信号输入端，应在此脚施加正脉冲，当上升沿到达时，内部逐次逼近寄存器复位，在下降沿到达后，开始 A/D 转换过程；EOC——转换结束输出信号（转换结束标志），高电平有效；OE——输入允许信号，高电平有效；$CLOCK(CP)$——时钟信号输入端，外接时钟频率一般为 640 kHz；V_{CC}——+5 V 单电源供电；$V_{REF(+)}$、$V_{REF(-)}$——基准电压的正极、负极，一般 $V_{REF(+)}$ 接+5 V 电源，$V_{REF(-)}$ 接地；$D_7 \sim D_0$——数字信号输出端。

1）模拟量输入通道选择

8 路模拟开关由 A_2、A_1、A_0 三地址输入端选通 8 路模拟信号中的任何一路进行 A/D 转换，地址译码与模拟输入通道的选通关系如表 3-1 所示。

表 3-1　地址译码与模拟输入通道的选通关系

被选模拟通道		IN_0	IN_1	IN_2	IN_3	IN_4	IN_5	IN_6	IN_7
地址	A_2	0	0	0	0	1	1	1	1
	A_1	0	0	1	1	0	0	1	1
	A_0	0	1	0	1	0	1	0	1

2）D/A 转换过程

在启动端（$START$）加启动脉冲（正脉冲），D/A 转换即开始。如将启动端（$START$）与转换结束端（EOC）直接相连，转换将是连续的，在用这种转换方式时，开始应在外部加启动脉冲。

三、实验设备及器件

(1) +5 V、±15 V 直流电源　(2) 双踪示波器　(3) 计数脉冲源
(4) 逻辑电平开关　(5) 逻辑电平显示器　(6) 直流数字电压表
(7) DAC0832、ADC0809、μA741　(8) 电位器、电阻、电容若干

四、实验内容

1. D/A 转换器——DAC0832

(1) 按图 3-4 接线，电路接成直通方式，即$\overline{CS}$、$\overline{WR_1}$、$\overline{WR_2}$、$\overline{XFER}$接地，ALE、V_{CC}、V_{REF} 接+5 V 电源，运放电源接±15 V，$D_0 \sim D_7$ 接逻辑电平开关的输出插口，输出端 v_o 接直流数字电压表。

(2) 调零，令 $D_0 \sim D_7$ 全置零，调节运放的电位器使 μA741 输出为零。

(3) 按表 3-2 所列的输入数字信号，用数字电压表测量运放的输出电压 v_o，将测量结果填入表中，并与理论值进行比较。

表 3-2　DAC0832 的输出模拟量

输入数字量								输出模拟量
D_7	D_6	D_5	D_4	D_3	D_2	D_1	D_0	v_o(V)
0	0	0	0	0	0	0	0	
0	0	0	0	0	0	0	1	
0	0	0	0	0	0	1	0	
0	0	0	0	0	1	0	0	

（续表）

输入数字量								输出模拟量
D_7	D_6	D_5	D_4	D_3	D_2	D_1	D_0	v_o(V)
0	0	0	0	1	0	0	0	
0	0	0	1	0	0	0	0	
0	0	1	0	0	0	0	0	
0	1	0	0	0	0	0	0	
1	0	0	0	0	0	0	0	
1	1	1	1	1	1	1	1	

2. A/D 转换器——ADC0809

按图 3-6 接线。

(1) 8 路输入模拟信号 1～4.5 V，由+5 V 电源经电阻 R 分压组成；变换结果 $D_0 \sim D_7$ 接逻辑电平显示器输入插口，CP 时钟脉冲由计数脉冲源提供，取 $f=100$ kHz；$A_0 \sim A_2$ 地址端接逻辑电平开关输出插口。

(2) 接通电源后，在启动端($START$)加一单次正脉冲，下降沿一到即开始 A/D 转换。

(3)按表 3-3 的要求观察，记录 $IN_0 \sim IN_7$ 8 路模拟信号的转换结果，并将转换结果换算成十进制数表示的电压值，并与数字电压表实测的各路输入电压值进行比较，分析误差原因。

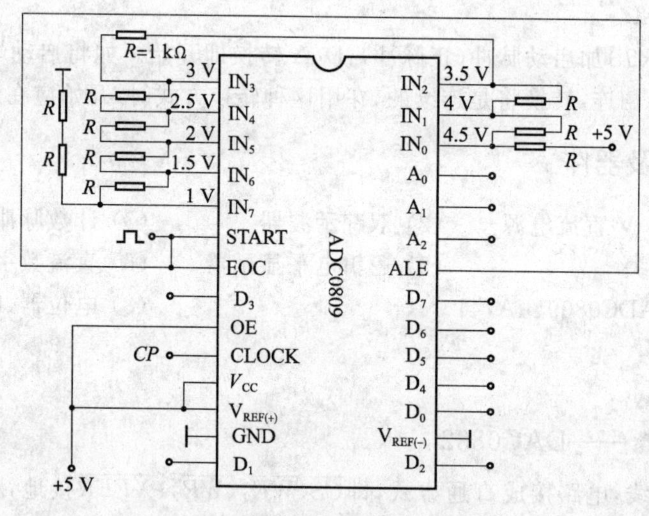

图 3-6　ADC0809 实验线路

表 3-3　ADC0809 的输出数字量

被选模拟通道	输入模拟量	地址			输出数字量								
IN	v_i(V)	A_2	A_1	A_0	D_7	D_6	D_5	D_4	D_3	D_2	D_1	D_0	十进制
IN_0	4.5	0	0	0									
IN_1	4.0	0	0	1									
IN_2	3.5	0	1	0									
IN_3	3.0	0	1	1									
IN_4	2.5	1	0	0									
IN_5	2.0	1	0	1									
IN_6	1.5	1	1	0									
IN_7	1.0	1	1	1									

五、实验预习要求

(1) 复习 A/D、D/A 转换器的工作原理。

(2) 熟悉 ADC0809、DAC0832 各引脚功能、使用方法。

(3) 绘制完整的实验线路和所需的实验记录表格。

(4) 拟定各个实验内容的具体实验方案。

六、实验报告

(1) 整理实验数据,分析实验结果。

(2) 分析 D/A 转换器线路,ADC0809 转换器功能及工作原理。

(3) 总结电路的调试方法。

(4) 分析实验中出现的故障并提出解决办法。

3.3 数字频率计

一、实验目的

(1) 学习数字电路中 D 触发器、分频电路、多谐振荡器、*CP* 时钟脉冲源等单元电路的综合运用。

(2) 掌握 CC4553、CC4013、CC4011、CC4069、CC4001、CC4071 原理及各引脚的功能。

(3) 掌握综合电路的调试方法。

(4) 培养独立分析故障及排除故障的能力。

二、实验原理

数字频率计是用于测量信号(方波、正弦波或其他脉冲信号)的频率,并用十进制数字显示,它具有精度高、测量迅速、读数方便等优点。

脉冲信号的频率就是在单位时间内所产生的脉冲个数,其表达式为 $f=N/T$,其中 f 为被测信号的频率,N 为计数器所累计的脉冲个数,T 为产生 N 个脉冲所需的时间。计数器所记录的结果,就是被测信号的频率。如在 1 s 内记录 1 000 个脉冲,则被测信号的频率为 1 000 Hz。

本实验仅讨论一种简单易制的数字频率计,其原理框图如图 3-7 所示。

晶振产生较高的标准频率,经分频器后可获得各种时基脉冲(1 ms,10 ms,0.1 s,1 s 等),时基信号的选择由开关 S_2 控制。被测频率的输入信号经放大整形后变成矩形脉冲加到主控门的输入端,如果被测信号为方波,放大整形可以不要,将被测信号直接加到主控门的输入端。时基信号经控制电路产生闸门信号至主控门,只有在闸门信号采样期间(时基信号的一个周期),输入信号才通过主控门。若时基信号的周期为 T,进入计数器的输入脉冲数为 N,则被测信号的频率 $f=N/T$,改变时基信号的周期 T,即可得到不同的测频范围。当主控门关闭时,计数器停止计数,显示器显示记录结果。此时控制电路输出一个置零信号,经延时、整形电路的延时，当达到所调节的延时时间时，延时电路输出一个复位信号，使计数器和所有的触发器置“0”，为后续新的一次取样作好准备，即能锁住一次显示的时间，使其保留到接受新的一次取样为止。当开关 S_2 改变量程时，小数点能自动移位。若开关 S_1，S_3 配合使用，可将测试状态转为“自检”工作状态(即用时基信号本身作为被测信号输入)。

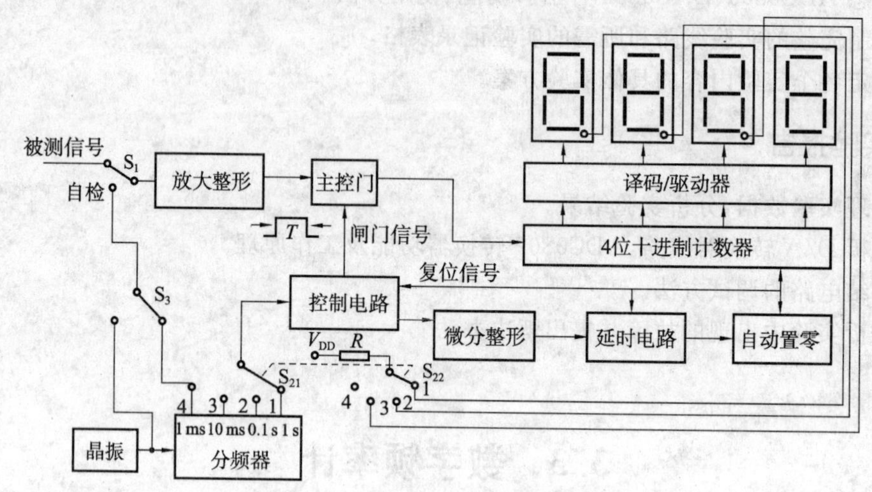

图 3-7 数字频率计原理框图

三、实验设备及器件

(1) +5 V 直流电源　(2) 双踪示波器　(3) 连续脉冲源
(4) 逻辑电平显示器　(5) 直流数字电压表　(6) 数字频率计
(7) 二极管 2AP9　(8) 1 MΩ 电位器、电阻　(9) 电容
(10) CC4518、CC4553、CC4013、CC4011、CC4069、CC4001、CC4071

其中，3 位十进制计数器 CC4553 的引脚排列如图 3-8 所示，功能表如表 3-4 所示。

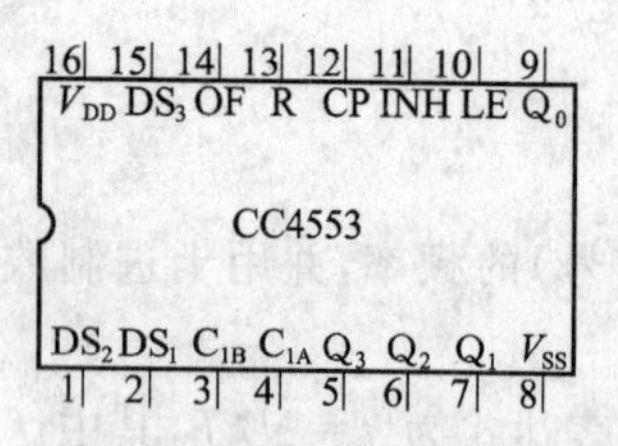

图 3-8 CC4553 引脚排列

注：CP——时钟输入端；INH——时钟禁止端；LE——锁存允许端；R——清除端；$DS_1 \sim DS_3$——数据选择输出端；OF——溢出输出端；C_{1A}、C_{1B}——振荡器外接电容端；$Q_0 \sim Q_3$——BCD 码输出端。

表 3-4 CC4553 功能表

输 入				输 出
R	CP	INH	LE	
0	↑	0	0	不变
0	↓	0	0	计数
0	×	1	×	不变
0	1	↑	0	计数
0	1	↓	0	不变
0	0	×	×	不变
0	×	×	↑	锁存
0	×	×	1	锁存
1	×	×	0	$Q_0 \sim Q_3=0$

四、实验内容

1. 制作数字频率计

使用中、小规模集成电路设计与制作一台简易的数字频率计。应具有下述功能。

(1) 位数：计 4 位十进制数。计数位数主要取决于被测信号频率的高低，如果被测信号频率较高，精度又较高，可相应增加显示位数。

(2) 量程：第一挡，最小量程挡，最大读数是 9.999 kHz，闸门信号的采样时间为 1 s；第二挡，最大读数为 99.99 kHz，闸门信号的采样时间为 0.1 s；第三挡，最大读数为 999.9 kHz，闸门信号的采样时间为 10 ms；第四挡，最大读数为 9 999 kHz，闸门信号的采样时间为 1 ms。

(3) 显示方式：用七段 LED 数码管显示读数，做到显示稳定、不跳变；小数点的位置跟随量程的变更而自动移位；为了便于读数，要求数据显示的时间在 0.5～5 s 内连续可调。

(4) 具有“自检”功能。

(5) 被测信号为方波信号。

2. 分电路模块进行调试

1) 控制电路

控制电路与主控门电路如图 3-9 所示。主控门电路由双 D 触发器 CC4013 及与非门 CC4011 构成。CC4013(1)的任务是输出闸门控制信号，以控制主控门 G_2 的开启与关闭。如果通过开关 S_2 选择一个时基信号，当给与非门 G_1 输入一个时基信号的下降沿时，门 G_1 就输出一个上升沿，则 CC4013(1)的 Q_1 端就由低电平变为高电平，将主控门 G_2 开启，允许被测信号通过该主控门并将其送至计数器输入端进行计数。相隔 1 s(或 0.1 s，10 ms，1 ms)后，又给与非门 G_1 输入一个时基信号的下降沿，与非门 G_1 的输出端又产生一个上升沿，使 CC4013(1)的 Q_1 端变为低电平，将主控门关闭，使计数器停止计数，同时 $\overline{Q_1}$ 端产生一个上升沿，使 CC4013(2)翻转成 $Q_2=1$、$\overline{Q_2}=0$，由于 $\overline{Q_2}=0$，它立即封锁与非门 G_1，不再让时基信号进入 CC4013(1)，保证在显示读数的时间内 Q_1 端始终保持低电平，使计数器停止计数。

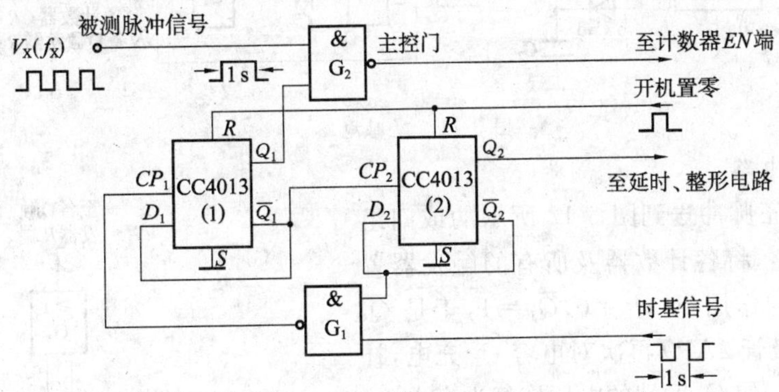

图 3-9　控制电路及主控门电路

利用 Q_2 端的上升沿送到下一级的延时、整形单元电路。当到达所调节的延时时间时，延时电路输出端立即输出一个正脉冲，将计数器和所有 D 触发器全部置“0”。复位后，$Q_1=0$、$\overline{Q_1}=1$，为下一次测量做好准备。当时基信号又产生下降沿时，则重复上述过程。

2) 微分整形电路

电路如图 3-10 所示。CC4013(2)的 Q_2 端所产生的上升沿经微分电路后，送到由与非门 CC4011 组成的施密特整形电路的输入端，在其输出端可得到一个边沿十分陡峭且具有一定脉冲宽度的负脉冲，然后再送至下一级延时电路。

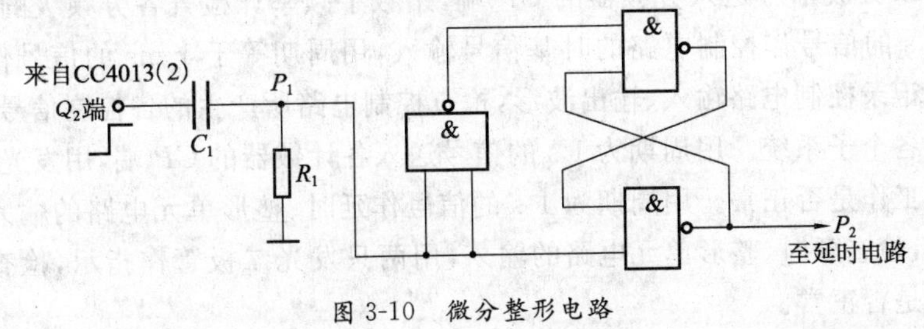

图 3-10　微分整形电路

3）延时电路

延时电路由D触发器CC4013(3)、积分电路(由电位器R_{W1}和电容器C_2组成)、非门G_3以及单稳态电路所组成，如图3-11所示。由于CC4013(3)的D_3端接V_{DD}，因此，在P_2点所产生的上升沿作用下，CC4013(3)翻转，翻转后$\overline{Q}_3=0$，由于开机置“0”时或门G_5(见图3-12)输出的正脉冲将CC4013(3)的Q_3端置“0”，因此$\overline{Q}_3=1$，经二极管2AP9迅速给电容C_2充电，使C_2两端的电压达“1”电平，而此时$\overline{Q}_3=0$，电容器C_2经电位器R_{W1}缓慢放电。当电容器C_2上的电压放电降至非门G_3的阈值电平V_T时，非门G_3的输出端立即产生一个上升沿，触发下一级单稳态电路。此时，P_3点输出一个正脉冲，该脉冲宽度主要取决于时间常数R_tC_t的值，延时时间为上一级电路的延时时间及这一级电路的延时时间之和。

由实验求得：如果电位器R_{W1}用510 Ω的电阻代替，C_2取3 μF，则总的延迟时间也就是逻辑电平显示器所显示的时间为3 s左右；如果电位器R_{W1}用2 MΩ的电阻取代，C_2取22 μF，则显示时间可达10 s左右。可见，调节电位器R_{W1}可以改变显示时间。

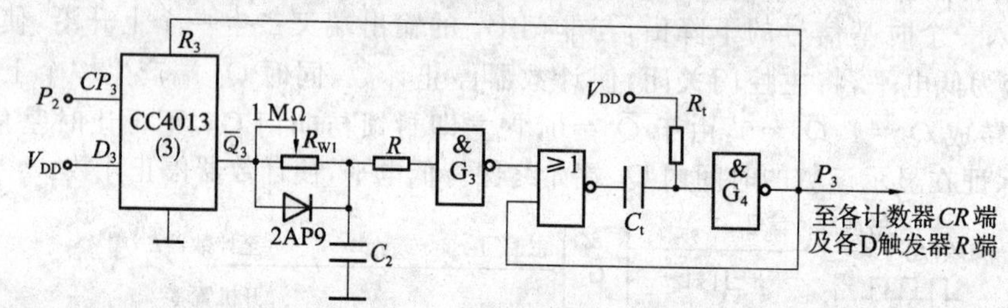

图3-11 延时电路

4）自动清零电路

P_3点产生的正脉冲送到图3-12所示的或门组成的自动清零电路，将各计数器及所有的触发器置零。在复位脉冲的作用下，$Q_3=0$，$\overline{Q}_3=1$，于是$\overline{Q}_3$端的高电平经二极管2AP9再次对电容C_2充电，补上刚才放掉的电荷，使C_2两端的电压恢复为高电平，又因为CC4013(2)复位后使Q_2再次变为高电平，所以与非门G_1又被开启，电路重复上述变化过程。

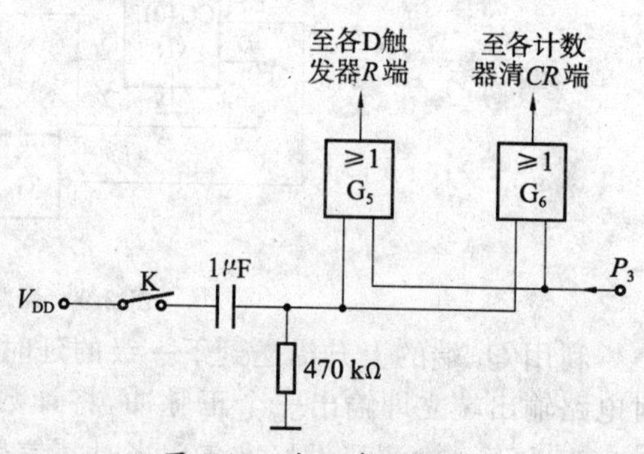

图3-12 自动清零电路

3. 组装整体电路调试

(1) 时基信号通常使用石英晶体振荡器输出的标准频率信号经分频电路获得。为了实验调试方便，可用实验设备上脉冲信号源输出的1 kHz方波信号经3次10分频获得。

(2) 按设计的数字频率计逻辑图在实验装置上布线。

(3) 用1 kHz方波信号送入分频器的CP端，用数字频率计检查各分频级的工作是否正常。用周期为1 s的信号作控制电路的时基信号输入，用周期等于1 ms的信号作被测信号，用示波器观察和记录控制电路输入、输出波形，检查控制电路所产生的各控制信号能否按正确的时序要求控制各个子系统。用周期为1 s的信号送入各计数器的CP端，用发光二极管指示检查各计数器的工作是否正常。用周期为1 s的信号作延时、整形单元电路的输入，用两只发光二极管作指示，检查延时、整形单元电路的输入，用两只发光二极管作指示，检查延时、整形单元电路的工作是否正常。

若各个子系统的工作都正常了，再将各子系统连起来统调。

4. **设计建议电路**

若测量的频率范围低于 1 MHz，分辨率为 1 Hz，建议采用如图 3-13 所示的电路，只要选择参数正确，连线无误，通电后即能正常工作，无需调试。有关它的工作原理留给同学们自行研究分析。

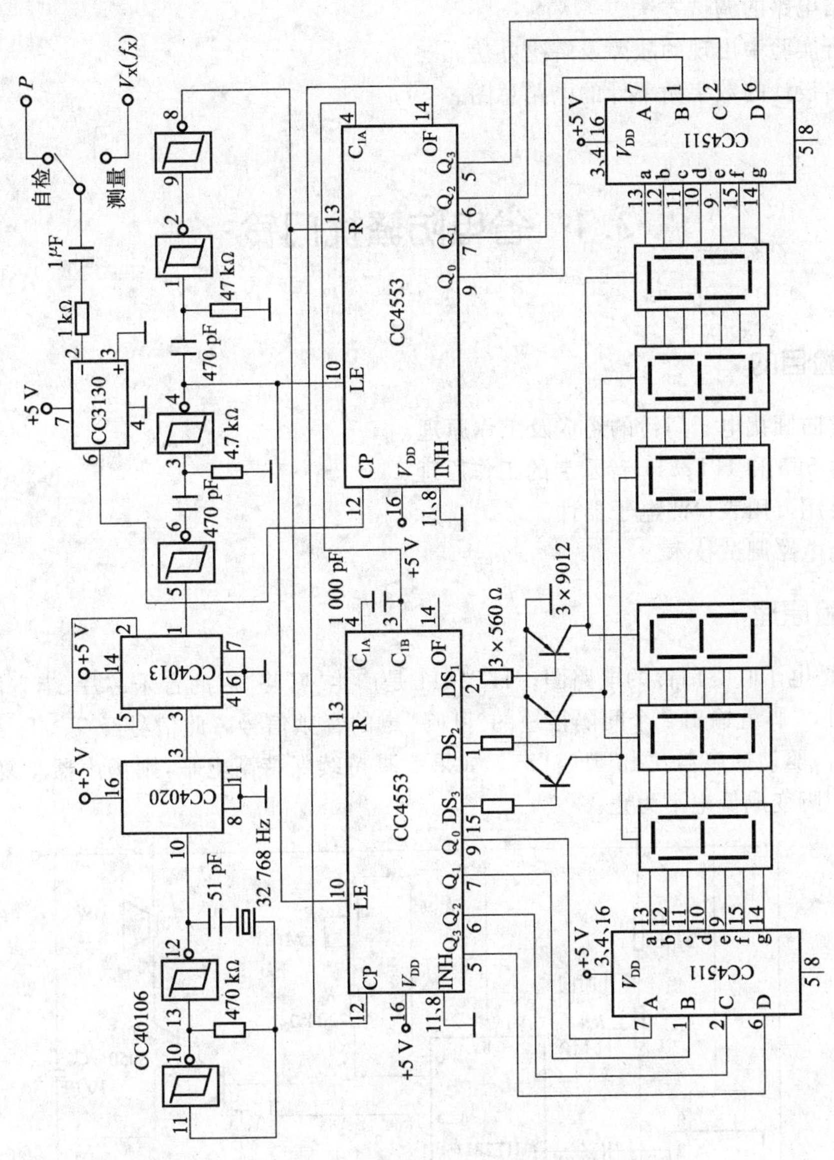

图 3-13　数字频率计设计建议电路

五、实验预习要求

(1) 复习触发器、计数器和各种门电路的工作原理。

(2) 熟悉 CC4553、CC4013、CC4011、CC4069、CC4001、CC4071 原理及各引脚的功能。

(3) 绘制完整的实验线路和所需的实验记录表格。

(4) 拟定各个实验内容的具体实验方案。

六、实验报告

(1) 整理实验数据,分析实验结果。

(2) 分析控制电路、自动清零电路、延时电路、微分整形电路的功能及工作原理。

(3) 总结电路的调试方法。

(4) 分析实验中出现的故障及解决办法。

(5) 画出设计的数字频率计的电路总图。

3.4 省电防骚扰门铃

一、实验目的

(1) 了解防骚扰电子门铃的组成及工作原理。

(2) 了解 555 和 HT2811 音乐卡的工作原理。

(3) 学会用万用表检测电子器件。

(4) 学会电路调试技术。

二、实验原理

图 3-14 是电子叮咚门铃的电路图。HT2811 是产生“叮咚”声的音乐芯片,当它的 1 脚电位瞬时变高时,5 脚就输出 2 个间隔很短的“叮咚”声的音频信号。此信号经 T_1、T_2 组成的高增益放大器后,驱动扬声器发出“叮咚”声。如果 1 脚持续保持高电平,则扬声器重复发出“叮咚”声,直到 1 脚变成低电平为止。

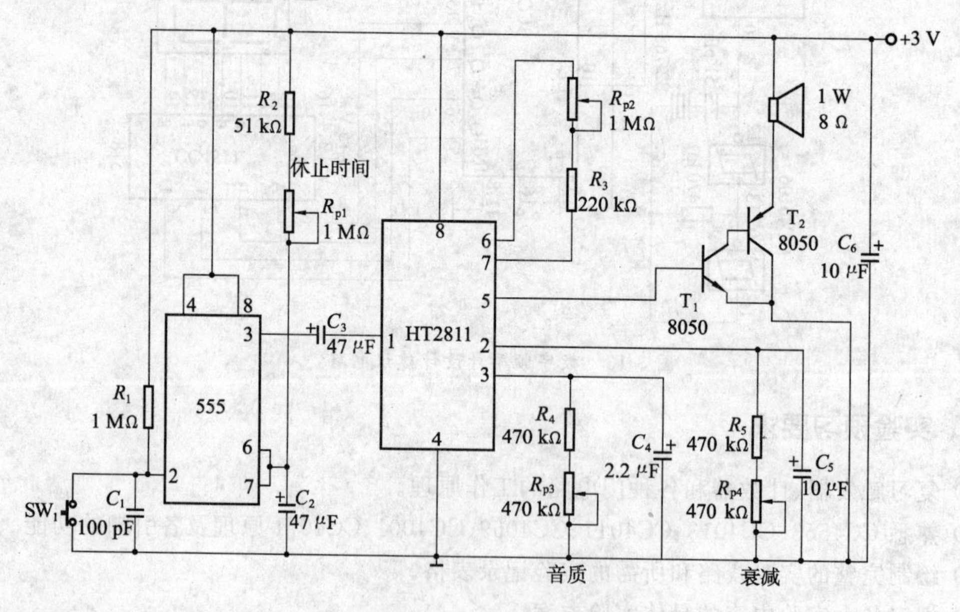

图 3-14 电子叮咚门铃的电路图

电位器 R_{P1} 把555的3脚输出的正向单稳态脉冲，调到2～60 s之间的某一数值(如20 s)；R_{P2} 用来调节“叮咚”声调的高低和快慢；R_{P3} 用来调节音质；R_{P4} 调节“叮咚”声的衰减时间。555及其周边元件组成单稳态触发器。

当按下门铃按钮 SW_1 时，555的2脚被加上低电平触发信号，其3脚就输出1个高电平的稳态脉冲，此脉冲的持续时间由 R_2、R_{P1} 和 C_2 的时间常数来决定，并可用 R_{P1} 把它调到2～60 s之间的某一数值。

此脉冲的前沿经 C_3 触发HT2811，使后者产生1次“叮咚”声。由于 C_3 的隔直流作用，在555的其余单稳态时间内，HT2811不能再次触发，而且无论怎么样按动 SW_1，555的3脚仍然持续输出高电平，即门铃处于暂时休止期。当单稳态时间结束时，555的3脚变成低电平，C_3 通过555的3脚和HT2811的1脚的电位迅速放完电，门铃的休止期结束，电路又做好响应下次按钮触发的准备。平时未按下 SW_1 时，电源经 R_1 使555的2脚保持高电平，以免555被误触发。C_1 滤除门铃按钮的长电缆可能感染的干扰信号，使它不能触发本电路。由于整个电路的静态电流很小，故可省去电源开关。

电子叮咚门铃在每次被按响之后都进入暂时休止状态，每次休止的时间可在2～60 s范围内设定。在休止期间，无论怎样按动门铃按钮，门铃都不予理睬，直到休止期结束，才能再次被按响。这样，主人就不再受乱按门铃的骚扰。

三、实验设备及器件

(1) 函数信号发生器　(2) 双踪示波器　(3) 交流毫伏表
(4) 数字万用表　(5) 555定时器　(6) HT2811“叮咚”声的音乐卡
(7) 三极管8050　(8) 喇叭　(9) 电阻、电容、电位器

四、实验内容

(1) 用万用表测量电阻的阻值，并用万用表检测电容、三极管的好坏。
(2) 组成并调试门铃。
(3) 测量555定时器，音乐卡，复合管输入、输出及各级的电压，并记录数据。
(4) 观察输入、输出及各级的电压的波形。

五、实验预习要求

(1) 复习555定时器电路的工作原理。
(2) 熟悉三极管各管脚的功能。
(3) 绘制完整的实验线路和所需的实验记录表格。
(4) 拟定各个实验内容的具体实验方案。

六、实验报告

(1) 整理实验数据，分析实验结果。
(2) 分析各部分电路的功能及工作原理。
(3) 总结电路的调试方法。
(4) 分析实验中出现的故障并提出解决办法。
(5) 画出设计电路布线及原理图。

3.5 拔河游戏机

一、实验目的

(1) 进一步掌握计数器和译码器的工作原理。

(2) 熟悉各种门电路及显示器功能和使用方法。

(3) 学会综合电路的测试和调试方法。

二、实验原理

(1) 拔河游戏机需用 15 个(或 9 个)发光二极管排列成一行,开机后只有中间一个点亮,以此作为拔河的中心线,游戏双方各持一个按键,迅速地、不断地按动以产生脉冲,谁按得快,亮点向谁方向移动,每按一次,亮点移动一次。移到任一方终端则发光二极管点亮,这一方就得胜,此时双方按键均无作用,输出保持,只有经复位后才使亮点恢复到中心线。

(2) 显示器显示胜者的盘数。

(3) 实验电路框图如图 3-15 所示。

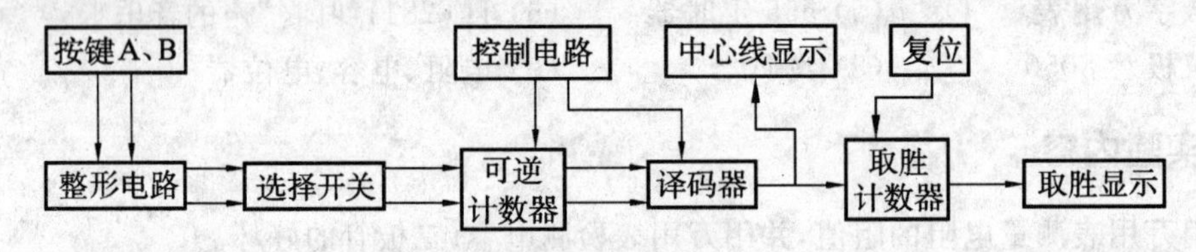

图 3-15 拔河游戏机实验电路框图

三、实验设备及器件

(1) +5 V 直流电源　　(2) 译码显示器

(3) 逻辑电平开关　　(4) 电阻 1 kΩ×4

(5) CC4514、CC40193、CC4518、CC4081、CC4011×3、CC4030

其中,4 线-16 线译码器 CC4514 的引脚排列及功能表分别如图 3-16 和表 3-5 所示。

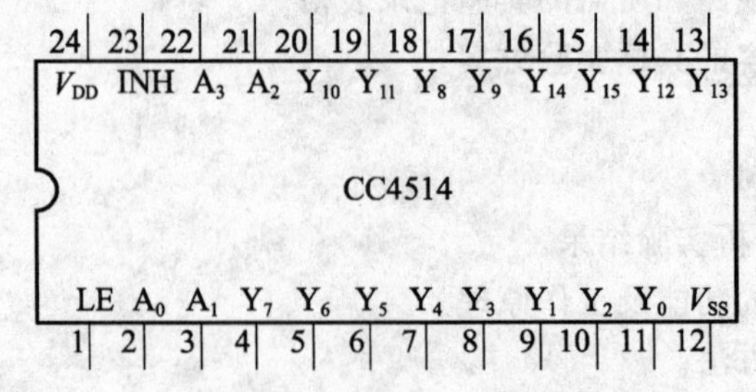

图 3-16 CC4514 引脚排列

注:A_0~A_3——数据输入端;INH——输出禁止控制端;LE——数据锁存控制端;Y_0~Y_{15}——数据输出端。

表 3-5 CC4514 功能表

输入						高电平输出端	输入						高电平输出端
LE	INH	A_3	A_2	A_1	A_0		LE	INH	A_3	A_2	A_1	A_0	
1	0	0	0	0	0	Y_0	1	0	1	0	0	1	Y_9
1	0	0	0	0	1	Y_1	1	0	1	0	1	0	Y_{10}
1	0	0	0	1	0	Y_2	1	0	1	0	1	1	Y_{11}
1	0	0	0	1	1	Y_3	1	0	1	1	0	0	Y_{12}
1	0	0	1	0	0	Y_4	1	0	1	1	0	1	Y_{13}
1	0	0	1	0	1	Y_5	1	0	1	1	1	0	Y_{14}
1	0	0	1	1	0	Y_6	1	0	1	1	1	1	Y_{15}
1	0	0	1	1	1	Y_7	1	1	×	×	×	×	无
1	0	1	0	0	0	Y_8	0	0	×	×	×	×	①

注：① 表示输出状态锁定在上一个 $LE=1$ 时，$A_0 \sim A_3$ 的输入状态。

CC4518 双十进制同步计数器引脚排列及功能表分别如图 3-17 和表 3-6 所示。

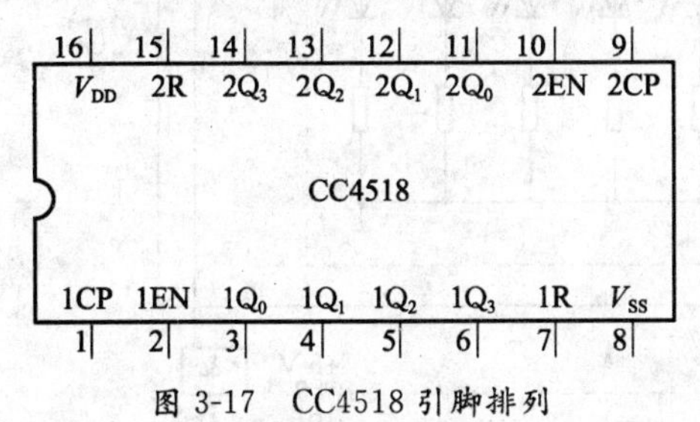

图 3-17 CC4518 引脚排列

注：$1CP$、$2CP$——时钟输入端；$1R$、$2R$——清除端；$1EN$、$2EN$——计数允许控制端；$1Q_0 \sim 1Q_3$——计数器输出端；$2Q_0 \sim 2Q_3$——计数器输出端。

表 3-6 CC4518 功能表

输入			输出功能
CP	R	EN	
↑	0	1	加计数
0	0	↓	加计数
↓	0	×	保持
×	0	↑	
↑	0	0	
1	0	↓	
×	1	×	全部为“0”

四、实验内容

图 3-18 为拔河游戏机整机线路图。

可逆计数器 CC40193 原始状态输出 4 位二进制数 0000，经译码器输出使中间的一只发光二极管点亮。当按动 A、B 两个按键时，分别产生两个脉冲信号，经整形后分别加到可逆计数器上，可逆计数器输出的代码经译码器译码后驱动发光二极管点亮并产生位移，当亮点移到任何一方终端后，由于控制电路的作用，使这一状态被锁定，而使输入脉冲不起作用。如按动复位键，亮点又回到中点位置，比赛又可重新开始。

将双方终端二极管的正端分别经两个与非门后接至两个十进制计数器 CC4518 的允许控制端 EN，当任一方取胜时，该方终端发光二极管点亮，产生一个下降沿使其对应的计数器计数。这样，计数器的输出即显示了胜者取胜的盘数。

1. 编码电路

编码器有两个输入端，四个输出端，要进行加/减计数，因此选用 CC40193 双时钟二进制同步加/减计数器来完成。

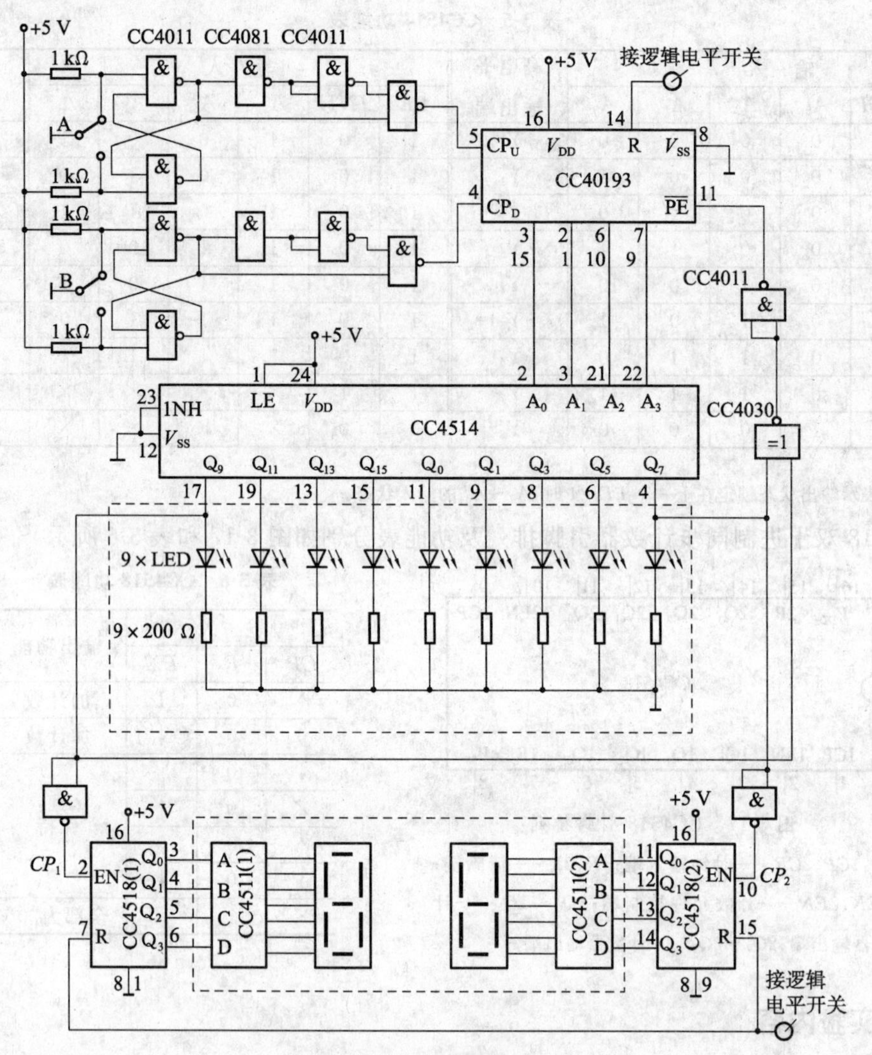

图 3-18　拔河游戏机整机线路图

2. 整形电路

CC40193 是可逆计数器，控制加减的 CP 脉冲分别加至 5 脚和 4 脚。此时当电路要求进行加法计数时，减法输入端 CP_D 必须接高电平；进行减法计数时，加法输入端 CP_U 也必须接高电平。若将 A、B 键产生的脉冲直接加到 5 脚或 4 脚，那么就有很多时机在进行计数输入时另一计数输入端为低电平，使计数器不能计数，双方按键均失去作用，拔河比赛不能正常进行。加一整形电路，使 A、B 二键出来的脉冲经整形后变为一个占空比很大的脉冲，这样就减少了进行某一计数时另一计数输入为低电平的可能性，从而使每按一次键都有可能进行有效的计数。整形电路由与门 CC4081 和与非门 CC4011 实现。

3. 译码电路

选用 4 线-16 线 CC4514 译码器。译码器的输出 $Q_0 \sim Q_{14}$ 分接 15 个(或 9 个)发光二极管，发光二极管的负端接地，而正端接译码器。这样，当输出为高电平时发光二极管点亮。比赛准备，译码器输入为 0000，Q_0 输出为“1”，中心处发光二极管首先点亮。当编码器进行加法计数时，亮点向右移；进行减法计数时，亮点向左移。

4. 控制电路

为指示出谁胜谁负,需用一个控制电路。当亮点移到任何一方的终端时,判该方为胜,此时双方的按键均宣告无效。此电路可用异或门 CC4030 和非门 CC4011 来实现。将双方终端发光二极管的正极接至异或门的两个输入端,当获胜一方为“1”,而另一方则为“0”,异或门输出为“1”,经非门产生低电平“0”,再送到 CC40193 计数器的置数端$\overline{PE}$,于是计数器停止计数,处于预置状态,由于计数器数据端 A、B、C、D 和输出端 Q_A、Q_B、Q_C、Q_D 对应相连,输入也就是输出,从而使输入脉冲对计数器不起作用。

5. 胜负显示

将双方终端发光二极管正极经非门后的输出分别接到两个 CC4518 计数器的 EN 端,CC4518 的两组 4 位 BCD 码分别接到实验装置的两组译码显示器的 A、B、C、D 插口处。当一方取胜时,该方终端发光二极管发亮,产生一个上升沿,使相应的计数器进行加一计数,于是就得到了双方取胜次数的显示。若一位数不够,则进行二位数的级联。

6. 复位

为能进行多次比赛而需要进行复位操作,使亮点返回中心点,可用一个开关控制 CC40193 的清零端 R 来实现。胜负显示器的复位也应用一个开关来控制胜负计数器 CC4518 的清零端 R,使其重新计数。

五、实验预习要求

(1) 复习计数器、译码器的工作原理。

(2) 熟悉 CC4518、CC40193、CC4514 各引脚功能、使用方法。

(3) 绘制完整的实验线路和所需的实验记录表格。

(4) 拟定各个实验内容的具体实验方案。

六、实验报告

(1) 整理实验数据,分析实验结果。

(2) 分析编码电路、整形电路、译码电路、控制电路、胜负显示电路、复位电路的功能及工作原理。

(3) 总结电路的调试方法。

(4) 分析实验中出现的故障并提出解决办法。

3.6 电子秒表

一、实验目的

(1) 学习数字电路中基本 RS 触发器、单稳态触发器、时钟发生器及计数、译码显示等单元电路的综合应用。

(2) 学习电子秒表的调试方法。

二、实验原理

图 3-19 为电子秒表的电路原理图。按功能分成四个单元电路进行分析。

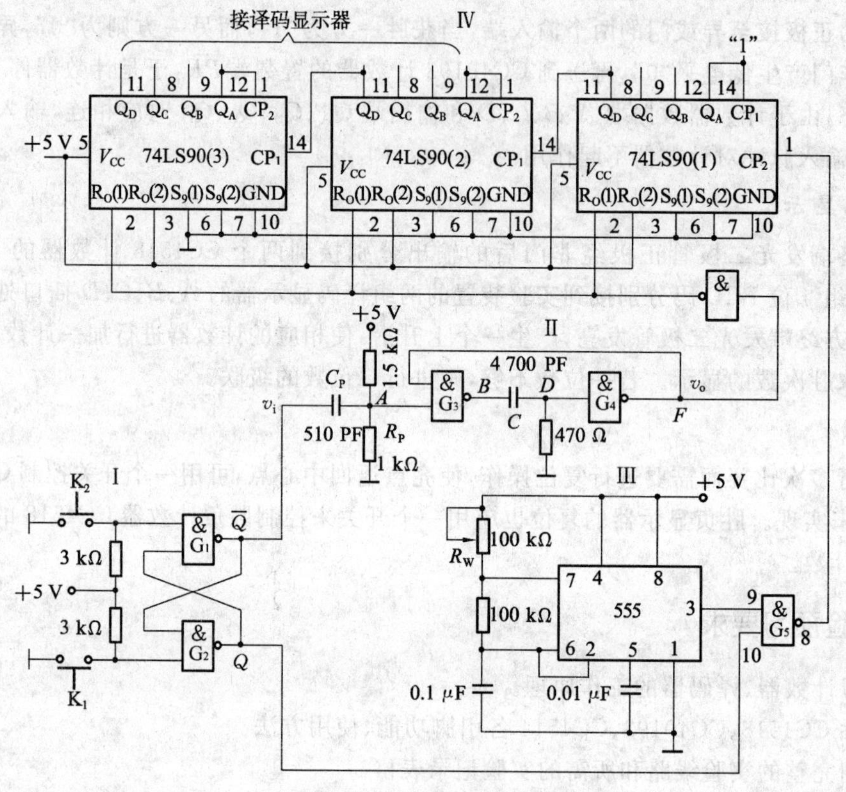

图 3-19　电子秒表电路原理图

1. 基本 RS 触发器

图 3-19 中单元Ⅰ为用集成与非门构成的基本 RS 触发器,属低电平直接触发的触发器,有直接置位、复位的功能。它的一路输出 $\overline{Q}$ 作为单稳态触发器的输入,另一路输出 Q 作为与非门 G_5 的输入控制信号。按动按钮开关 K_2(接地),则门 G_1 输出 $\overline{Q}=1$,门 G_2 输出 $Q=0$,K_2 复位后 Q、$\overline{Q}$ 状态保持不变。再按动按钮开关 K_1,则 Q 由 0 变为 1,门 G_5 开启,为计数器启动做好准备。$\overline{Q}$ 由 1 变 0,送出负脉冲,启动单稳态触发器工作。

基本 RS 触发器在电子秒表中的职能是启动和停止秒表的工作。

2. 单稳态触发器

图 3-19 中单元Ⅱ为用集成与非门构成的微分型单稳态触发器,图 3-20 为各点波形图。单稳态触发器的输入触发负脉冲信号 v_i 由基本 RS 触发器 $\overline{Q}$ 端提供,输出负脉冲 v_o 通过非门加到计数器的清除端 R。静态时,门 G_4 应处于截止状态,故电阻 R 必须小于门的关门电阻 R_{OFF}。定时元件 RC 取值不同,输出脉冲宽度也不同。当触发脉冲宽度小于输出脉冲宽度时,可以省去输入微分电路的 R_P 和 C_P。单稳态触发器在电子秒表

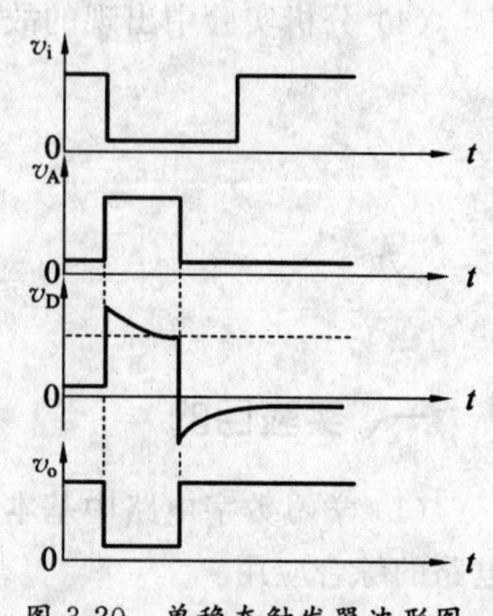

图 3-20　单稳态触发器波形图

中的职能是为计数器提供清零信号。

3. **时钟发生器**

图 3-19 中单元Ⅲ为用 555 定时器构成的多谐振荡器，是一种性能较好的时钟源。调节电位器 R_W，使在输出端 3 获得频率为 50 Hz 的矩形波信号，当基本 RS 触发器 $Q=1$ 时，门 G_5 开启，此时 50 Hz 脉冲信号通过门 G_5 作为计数脉冲加于计数器 74LS90(1)的计数输入端 CP_2。

4. **计数及译码显示**

二-五-十进制加法计数器 74LS90 构成电子秒表的计数单元，如图 3-19 中单元Ⅳ所示。其中 74LS90(1)接成五进制形式，对频率为 50 Hz 的时钟脉冲进行 5 分频，在输出端 Q_D 取得周期为 0.1 s 的矩形脉冲，作为 74LS90(2)的时钟输入。74LS90(2)及 74LS90(3)接成 8421 码十进制形式，其输出端与实验装置上译码显示单元的相应输入端连接，可显示 0.1～0.9 秒、1～9.9 秒计时。

三、实验设备及器件

(1) +5 V 直流电源　(2) 双踪示波器　(3) 直流数字电压表
(4) 数字频率计　(5) 单次脉冲源　(6) 连续脉冲源
(7) 逻辑电平开关　(8) 逻辑电平显示器　(9) 译码显示器
(10) 74LS00×2、555×1、74LS90×3　(11) 电位器、电阻、电容

其中，集成异步计数器 74LS90 的引脚排列及功能表分别如图 3-21 和表 3-7 所示。

74LS90 是异步二-五-十进制加法计数器，它既可以作二进制加法计数器，又可以作五进制和十进制加法计数器。

通过不同的连接方式，74LS90 可以实现四种不同的逻辑功能；而且还可借助 $R_0(1)$、$R_0(2)$ 对计数器清零，借助 $S_9(1)$、$S_9(2)$ 将计数器置 9。其具体功能详述如下。

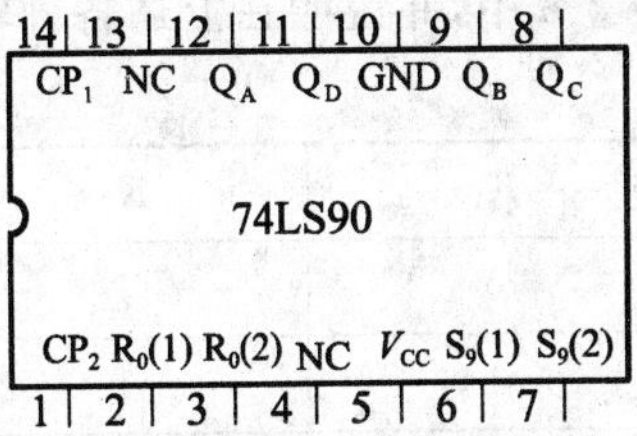

14 13 12 11 10 9 8
CP_1 NC Q_A Q_D GND Q_B Q_C
74LS90
CP_2 $R_0(1)$ $R_0(2)$ NC V_{CC} $S_9(1)$ $S_9(2)$
1 2 3 4 5 6 7

图 3-21　74LS90 引脚排列

(1) 计数脉冲从 CP_1 输入，Q_A 作为输出端，为二进制计数器。

(2) 计数脉冲从 CP_2 输入，$Q_DQ_CQ_B$ 作为输出端，为异步五进制加法计数器。

(3) 若将 CP_2 和 Q_A 相连，计数脉冲由 CP_1 输入，Q_D、Q_C、Q_B、Q_A 作为输出端，则构成异步 8421 码十进制加法计数器。

(4) 若将 CP_1 与 Q_D 相连，计数脉冲由 CP_2 输入，Q_A、Q_D、Q_C、Q_B 作为输出端，则构成异步 5421 码十进制加法计数器。

(5) 清零、置 9 功能。当 $R_0(1)$、$R_0(2)$ 均为"1"，$S_9(1)$、$S_9(2)$ 中有"0"时，实现异步清零功能，即 $Q_DQ_CQ_BQ_A=0000$；当 $S_9(1)$、$S_9(2)$ 均为"1"，$R_0(1)$、$R_0(2)$ 中有"0"时，实现置 9 功能，即 $Q_DQ_CQ_BQ_A=1001$。

表 3-7　74LS90 功能表

输入						输出	功能
清 0		置 9		时钟		Q_D　Q_C　Q_B　Q_A	
$R_0(1)$	$R_0(2)$	$S_9(1)$	$S_9(2)$	CP_1	CP_2		
1	1	0 ×	× 0	×	×	0 0 0 0	清 0
0 ×	× 0	1	1	×	×	1 0 0 1	置 9

（续表）

输入						输出	功能
清 0		置 9		时钟			
$R_0(1)$	$R_0(2)$	$S_9(1)$	$S_9(2)$	CP_1	CP_2	Q_D Q_C Q_B Q_A	
				↓	1	Q_A 输出	二进制计数
				1	↓	$Q_DQ_CQ_B$ 输出	五进制计数
0 ×	× 0	0 ×	× 0	↓	Q_A	$Q_DQ_CQ_BQ_A$ 输出 8421BCD 码	十进制计数
				Q_D	↓	$Q_AQ_DQ_CQ_B$ 输出 5421BCD 码	十进制计数
				1	1	不变	保持

四、实验内容

由于实验电路中使用器件较多，实验前必须合理安排各器件在实验装置上的位置，使电路逻辑清楚，接线较短。实验时，应按照实验任务的次序，将各单元电路逐个进行接线和调试，即分别测试基本 RS 触发器、单稳态触发器、时钟发生器及计数器的逻辑功能，待各单元电路工作正常后，再将有关电路逐级连接起来进行测试，直到完成电子秒表整个电路的功能测试。这样的测试方法有利于检查和排除故障，保证实验顺利进行。

1. 基本 RS 触发器的测试

按表 3-8 中的顺序在 K_1，K_2 端加信号，观察并记录触发器的 Q、$\overline{Q}$端的状态。将结果填入表 3-8 中，并说明在上述各种输入状态下，触发器执行的是什么功能？功能是否正确？

表 3-8　基本 RS 触发器的测试

K_1	K_2	Q	$\overline{Q}$	逻辑功能
0	1			
1	1			
1	0			
1	1			

2. 单稳态触发器的测试

(1) 静态测试：用直流数字电压表测量 A、B、D、F 各点电位值。记录之。

(2) 动态测试：输入端接 1 kHz 连续脉冲源，用示波器观察并描绘 D 点(v_D)、F 点(v_o)波形。如单稳态输出脉冲持续时间太短，难以观察，可适当加大微分电容 C(如改为 0.1 μF)。待测试完毕，再恢复为4 700 pF。

3. 时钟发生器的测试

用示波器观察输出电压波形并测量其频率，调节 R_W，使输出矩形波频率为 50 Hz。

4. 计数器的测试

(1) 将 74LS90(1)接成五进制形式，$R_0(1)$、$R_0(2)$、$S_9(1)$、$S_9(2)$接逻辑电平开关输出插口，CP_2 接单次脉冲源，CP_1 接高电平“1”，Q_D～Q_A 接实验设备上的逻辑电平显示器，按表 3-7

测试其逻辑功能，记录之。

(2) 将 74LS90(2)及 74LS90(3)接成 8421 码十进制形式，进行逻辑功能测试。记录之。

(3) 将 74LS90(1)、(2)、(3)级联，进行逻辑功能测试。记录之。

5. **电子秒表的整体测试**

各单元电路测试正常后，按图 3-19 把几个单元电路连接起来，进行电子秒表的总体测试。先按一下按钮开关 K_2，此时电子秒表不工作，再按一下按钮开关 K_1，则计数器清零后便开始计时，观察数码管显示计数情况是否正常，如不需要计时或暂停计时，按一下开关 K_2，计时立即停止，但数码管保留所计时之值。

6. **电子秒表准确度的测试**

利用电子钟或手表的秒计时对电子秒表进行校准。

五、实验预习要求

(1) 复习数字电路中 RS 触发器、单稳态触发器、时钟发生器及计数器等部分内容。

(2) 除了本实验中所采用的时钟源外，选用另外两种可供本实验用的不同类型的时钟源，画出电路图，选取元器件。

(3) 绘制电子秒表单元电路的测试表格。

(4) 列出调试电子秒表的步骤。

六、实验报告

(1) 总结电子秒表的整个调试过程。

(2) 分析调试中发现的问题并提出解决方法。

第 4 章　数字逻辑电路设计型实训

4.1　体温监测报警器

一、实验目的

(1) 熟悉各种门电路的工作原理。

(2) 学习设计和调试实际应用电路的方法。

(3) 提高分析和解决问题的能力。

二、实验原理

有些病人在治疗过程中，需密切注意其体温变化。这里介绍的体温监测报警器，虽然没有医用水银式玻璃体温计那样的数字显示体温功能，但却具有体温计所没有的体温监测报警功能，使用起来更方便、可靠。当病人体温正常时，感应元件呈较高阻值，发光二极管得电发光，指示病人体温正常。一旦当病人体温升高时，感应元件阻值马上减小，发光二极管停止发光。该高电平信号经门电路使音频振荡器起振，报警电路发出“嘟嘟”的报警声。

该报警器除用于病人体温升高报警外，还可广泛应用于工农业生产和科学实验等场合下的温度升高报警，具有良好的性价比和普遍的实用价值。

三、实验任务

(1) 设计体温监测报警器电路。

(2) 要求以门电路为主要元件完成设计。感应元件用热敏传感器。

(3) 当病人体温正常时，有相应的显示器件显示；当病人体温升高超过正常值时，能显示和报警。

四、实验参考电路

体温监测报警器的电路如图 4-1 所示。其核心元件为一块四 2 输入端与非门数字集成电路，其中门 G_1、门 G_2 接成非门(反相器)使用，门 G_3、门 G_4 和电阻器 R_3、电容器 C_2 等组成音频多谐振荡器。负温度系数热敏电阻器 R_T 担任体温变化监测传感器。门 G_1 的输入电平高低由 R_T 和电位器 R_P 对电池 E 的分压所决定，也就是说在 R_P 调好的情况下、R_T 监测到的体温高低将直接决定门 G_1 输入电平的高低。当病人体温正常时，R_T 呈较高阻值，门 G_1 输入端为高电平(>V_{DD}),其输出端处于低电平,绿色发光二极管 VD_1 得电发光,指示病人体温正常。与此同时,门 G_1 输出的低电平一方面经门 G_2 反向后输出高电平,使红色发光二极管 VD_2 无法加电发光;另一方面“封住”了门 G_3 控制端,使音响振荡器不工作。一旦病人体温升高,R_T 阻值马上减小,门 G_1 输入端电压随之下降。当门 G_1 的输入电压低于 $V_{DD}/2$ 时,门 G_1 的输出电压马上由原来的低电平转为高电平,VD_1 停止发光。该高电平信号一路经门 G_2 反相输出低电平,使 VD_2 通电发出红光;另一路加到门 G_3 的输入端,使门 G_3、门 G_4 等组成的音频振荡器起振,压电陶瓷片 B 发出“嘟嘟”的报警声。

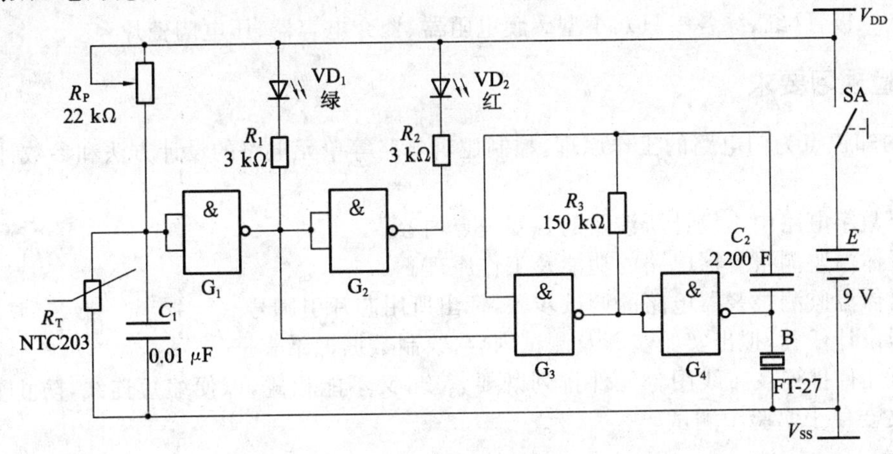

图 4-1 体温监测报警器电路图

五、电路组装和调试

(1) 根据设计好的电路图选择器件,组装电路。

(2) 测量各元件好坏,焊接器件。要注意良好的接地。

(3) 电路中,R_1、R_2 分别为 VD_1 和 VD_2 的限流电阻器;R_3 和 C_2 为振荡电阻器和电容器;C_1 为交流旁路电容器,可消除 R_T 引线感应到的外界干扰信号,提高电路检测准确度。门 G_3、门 G_4 组成的多谐振荡器的频率由公式 $f=1/(2.2R_3C_2)$ 决定,按图中所给出的数值计算得到的 f 值为 1 377.4 Hz。

(4) 由于 CMOS 门电路的翻转电压与电源电压成正比(约为 $V_{DD}/2$)关系,故电池 E 的电压变化不会影响到电路工作点的改变。又由于门电路的翻转电压值受温度变化影响较小,而且翻转特性较陡峭,故此电路虽然很简单,但工作却稳定可靠,对监测体温的分辨能力可达 0.1 ℃,同时反应速度比水银式温度计要快得多。

(5) G_1~G_4 选用四 2 输入与非门数字集成电路 CD4011,也可用同类产品 CC4011 或 MC14011 等代换。VD_1 用 Φ5 mm 高亮度绿色发光二极管,VD_2 用 Φ5 mm 高亮度红色发光二极管。

(6) R_T 用 NTC203 (25 ℃时电阻值 20 kΩ)玻璃珠型温度传感器,它实际上是一个专门用于测量温度的负温度系数热敏电阻器。R_P 用 WS-2 自锁式有机实心微调电位器。R_1~R_3 均用 RTX-1/8W 小型碳膜电阻器。C_1、C_2 均用 CT1 瓷介电容器。B 用 FT-27 或 HTD27A1 压电陶瓷片,要求配简易助声器。SA 用小型单刀单掷开关。E 用 6F22(9V)叠层电池。

(7) 待各单元电路工作正常后,再将有关电路逐级连接起来整机调试。初次使用时,在病人体温正常(借助医用玻璃水银温度计观测)的条件下,将温度传感器 R_T 夹在病人腋下或其他理想的测温部位,约经 2 min 后,闭合报警盒上的电源开关 SA,从小往大缓慢调节电位器 R_P 的阻值,使发光二极管 VD_1 处于临界不发光(发光二极管 VD_2、压电陶瓷片 B 处于临界发光、发声)状态,即获最佳体温升高探测报警灵敏度。以后使用时,只要将 R_T 放在病人测温部位，并合上电源开关，即实现病人体温升高自动声光报警。

六、实验设备及器件

(1) 数字万用表　　(2) 双踪示波器　　(3) 函数信号发生器
(4) 小型单刀单掷开关　(5) 6F22(9 V)叠层电池　(6) 面包板
(7) 计算机(带 EWB 或 Multisim 电路仿真软件)
(8) 玻璃珠型温度传感器 NTC203、集成电路 CD4011
(9) 发光二极管(红、绿各一只)、小型碳膜电阻器、瓷介电容器、压电陶瓷片

七、实验预习要求

本设计的知识点为门电路的工作原理，控制逻辑电路等单元电路的设计方法和参数计算、检测、调试。

(1) 复习数字电路中本设计所涉及的各知识点内容。
(2) 分析体温监测报警器电路的功能及工作原理。
(3) 列出体温监测报警器电路的调试步骤，标出所用芯片引脚号。
(4) 根据设计任务，拟出实验步骤及测试内容，绘制数据记录表格。
(5) 画出元件排列及布线图。元件排列既要紧凑，又不能相碰，以便缩短连线，防止引入干扰。同时又要便于实验中测试。

八、实验报告

(1) 选择元器件，设计整体电路，并在计算机上进行仿真。
(2) 对单元电路进行调试，直到满足设计要求，记录各电路的逻辑功能、波形图等参数。
(3) 画出总电路图、线路布线图或 PCB 板图。
(4) 分析调试过程中遇到的问题并提出解决方法。
(5) 写出整个设计过程中的体会。

4.2 身高范围检测电路

一、实验目的

(1) 熟悉光电检测器的使用。
(2) 学习异或门的使用方法，了解异或门在比较电路中的应用。
(3) 学习设计和调试实际应用电路的方法。
(4) 提高分析和解决问题的能力。

二、实验原理

电子身高范围检测电路可以用在人流量比较大的地方(如车站、影院等处)，快速判别进入者的身高，以确定其购全票、半票还是免票的资格。它由光电检测器、身高范围判别电路和声光指示电路组成。由光电检测器来检测身高，身高范围判别电路采用异或门来实现，由声光系统报警或提示。

三、实验任务

(1) 要求用门电路和三极管为主要元件完成设计。

(2) 设计身高范围判别电路。

(3) 设计光电检测电路。

(4) 设计声光指示电路。

(5) 设计由定时器构成的脉冲信号发生器。

四、实验参考电路

图 4-2 为身高范围检测器电路，光电检测器由发光管和接收管构成，可根据实际情况采用激光、红外光或者有会聚功能的可见光对管。考虑到面包板上搭接电路不便，可用槽型光耦器代替光电检测器。当发光管发出的光不受遮挡时，接收管饱和导通，输出低电平；当发光管发出的光受到遮挡时，接收管截止，输出高电平。如果把光电检测器 A 置于身高的上限处，光电检测器 B 置于身高的下限处，则被检测者从对管之间通过时，若身高低于下限(免票)，则 A、B 点均输出低电平；若身高高于下限却低于上限(半票)，则 B 点输出高电平，A 点输出低电平；若身高高于上限(全票)，则 A、B 点均输出高电平。

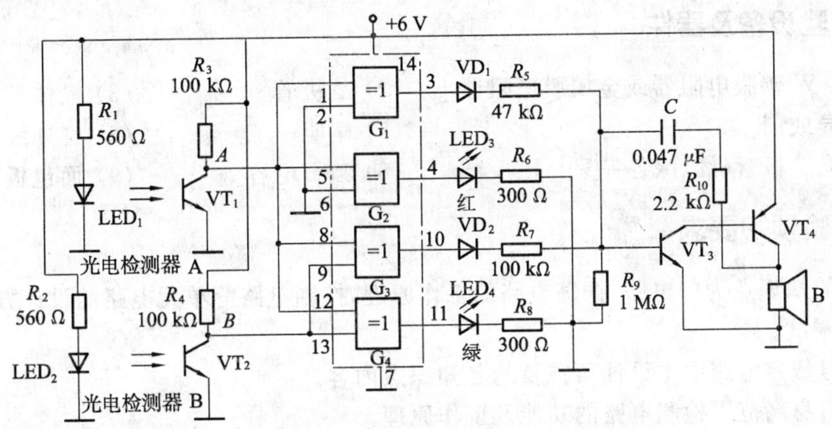

图 4-2 身高范围检测器电路

身高范围判别电路采用异或门来实现。异或门的功能是：当两个输入端输入电平相同时，输出为 0；当两个输入端输入电平相异时，输出为 1。在图 4-2 电路中，G_1 和 G_2 的两个输入端分别连接在一起，其中，一个端接地，另一个端接 VT_1 的集电极 A 点。当 VT_1 截止时，G_1 和 G_2 输出均为 1，LED_3 发红光，同时 VD_1 导通使声响电路发出“嘀嘀”的声音，提示被测者应买全票；当 VT_1 饱和时，G_1 和 G_2 输出均为 0，则需要判断被测者应购买半票还是免票。G_3 和 G_4 的两个输入端也采用了并联方式，并分别连接至 A 点和 B 点，若被测者应购买半票，VT_1 饱和，VT_2 截止，G_3、G_4 输出均为 1，LED_4 发绿光，同时 VD_2 导通触发声响电路发出“嘀嘀”的声音，提示被测者应买半票。若被测者应该免票，VT_1、VT_2 均饱和，异或门输出均为 0，发光二极管和二极管均截止，既不亮也无声。

声响电路由一只 NPN 管(VT_3)和一只 PNP 管(VT_4)组成的它激式振荡器驱动扬声器，电阻 R_{10} 和电容 C 引入反馈。当 VT_3 的基极输入高电平时，其发射结导通并随着电压的升高，导通程度逐步增强，集电极电压逐渐下降，使 VT_4 导通且导通程度逐渐增强，其集电极电压逐渐升高，这一电压通过 R_{10} 向 C 充电，当 C 充电至某一电压时，VT_3 导通程度减弱，VT_4 截止，

电容 C 通过 VT_3 的发射结和 R_9 放电，使 VT_3 的基极电压降低，VT_3 逐渐趋向截止，电容 C 进入下一个充电过程，如此反复进行，形成一个个脉冲，使扬声器发出响声。由于 R_5 和 R_7 的阻值不同，对声响电路的触发电压不同，故不同的身高使扬声器发出不同的声响。

五、电路组装和调试

(1) 根据设计好的电路图选择器件，组装电路。

(2) 测量各元件好坏，焊接器件。要注意良好的接地。

(3) 各模块分别调试。

① 检测由发光管和接收管构成的光电检测电路的输出电平是否正常，在红外对管之间插入遮挡物，看相应的发光二极管是否发光。若不发光，则测量遮挡前后接收管 VT_1、VT_2 的集电极电压是否发生由饱和到截止的变化，并记录。

② 检测用异或门来实现的身高范围判别电路在不同情况下输出电平是否正常，异或门的输出是否发生从低电平到高电平的变化，判断故障所在，及时排除并记录。

③ 检测发光二极管和三极管工作是否正常。

④ 检测声响电路的振荡器是否振荡，用示波器观察波形并记录。

(4) 整机调试。

六、实验设备及器件

(1) 1/4 W 碳膜电阻器或金属膜电阻器　(2) 二极管　(3) 晶体三极管

(4) 四异或门　(5) 喇叭　(6) 红外线光电对管

(7) 发光二极管(红、绿各一只)　(8) 独石电容　(9) 面包板

七、实验预习要求

本设计的知识点为门电路、振荡电路的工作原理，控制电路等单元电路的设计方法和参数计算、检测、调试。

(1) 复习数字电路中本设计所涉及的各知识点内容。

(2) 分析身高范围检测电路的功能及工作原理。

(3) 列出身高范围检测电路的调试步骤，标出所用芯片引脚号。

(4) 根据设计任务，拟出实验步骤及测试内容，绘制数据记录表格。

(5) 画出元件排列及布线图。元件排列既要紧凑，又不能相碰，以便缩短连线，防止引入干扰。同时又要便于实验中测试。

(6) 能否用电压比较器来代替异或门实现图 4-2 电路的身高鉴别功能？若能，请画出电路。

(7) 考虑几种声响电路。

八、实验报告

(1) 选择元器件设计整体电路，并在计算机上进行仿真。

(2) 对单元电路进行调试，直到满足设计要求，记录各电路的逻辑功能、波形图等参数。

(3) 画出总电路图、线路布线图或 PCB 板图。

(4) 分析调试过程中遇到的问题并提出解决方法。

(5) 在设计与调试电路的过程中，把值得思考与深入的问题记录下来，并进行独立或协同探讨的分析与解答。

4.3 水位控制及报警电路

一、实验目的

(1) 熟悉555时基电路组成的自激多谐振荡器,学习集成可重复触发的单稳态触发器的应用。

(2) 学习一种检测水位的方法。

(3) 了解用继电器控制交流接触器,从而控制强电设备的基本方法。

(4) 学习实际应用电路的设计和调试方法。

二、实验原理

实际中经常遇到水塔、水箱、锅炉等的自动蓄水问题。要求当容器的储水降至某一低水位时,水泵自动工作,抽水注入容器,而当容器蓄水达到某一高水位时,水泵停止注水。检测液位的方法很多,由于水是良导体且腐蚀性较弱,所以通常把两个金属电极置于容器的不同深度处,电极间有水时导电,无水时不导电,以此确定水位,并产生开关信号来控制继电器的通断,再由继电器的触点控制交流接触器线圈的通电、断电,而接触器的触点则控制着水泵电动机的转与停。

三、实验任务

要求当容器的储水降至某一低水位时,水泵自动工作,抽水注入容器,而当容器蓄水达到某一高水位时,水泵停止注水。

四、实验参考电路

图4-3所示是一个用555时基电路和可重复触发的单稳态触发器构成的水位检测控制电路,其中555时基电路(IC_1)接成多谐振荡器形式,每隔约0.2 s从3脚输出一个宽度很窄的低电平脉冲。IC_2是双可重复触发的单稳态触发器4098,它的4(12)脚为下降沿触发输入端,5(11)脚为上升沿触发输入端。6(10)脚和7(9)脚分别为输出端Q和$\overline{Q}$。3(13)脚为异步清零端$\overline{R}_D$。R_4、C_2为外接定时电阻、电容。图4-3中使用了其中一个单稳态触发器,信号由4脚低电平触发端输入(高电平触发端5脚接地),7脚为输出端$\overline{Q}_1$。稳态时,4脚接高电平,7脚输出高电平,三极管VT饱和导通,继电器K吸合。当4脚输入低电平触发脉冲时,7脚则输出低电平延时脉冲,使继电器K释放。由于4098是可重复触发单稳态触发器,延时脉宽大于多谐振荡周期。所以,单稳态触发器在延时期间,只要有新的触发脉冲到来,7脚将保持低电平输出。

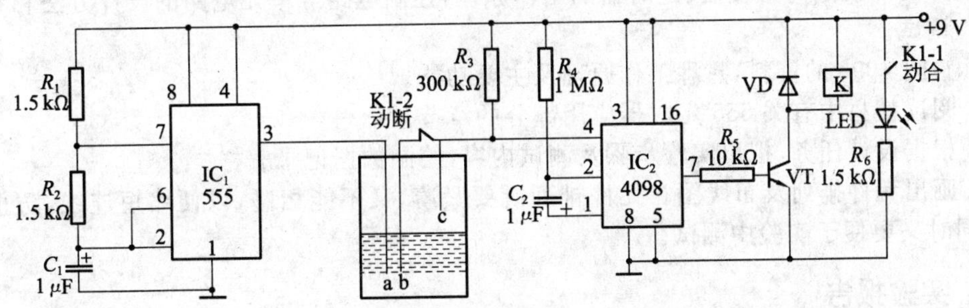

图4-3 水位检测控制电路

当水位低于电极 a、b 时，三个电极间的电阻为无穷大，IC_2 的 4 脚输入高电平，IC_2 处于稳态，7 脚为高电平，三极管饱和导通，继电器 K 吸合，动合触点 K1-1 闭合，控制水泵电动机回路通电工作(参见图 4-4)，抽水注入容器，同时，动断触点 K1-2 断开。当水位高于电极 a、b，但低于电极 c 时，因 K1-2 断开，电极 a、b 与电极 c 间的电阻仍为无穷大，IC_2 仍处于稳态，水泵继续向容器注水。一旦水位达到电极 c，水的电阻使电极 a、b 和 c 接通，当电极 a 的低电平脉冲经电极 c 加至 IC_2 的 4 脚时，触发 IC_2 进入暂稳态，7 脚输出低电平，三极管截止，继电器释放，K1-1 断开，电动机停转，水泵停止注水，同时，K1-2 闭合，电极 b 和 c 接通，电极 a 的低电平触发脉冲不断触发 IC_2，使之保持暂稳态。当水位降到低于电极 c 时，由于 K1-2 闭合，IC_2 仍保持暂稳态，水泵不注水。只有当水位下降到电极 a、b 以下时，a、b 间开路，不再有负脉冲触发 IC_2，单稳态触发器回到稳态，继电器 K 重新吸合，水泵又开始注水，进入下一轮循环，故水位始终保持在电极 a、b 和电极 c 之间。

图 4-4 为 K1-1 控制水泵电动机 M 的实际应用电路，图中 KM 为交流接触器，KM_1 和 KM_2 为 KM 的触点。当继电器通电时，动合触点 K1-1 闭合，KM 得电，使 KM_1 和 KM_2 闭合，电动机 M 转动，水泵工作。反之水泵不工作。

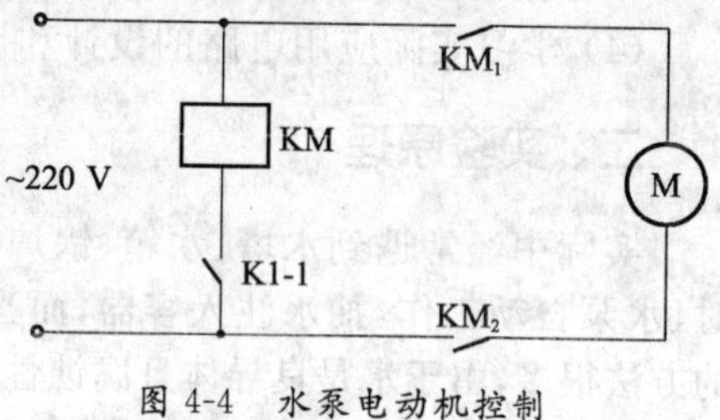

图 4-4　水泵电动机控制

五、电路组装和调试

(1) 按图 4-3 先组装多谐振荡器，用示波器观察并测量振荡周期。

(2) 按图 4-3 组装单稳态触发器电路和其余电路，用 LED 模拟负载，若通电后 LED 亮，在 IC_2 的 4 脚与 R_3 的连接处引出一根导线，将导线碰一下“地”，若发光二极管熄灭，持续约0.5 s 后又转亮，则单稳态触发器电路正常。也可用示波器观察延时过程。

(3) 用一玻璃瓶代替水箱，用长导线代替电极 a、b、c，并按图 4-3 在 b、c 间接入继电器的动断触点，缓慢注水到电极 c 水位，观察继电器的动作和 LED 的发光情况，再用虹吸管使水位逐渐降低，观察 LED 是否按要求亮与灭。

六、实验设备及器件

(1) NE555 时基电路
(2) 4098 型 CMOS 双可重复触发的单稳态触发器
(3) 1/8 W 碳膜电阻器
(4) 钽电解电容器
(5) 9013 型 NPN 小功率三极管
(6) IN4148 二极管、发光二极管
(7) JRX-13F/012 型电磁式继电器
(8) 面包板

七、实验预习要求

本设计的知识点为触发器、定时器的工作原理，控制电路等单元电路的设计方法和参数计算、检测、调试。

(1) 查阅 4098 的资料，熟悉工作原理及主要功能。

(2) 阅读教材中有关 555 定时器应用部分的章节。

(3) 根据设计任务，拟出实验步骤及测试内容，绘制数据记录表格。

(4) 画出元件排列及布线图。元件排列既要紧凑，又不能相碰，以便缩短连线，防止引入干扰。同时又要便于实验中测试。

八、实验报告

(1) 根据公式 $T=0.7(R_1+2R_2)C_1$ 计算图 4-3 中多谐振荡器电路的振荡周期。

(2) 根据公式 $T=0.5R_4C_2$ 计算图 4-3 中单稳态触发器的延时时间。

(3) 设计一个水位声响报警电路。(提示:用 555 接成音频多谐振荡电路,水位正常时使复位端 4 脚接地不产生振荡,超水位时使 4 脚接通 V_{CC} 产生振荡并报警)

(4) 画出线路布线图或 PCB 板图。

(5) 分析调试过程中遇到的问题并提出解决方法。

(6) 写出整个设计过程中的体会。

4.4 密码锁电路

一、实验目的

(1) 学习触发器、控制电路的综合应用。

(2) 进一步熟悉大中型电路的设计方法,掌握基本的原理及设计过程。

(3) 学习调试实际应用电路的方法。

(4) 提高分析和解决问题的能力。

二、实验原理

电子密码锁是现代锁具,它具有更高的安全性和方便性。设计一个数字密码锁,要求只有按正确的顺序输入正确的密码方能输出开锁信号,实现开锁电路。

三、实验任务

(1) 电子密码锁触发器集成电路制作。

(2) 采用 4 位输入密码,只有在输入了正确的密码后才能打开。

① 设置四个正确的密码键,实现按密码顺序输入的电路。密码键只有按顺序输入后才能输出密码正确信号。

② 设置若干个伪键,任何伪键按下后,密码锁都无法打开。

③ 每次只能接受四个按键信号,且第四个键只能是“确认”键,其他无效。

④ 能显示已输入键的个数(例如显示“*”号)。

⑤ 第一次密码输错后,可以输入第二次。但若连续三次输入错码,密码锁将被锁住,必须系统操作员解除(复位)。

(3) 设计一个密码锁的控制电路,当输入正确代码时,输出开锁信号以推动执行机构工作,用红灯亮、绿灯灭表示关锁,用绿灯亮、红灯灭表示开锁。

(4) 在锁的控制电路中储存一个可以修改的 4 位代码,当开锁按钮开关(可设置成 6 位至 8 位,其中实际有效位为 4 位,其余为虚设)的输入代码等于储存代码时,开锁。

(5) 从第一个按钮触动后的 5 秒内若未将锁打开,则电路自动复位并进入自锁状态,使之无法再打开,并由扬声器发出持续 20 秒的报警信号。

(6) 其他实用功能扩展。

四、实验参考电路

电子密码锁电路如图 4-5 所示。以图 4-5(a)为例,该电子密码锁电路由按钮 $S_1 \sim S_{10}$(其中 $S_1 \sim S_4$ 为有效密码按钮,$S_5 \sim S_{10}$ 为锁定按钮)、四个 RS 触发器集成电路 IC($A_1 \sim A_4$)和电

阻器 R_1 组成。控制执行电路由电阻器 R_2、晶体管 V、继电器 K 和二极管 VD 组成。根据 RS 触发器的工作原理可知：其置位端（*S* 端）比复位端（*R* 端）具有优先权，在 *EN* 端接高电平的条件下，只要 *S* 端为高电平，不管 *R* 端怎样变化，其输出端（*Q* 端）均输出高电平。只有 *S* 端为低电平、*R* 端为高电平，*Q* 端才输出低电平。4 个有效密码按钮 $S_1 \sim S_4$ 分别接在四个 RS 触发器（$A_1 \sim A_4$）的 *R* 端与正电源（＋9 V）之间，而 6 个锁定按钮 $S_5 \sim S_{10}$ 接在 RS 触发器的 *S* 端与＋9 V 之间。平时，$A_1 \sim A_4$ 的 *S* 端和 *R* 端均为低电平，A_4 的 *Q* 端无输出，V 处于截止状态，继电器 K 不动作，电子锁处于关闭状态。当按动 S_1 后，A_1 的 *S* 端变为高电平，*Q* 端输出低电平；再按动 S_2，使 A_2 的 *R* 端变为高电平，其 *Q* 端也输出低电平；按动 S_3，使 A_3 的 *R* 端变为高电平，其 *Q* 端输出低电平；按动 S_4，使 A_4 的 *R* 端变为高电平，其 *Q* 端输出低电平，使 V 导通，K 吸合，电子锁被打开。若错按了 $S_5 \sim S_{10}$ 中某按钮，则 A_1 的 *S* 端变为高电平，其 *Q* 端输出高电平，电路被锁定，此时按 $S_1 \sim S_4$ 均不起作用。只有按顺序依次按下 $S_1 \sim S_4$，电子锁才能被打开。要想使电子锁复位，需将电源开关 S_0 关闭后再打开，使 RS 触发器复位，V 截止，K 释放。

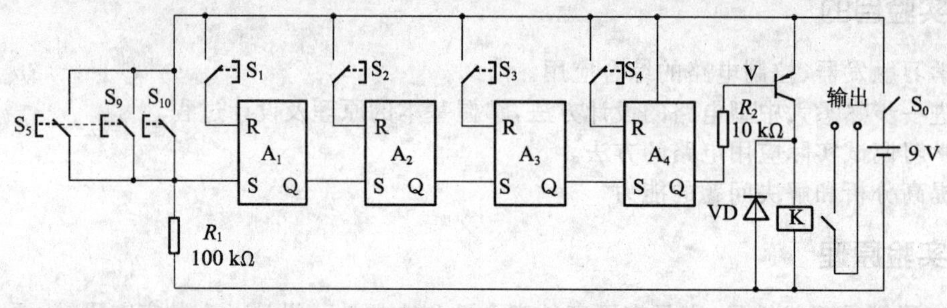

（a）接法一

（b）接法二

图 4-5　电子密码锁电路

五、电路组装和调试

（1）根据设计好的电路图选择器件，组装电路。

（2）测量各元件好坏，焊接器件。要注意良好的接地。

（3）测量每个触发器的输出是否正常。

（4）测量三极管的各级电压是否正常。

（5）整体测试。

六、实验设备及器件

（1）1/4 W 碳膜电阻器或金属膜电阻器、电容

（2）IN4001 或 IN4007 硅整流二极管、3DK 三极管

（3）C8550 或 58550、3CG8550 硅 PNP 晶体管

(4) CD4043 或 CC4043 四 RS 触发器、CD4017 十进制计数器

(5) 动合(按钮)型按钮、普通电源开关

(6) 9 V 直流继电器(用常开触头控制电磁铁或电控锁)

(7) 面包板

七、实验预习要求

本设计的知识点为触发器的工作原理,控制电路等单元电路的设计方法和参数计算、检测、调试。

(1) 复习数字电路中本设计所涉及的各知识点内容。

(2) 分析密码锁电路的功能及工作原理。

(3) 列出密码锁电路的测试表格和调试步骤。标出所用芯片引脚号。

(4) 根据设计任务,拟出实验步骤及测试内容,画出数据记录表格。

(5) 画出元件排列及布线图。元件排列既要紧凑,又不能相碰,以便缩短连线,防止引入干扰。同时又要便于实验中测试。

八、实验报告

(1) 选择元器件设计整体电路,并在计算机上进行仿真。

(2) 对单元电路进行调试,直到满足设计要求,记录各电路的逻辑功能、波形图等参数。

(3) 画出总电路图、线路布线图或 PCB 板图。

(4) 分析调试过程中遇到的问题并提出解决方法。

(5) 在设计与调试电路的过程中,把值得思考与深入的问题记录下来,并进行独立或协同探讨的分析与解答。

4.5 交通灯控制电路

一、实验目的

(1) 学习触发器、时钟发生器及计数、译码显示、控制电路等单元电路的综合应用。

(2) 进一步熟悉大中型电路的设计方法,掌握基本的原理及设计过程。

二、实验原理

图 4-6 为交通灯控制电路的逻辑图。

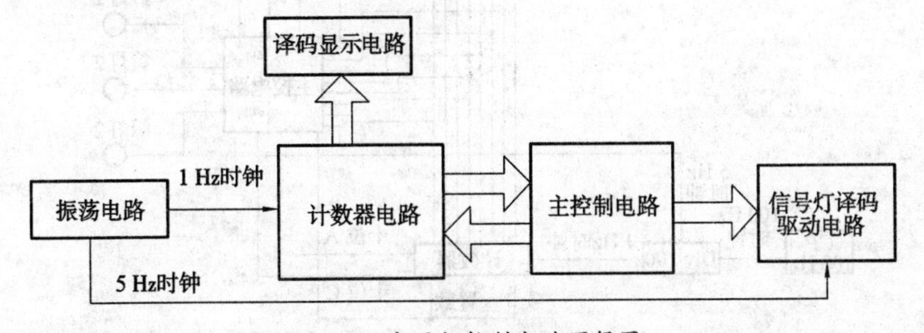

图 4-6 交通灯控制电路逻辑图

1. **振荡电路**

振荡电路应能输出频率分别为 1 Hz 和 5 Hz、幅度为 5 V 的时钟脉冲，要求误差不超过 0.1 s。为提高精度，可用 555 设计一个输出频率为 100 Hz 的多谐振荡器，再通过 100 分频（100 进制计数器）得到 1 Hz 的时钟脉冲，通过 20 分频得到 5 Hz 的时钟脉冲。

2. **计数器电路**

计数器电路应具有 60 秒倒计时（计数范围为 60～1 的减计数器）、30 秒倒计时（计数范围为 30～1 的减计数器）以及 3 秒计时功能。此三种计数功能可用两片十进制计数器组成，再通过主控制电路实现转换。

3. **译码显示电路**

各个方向的倒计时显示可共用一套译码显示电路，需两片 BCD 译码器和两个数码管。

4. **主控制电路和信号灯译码驱动电路**

主控制电路和信号灯译码驱动电路由各种门电路和 D 触发器组成，应能实现计时电路的转换及各方向信号灯的控制。

三、实验任务

(1) 设计一个十字路口交通灯控制电路，要求主干道与支干道交替通行。主干道通行时，主干道绿灯亮，支干道红灯亮，时间为 60 秒。支干道通行时，支干道绿灯亮，主干道红灯亮，时间为 30 秒。

(2) 每次绿灯变红时，要求黄灯先闪烁 3 秒（频率为 5 Hz）。此时另一路口红灯也不变。

(3) 在绿灯亮（通行时间内）和红灯亮（禁止通行时间内）时均有倒计时显示。

四、实验参考电路

用 EWB 5.0 C 设计的交通灯控制整体电路如图 4-7 所示，其中部分单元子电路如图 4-8～图 4-11 所示。

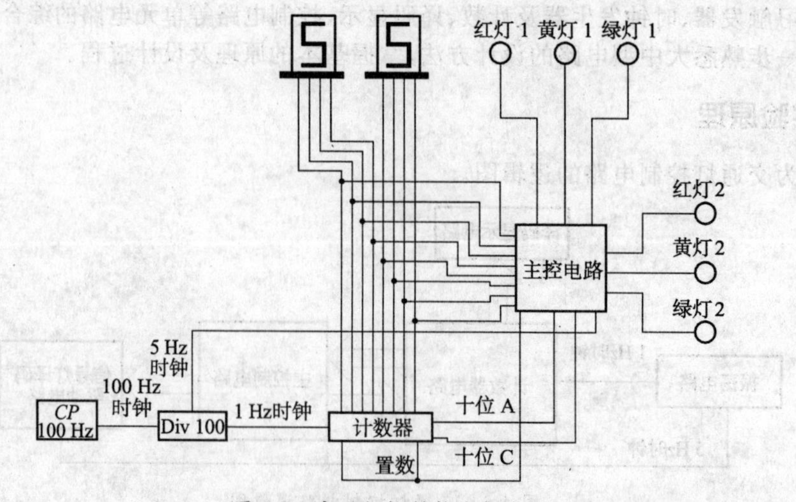

图 4-7　交通灯控制整体电路

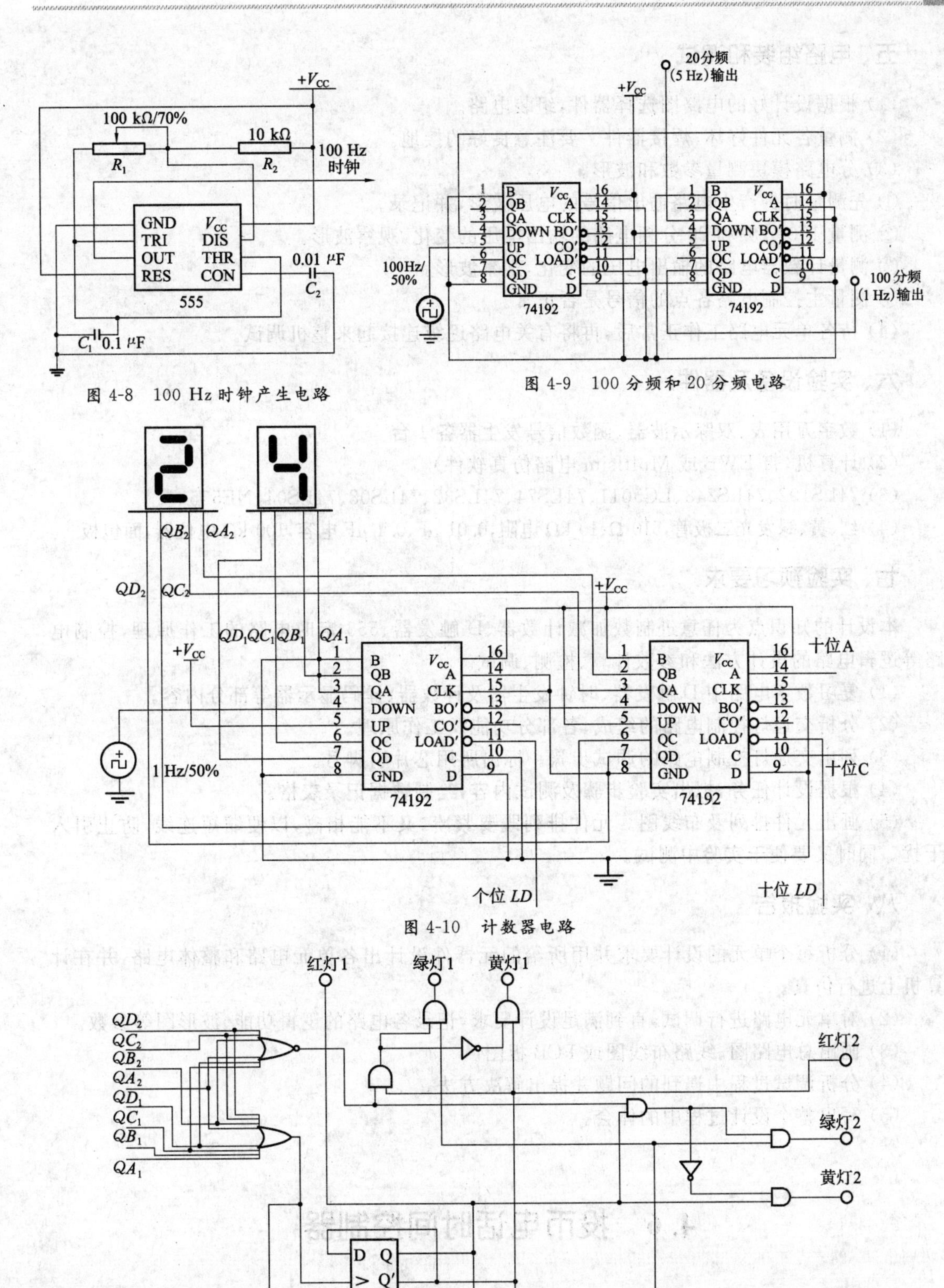

图 4-8　100 Hz 时钟产生电路

图 4-9　100 分频和 20 分频电路

图 4-10　计数器电路

图 4-11　主控制电路

五、电路组装和调试

(1) 根据设计好的电路图选择器件,组装电路。

(2) 测量各元件好坏,焊接器件。要注意良好的接地。

(3) 分电路模块测量参数和波形。

① 先测量时钟产生电路输出信号的电压波形,并记录。

② 测量 100 分频和 20 分频电路的输出电压的变化,观察波形。

③ 测量计数器电路的输出电压的变化,观察波形。

④ 测量主控制电路各点的信号是否正常。

(4) 待各单元电路工作正常后,再将有关电路逐级连接起来整机调试。

六、实验设备及器件

(1) 数字万用表、双踪示波器、函数信号发生器各 1 台

(2) 计算机(带 EWB 或 Multisim 电路仿真软件)

(3) 74LS192、74LS248、LC5011、74LS74、74LS32、74LS08、74LS04、NE555

(4) 红、黄、绿发光二极管,510 Ω、10 kΩ 电阻,0.01 μF、0.1 μF 电容,100 kΩ 电位器,面包板

七、实验预习要求

本设计的知识点为任意进制数加减计数器、D 触发器、555 定时电路的工作原理,控制电路等逻辑电路的设计方法和参数计算、检测、调试。

(1) 复习数字电路中 D 触发器、时钟发生器及计数器、译码显示器等部分内容。

(2) 分析交通灯控制电路的组成、各部分功能及工作原理。

(3) 列出交通灯控制电路的调试步骤。标出所用芯片引脚号。

(4) 根据设计任务,拟出实验步骤及测试内容,绘制数据记录表格。

(5) 画出元件排列及布线图。元件排列既要紧凑,又不能相碰,以便缩短连线,防止引入干扰。同时又要便于实验中测试。

八、实验报告

(1) 分析每个单元的设计要求并用所给的元器件设计出各单元电路和整体电路,并在计算机上进行仿真。

(2) 对单元电路进行调试,直到满足设计要求,记录各电路的逻辑功能、波形图等参数。

(3) 画出总电路图、线路布线图或 PCB 板图。

(4) 分析调试过程中遇到的问题并提出解决方法。

(5) 写出整个设计过程中的体会。

4.6 投币电话时间控制器

一、实验目的

(1) 学习触发器、时钟发生器及计数、译码显示、控制电路等单元电路的综合应用。

(2) 进一步熟悉大中型电路的设计方法，掌握基本的原理及设计过程。

(3) 学习调试实际应用电路的方法。

(4) 提高分析和解决问题的能力。

二、实验原理

电话已成为当今人们必不可少的通讯工具。投币电话的特点是操作简单，只要投入硬币，即可接通电话。

投币电话控制电路原理框图如图 4-12 所示。

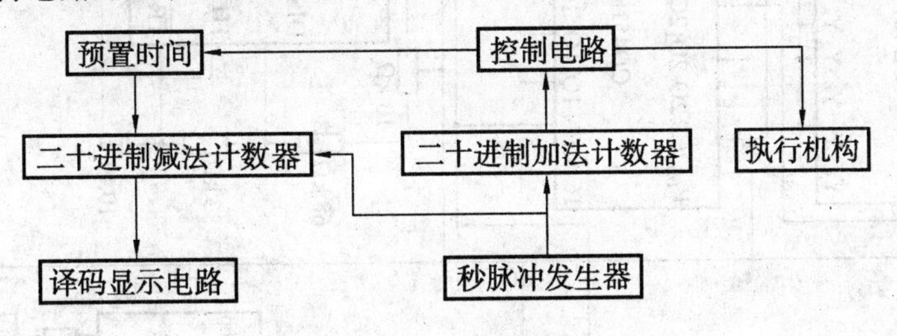

图 4-12 投币电话控制电路原理框图

秒脉冲发生器为二十进制加法计数器提供秒脉冲，计数器每二十秒发出一个信号，并将信号送入控制电路，当第八个信号送入时，信号送入二十进制减法计数器倒计时，当脉冲切断，通话也随之切断。

三、实验任务

(1) 通话时间规定为 3 分钟，即每投入一次通话硬币可通话一个计时单元(3 分钟)。

(2) 在通话开始时，以绿灯提示。通话结束前 20 秒，以红灯提醒通话者注意时间，并开始用数字显示通话剩余时间，每通话 1 秒，数字自动减 1。

(3) 数字显示为 0 之前，如不再投币，电话自动切断，控制器停止工作；如继续投币，通话仍可继续。

四、实验参考电路

投币电话控制器的参考电路如图 4-13 所示。

各模块电路如下：

(1) 秒脉冲发生器

由 C7555 组成多谐振荡器，振荡周期为

$$T=0.7(R_1+2R_2)C$$

其电路及参数如图 4-14 所示。

(2) 二十进制加法计数器

该电路可用一片 CD4518 来实现。CD4518 内部有两个同步十进制计数器，因此，用 CD4518 来实现比较合理。

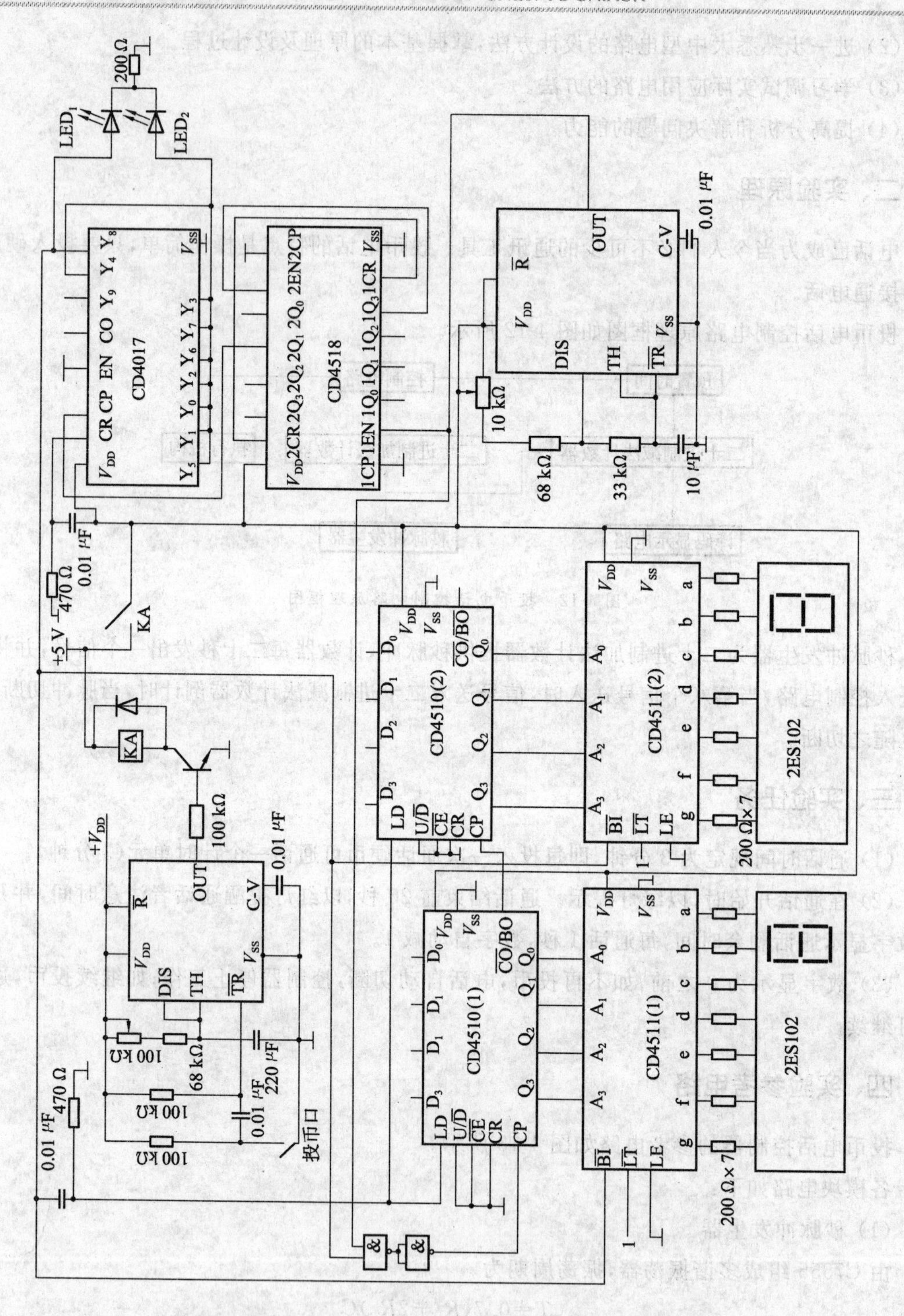

图 4-13　投币电话控制电路图

由于通话时间为 3 分钟，共 180 秒，用二十进制加法计数器可把时间分为 9 段，当计数器每计到 20 秒时就输出一个信号，送到控制电路完成下一步功能。二十进制加法计数器连接如图 4-15 所示。

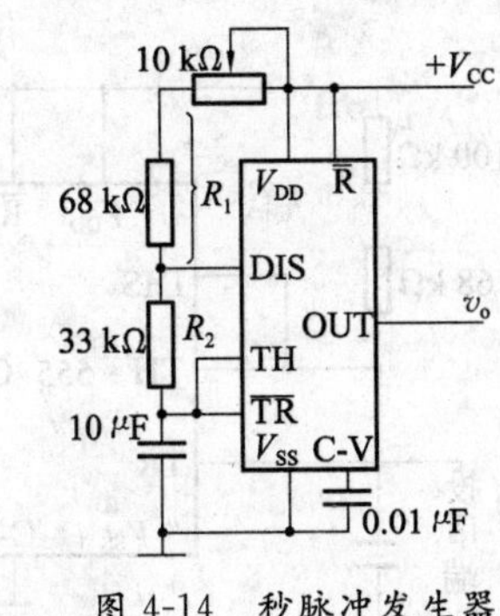

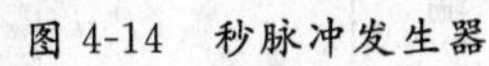
图 4-14 秒脉冲发生器

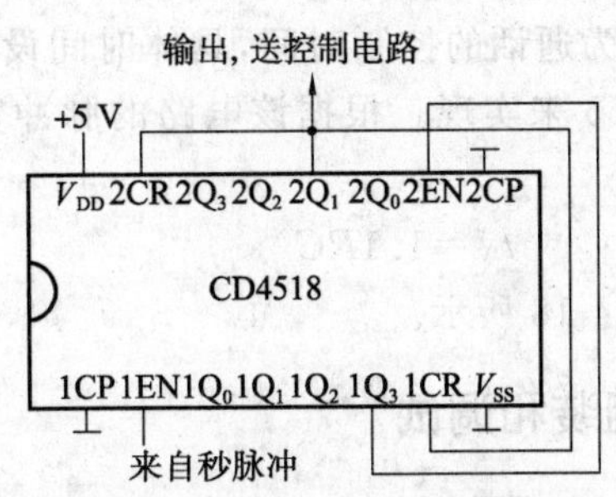

图 4-15 二十进制加法计数器

(3) 控制电路

控制电路由 CD4017 十进制计数/脉冲分配器和发光二极管组成，主要作用是时间控制。例如，在 180 秒的前 160 秒通话期间，绿灯亮，表示一切正常，而当时间超过 160 秒后，红灯亮，并且开始计时。其主要功能是接收二十进制加法计数器的输出信号，并把每一个信号分配输出。

CD4017 是一个脉冲分配器，它将每一个输入脉冲从 $Y_0 \sim Y_9$ 分别输出，并且在最后 20 秒开始倒计时，当脉冲切断，通话也随之切断。

控制电路如图 4-16 所示。

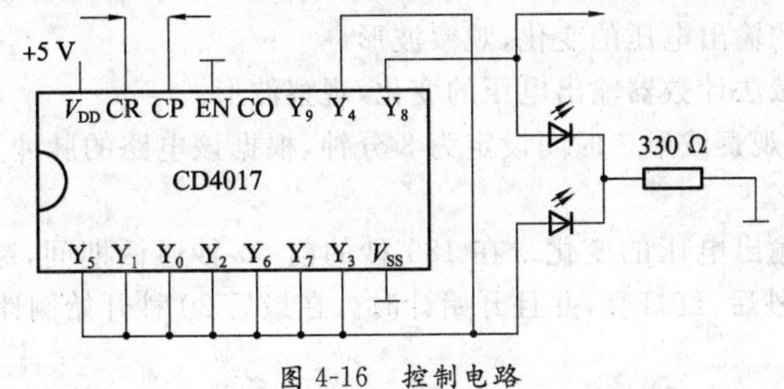

图 4-16 控制电路

(4) 译码显示电路

译码显示电路可由七段译码器/驱动器 CD4511 组成(带 BCD 锁存)的信号驱动共阴极数码管。在此，其输入是最后 20 秒的剩余时间。

(5) 减法器

减法器是由可预置的十进制同步加/减计数器 CD4510 组成的二十进制减法计数器。其电路如图 4-17 所示。

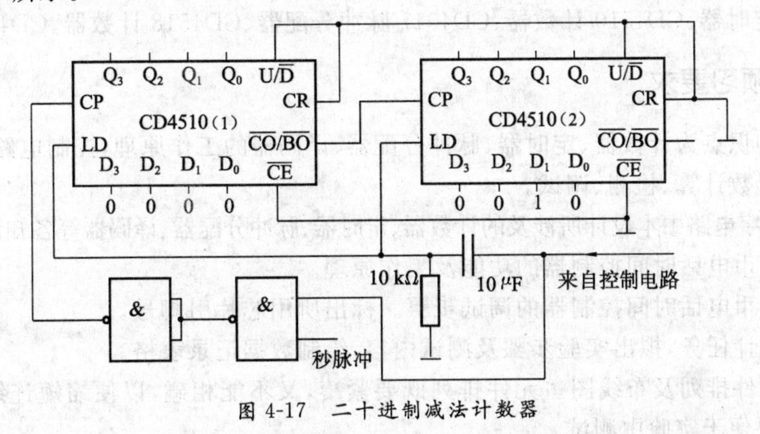

图 4-17 二十进制减法计数器

(6) 预置通话时间

预置时间即为通话的控制时间,具体时间设定为 3 分钟。现用 C7555 来实现。根据该电路的脉冲宽度来选参数,即

$$t_W = 1.1RC$$

其电路如图 4-18 所示。

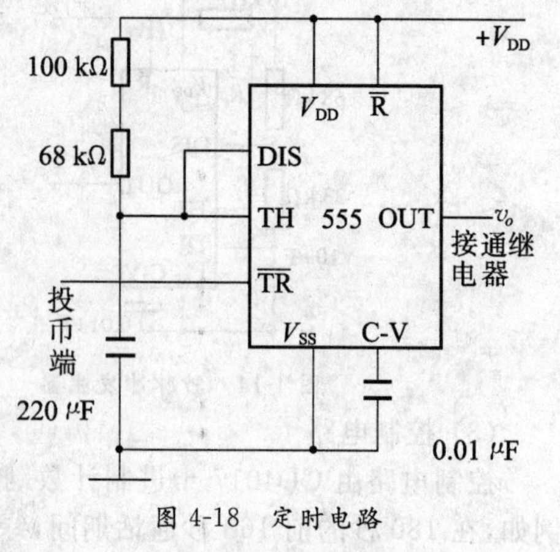

图 4-18 定时电路

五、电路组装和调试

(1) 根据设计好的电路图选择器件,组装电路。

(2) 测量各元件好坏,焊接器件。要注意良好的接地。

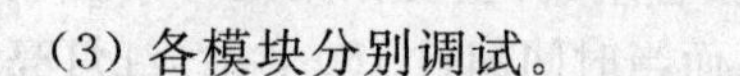

(3) 各模块分别调试。

① 先测量调试秒脉冲发生器输出信号的电压,观察波形并记录,判断是否正常振荡,振荡周期为

$$T = 0.7(R_1 + 2R_2)C$$

② 测量二十进制加法计数器输出电压的变化,观察波形,用二十进制加法计数器可把时间分为 9 段,当计数器每计到 20 秒时就输出一个信号。

③ 测量控制电路的输出电压的变化,观察波形。

④ 测量二十进制减法计数器输出电压的变化,观察波形。

⑤ 测量定时电路,观察波形。时间设定为 3 分钟,根据该电路的脉冲宽度 $t_W = 1.1RC$ 来选参数。

⑥ 测量控制电路输出电压的变化。在 180 秒的前 60 秒通话期间,绿灯亮,表示一切正常;而当时间超过 160 秒后,红灯亮,并且开始计时。在最后 20 秒开始倒计时,当脉冲切断,通话也随之切断。

六、实验设备及器件

(1) 数字万用表　　(2) 双踪示波器　　(3) 函数信号发生器

(4) 二极管　　(5) 七段显示器　　(6) 三极管

(7) 继电器　　(8) 电阻、电容　　(9) 面包板

(10) 计算机(带 EWB 或 Multisim 电路仿真软件)

(11) 555 定时器、CD4510 计数器、CD4017 脉冲分配器、CD4518 计数器、CD4511

七、实验预习要求

本设计的知识点为计数器、定时器、脉冲分配器、译码器的工作原理,控制电路等单元电路的设计方法和参数计算、检测、调试。

(1) 复习数字电路中本设计所涉及的计数器、定时器、脉冲分配器、译码器等各知识点内容。

(2) 分析投币电话时间控制器的功能及工作原理。

(3) 列出投币电话时间控制器的调试步骤。标出所用芯片引脚号。

(4) 根据设计任务,拟出实验步骤及测试内容,绘制数据记录表格。

(5) 画出元件排列及布线图。元件排列既要紧凑,又不能相碰,以便缩短连线,防止引入干扰。同时又要便于实验中测试。

八、实验报告

(1) 选择元器件设计整体电路,并在计算机上进行仿真。

(2) 对单元电路进行调试,直到满足设计要求,记录各电路的逻辑功能、波形图等参数。

(3) 画出总电路图、线路布线图或 PCB 板图。

(4) 分析调试过程中遇到的问题并提出解决办法。

(5) 写出整个设计过程中的体会。

4.7 可设置多种模式的间歇控制器

一、实验目的

(1) 熟悉各种门电路、计数器的工作原理。

(2) 学习设计和调试实际应用电路的方法。

(3) 提高分析和解决问题的能力。

二、实验原理

在有些用电的场合要对用电设备进行重复的开、停控制,而且开、停的时间也各不相同。这一设计是可设定负载开、停时间的间歇控制器,开关时间可从 8 秒到 2 小时自由设置。由定时电路和模式选择电路完成时间控制,而后由继电器控制负载的开、停。

三、实验任务

(1) 设计可设置多种模式的间歇控制器电路。

(2) 要求用门电路和计数器为主要元件完成设计。

(3) 用继电器控制负载。开关时间可从 8 秒到 2 小时自由设置。可以单时工作,也可循环工作。

(4) 设置循环开关、时间间隔选择开关、持续时间选择开关。

四、实验参考电路

图 4-19 为可设置多种模式的间歇控制器的参考电路,负载开、停时间可从 8 秒到 2 小时自由设置。该电路主要由两组相同的定时电路和模式选择电路组成。N_1、N_2(CD4011)组成周期为 1 秒的时钟振荡电路,作为 IC_1(CD4020)的计数脉冲。CD4020 为 14 位二进制串行计数器/分频器集成电路。它的内部是由 14 个 T 触发器组成的串行二进制计数器。它有两个输入端,一个是时钟输入端 CP,另一个是清零端 R。还有 14 个分频输出端 $Q_1 \sim Q_{14}$,最大分频系数为 16384。CD4020 所有的输入和输出端都设有缓冲级,因而可得到较好的噪声容限。随着计数脉冲的输入,IC_1 的 $Q_4 \sim Q_{14}$ 输出高电平的周期时间分别为 8 秒、16 秒、32 秒……2 小时(见图 4-19)。

假设电路在 2 分钟后接通,并保持接通 2 分钟,之后关闭不再接通。此时 S_2、S_3、S_4 的设置如图 4-19 所示。通电之初,电源电压通过 C_2、C_3 使 IC_1、IC_2 复位,此时 IC_1、IC_2 的输出端

$Q_4 \sim Q_{14}$为低电平“0”。同时 N_3 的 10 脚输出为高电平“1”，使 N_1、N_2 组成的振荡器工作，为 IC_1 提供每秒 1 个的计数脉冲。此时 LED_1 点亮，指示振荡器工作正常，电路正常计数。在第 1 个 2 分钟后，继电器 J 不工作，LED_2 不工作，负载处于断电的位置。此时 N_4、N_5 组成的第 2 个振荡器(给 IC_2 提供每秒 1 个的计数脉冲)被 N_6、N_{10}、N_{11} 组成的电路禁止，振荡器不工作。

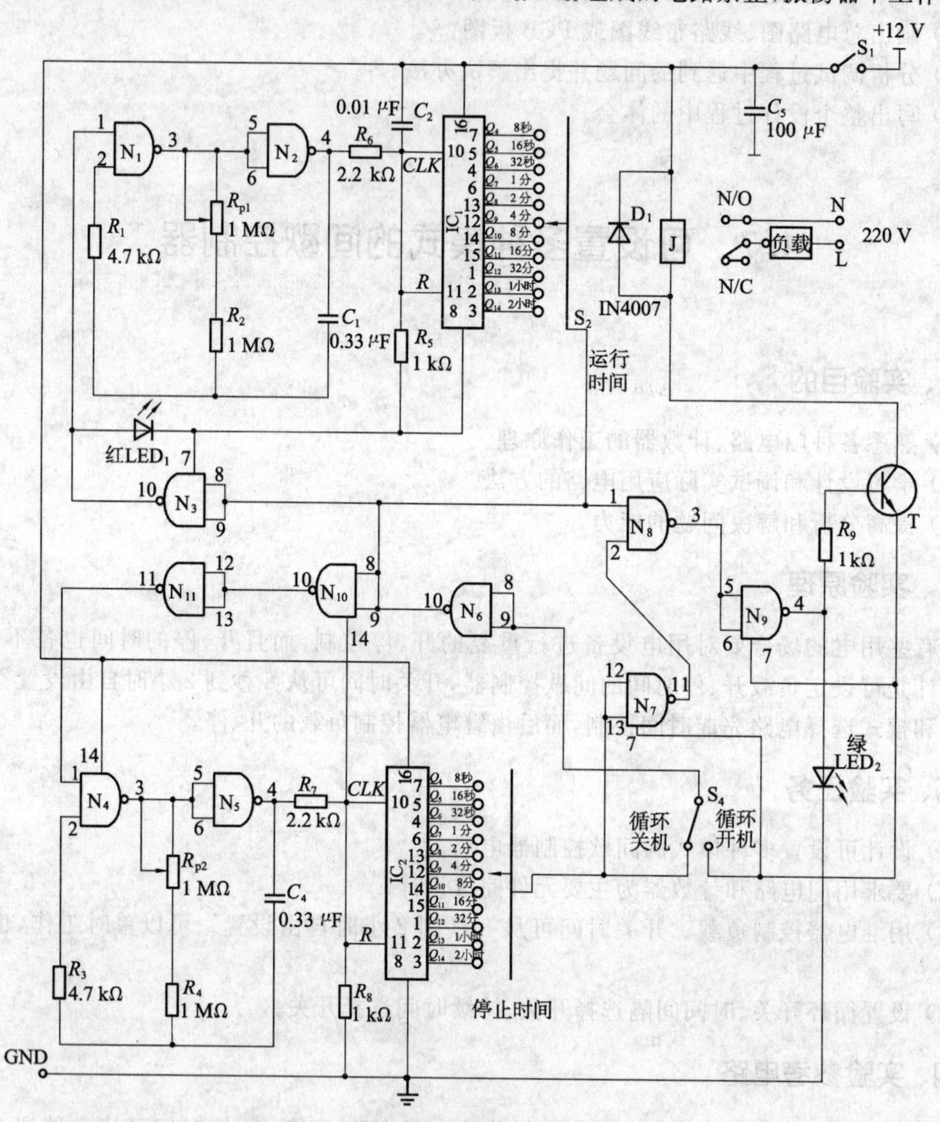

图 4-19　可设置多种模式的间歇控制器电路

在第 128 个脉冲(约 2 分钟)到来时，IC_1 的 Q_8 输出高电平“1”，此时电路会出现下面 3 个情况：

(1) 通过时段选择开关 S_2，使 N_3 的输出端 10 脚变为低电平“0”。

(2) 通过 N_8、N_9，使 T 导通，继电器 J 得电工作。

(3) 使 N_{10}的输出端 10 脚变为低电平“0”，N_{11}的输出变为高电平“1”，这样使 N_3、N_4 组成的第 2 个振荡器开始工作，为 IC_2 提供计数脉冲。

128 个脉冲后(约 2 分钟)，IC_2 的 Q_8 输出高电平“1”。通过 N_7、N_9，使 T 截止，继电器 J 不工作。选择 S_3 的位置可获得不同的关断时间间隔。同时，IC_2 的输出端 Q_8 的高电平“1”，通过 N_6、N_{10}、N_{11}又会反过来禁止 N_4、N_5 工作，使振荡电路停止工作。这样，从时钟脉冲到 IC_1、IC_2 计数开始，继电器 J 只工作 1 次(2 分钟)。当模式选择开关 S_4 在“循环开机”位置时，IC_2

的时钟脉冲会继续，因为二进制计数时，任意一位的状态都是周期变化的，所以负载每隔2分钟开、停一次。这种状况会一直持续到关断电源或 S_4 切换到"循环关机"为止。S_2 为开机时间间隔选择开关，S_3 为持续时间选择开关。调整 R_{P1}、R_{P2}、C_1、C_4 的值，开始和保持的时间可增加到24小时以上。

五、电路组装和调试

(1) 根据设计好的电路图选择器件，组装电路。

(2) 测量各元件好坏，焊接器件。要注意良好的接地。

(3) 各模块分别调试。

① 先测量调试秒脉冲发生器输出信号的电压，观察波形并记录，判断是否正常振荡，振荡周期 $T=(1.4\sim2.2)RC$。

② 测量计数器输出电压的变化，观察波形，调节 R、C 的值，使 $Q_4\sim Q_{14}$ 输出高电平的周期时间分别为8秒、16秒、32秒……2小时。

③ 测量控制电路的输出电压的变化，观察波形。

④ 测量模式选择开关工作是否正常。

⑤ 测量开机时间间隔选择开关、持续时间选择开关是否正常工作。

(4) 整机调试。

六、实验设备及器件

(1) 1/4 W 碳膜电阻器或金属膜电阻器

(2) 发光二极管、二极管、BC548晶体管

(3) CD4020集成电路

(4) 动合型按钮、普通电源开关

(5) 直流继电器(用常开触头控制负载)

(6) 电容

(7) 多触点转换开关

(8) 面包板

七、实验预习要求

本设计的知识点为门电路、计数器、振荡电路的工作原理，控制电路等单元电路的设计方法和参数计算、检测、调试。

(1) 复习数字电路中本设计所涉及的各知识点内容。

(2) 分析可设置多种模式的间歇控制器的功能及工作原理。

(3) 列出可设置多种模式的间歇控制器的调试步骤。标出所用芯片的引脚号。

(4) 根据设计任务，拟出实验步骤及测试内容，绘制数据记录表格。

(5) 画出元件排列及布线图。元件排列既要紧凑，又不能相碰，以便缩短连线，防止引入干扰。同时又要便于实验中测试。

八、实验报告

(1) 选择元器件设计整体电路，并在计算机上进行仿真。

(2) 对单元电路进行调试，直到满足设计要求，记录各电路的逻辑功能、波形图等参数。

(3) 画出总电路图、线路布线图或PCB板图。

(4) 分析调试过程中遇到的问题并提出解决方法。

(5) 在设计与调试电路的过程中，把值得思考与深入的问题记录下来，并进行独立或协同探讨的分析与解答。

4.8 步进电机控制电路

一、实验目的

(1) 培养学生进一步认识和掌握机电传动与控制技术的基础知识,认识步进电机在机电传动与控制应用中的特点和基本方法。

(2) 熟悉各种门电路、触发器、555 定时器的工作原理。

(3) 学习设计和调试实际应用电路的方法。

(4) 提高分析和解决问题的能力。

二、实验原理

用门电路和触发器驱动与控制四相单极性步进电机,由定时器振荡电路提供时钟脉冲,触发器电路产生脉冲信号环行分配信号,通过放大器驱动电机运行。

三、实验任务

(1) 要求用门电路和触发器为主要元件完成设计。

(2) 设计驱动四相单极性步进电机的脉冲信号环行分配器。

(3) 设计由触发器构成的电机方向控制器。

(4) 设计由三极管构成的功率放大器。

(5) 设计由定时器构成的脉冲信号发生器。

四、实验参考电路

(1) 由脉冲信号发生器、脉冲信号环行分配器、电机方向控制器、功率放大器等电路组成的步进电机控制电路如图 4-20 所示。

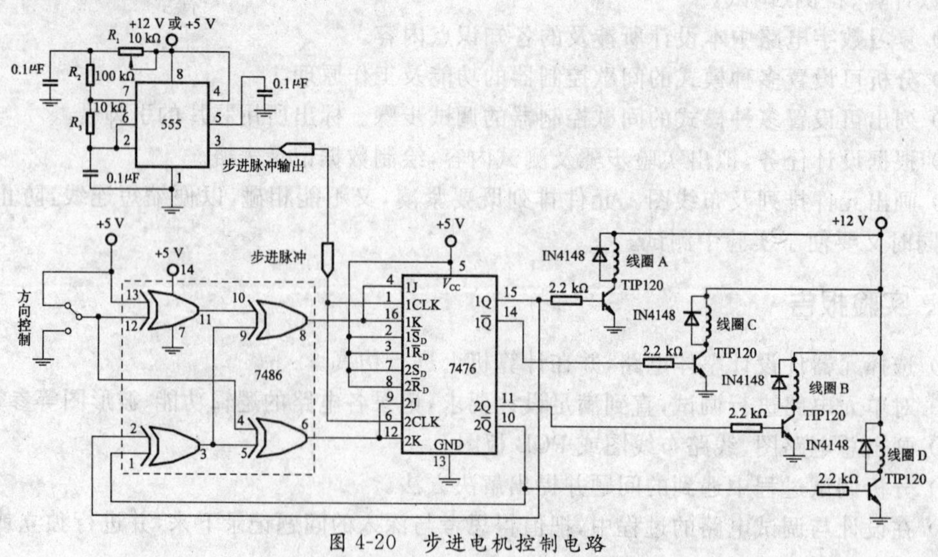

图 4-20　步进电机控制电路

(2) 采用双D触发器的步进电机的控制电路由脉冲形成电路、接口电路、驱动电路组成，分别如图4-21(a)、(b)、(c)所示。L 为步进电机的相绕组。AN_1 为555构成的多谐振荡器复位按钮，AN_3 为触发器复位按钮，AN_2 为触发器置位按钮。

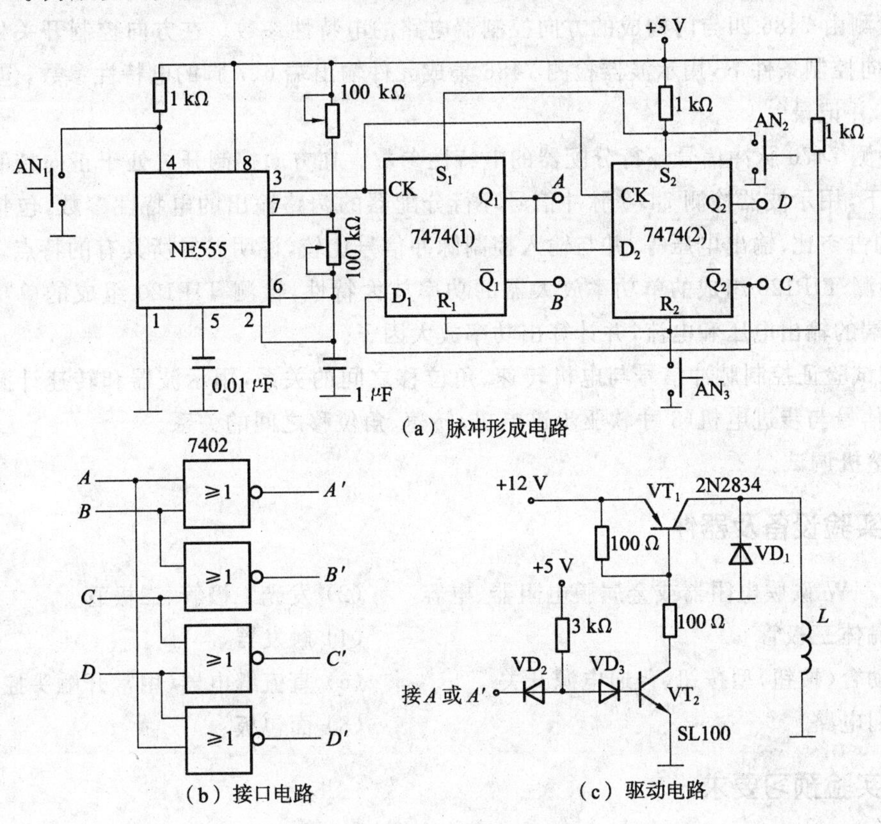

(a) 脉冲形成电路
(b) 接口电路
(c) 驱动电路

图4-21 步进电机控制电路

首先，按下AN_3使触发器复位，这时，$\overline{Q}_2$ 输出为高电平，D_1 也为高电平。在第1个时钟脉冲前沿的触发下，变为高电平，D_2 也变为高电平，而 Q_2 也为高电平，$\overline{Q}_2$ 变为低电平。于是，输出脉冲序列为 $A=1, B=0, C=0, D=1$。当第2个触发时钟来到时，得到的输出脉冲序列为 $A=0, B=1, C=1, D=0$。这样，NE555不断输出触发时钟，为步进电机提供驱动脉冲信号使其运行。若要步进电机改变运行方向，按下复位开关，在第1个时钟触发下，脉冲序列变为 $A=0, B=1, C=1, D=0$，当第2个时钟来到时，脉冲序列变为 $A=1, B=0, C=0, D=1$，在这种脉冲序列驱动下电机的运行方向与原来相反。图(b)采用或非门的接口电路，第1个时钟触发时脉冲序列为 $A'=0, B'=1, C'=0, D'=0$，第2个时钟触发时 $A'=1, B'=0, C'=0, D'=1$。改变电机运行方向的方法与上述一样。图(c)为驱动电路，VT_1 为电压放大器，VT_2 为功率放大器，这里只画出A相驱动电路，其余3相驱动电路完全相同。

五、电路组装和调试

(1) 根据设计好的电路图选择器件，组装电路。

(2) 测量各元件好坏，焊接器件。要注意良好的接地。

(3) 各模块分别调试(以图4-20为例讨论)。

① 检测NE555定时器构成的脉冲信号发生器的电特性参数。当 $R_2=100\ \text{k}\Omega$ 时，用示波

器检测脉冲信号发生器在70～130 PPS脉冲频率范围内的脉冲频率、信号的占空比、工作电压并记录。当$R_2=10\ k\Omega$时，用示波器检测脉冲信号发生器在120～550 PPS脉冲频率范围内的脉冲频率、信号的占空比、工作电压并记录。

② 检测由7486四与门构成的方向控制器电路的电特性参数。在方向控制开关处于正向控制和反向控制条件下，用示波器检测7486集成元件输出端6、7脚的电特性参数，包括电压、电流特性，并记录。

③ 检测7476脉冲信号环行分配器的电特性参数。在方向控制开关处于正向控制和反向控制条件下，用示波器检测7476脉冲信号环行分配器的两路输出的电特性参数，包括输出频率、信号的占空比、输出电压等，并与输入控制脉冲信号比较，说明差异所具有的特点。

④ 检测TIP120组成的单功率放大器的功率放大特性，检测TIP120组成的单功率放大器四输出端的输出电压和电流，并计算出功率放大因子。

⑤ 测试验证控制脉冲信号与电机转速、角位移之间的关系，用示波器和转速计测试验证控制脉冲信号与步进电机(3寸软驱步进电机)转速、角位移之间的关系。

(4) 整机调试。

六、实验设备及器件

(1) 1/4W碳膜电阻器或金属膜电阻器、电容
(2) 发光二极管、二极管
(3) 晶体三极管
(4) 触发器
(5) 动合(按钮)型按钮、普通电源开关
(6) 直流继电器(用常开触头控制负载)
(7) 门电路
(8) 面包板

七、实验预习要求

本设计的知识点为门电路、触发器、振荡电路的工作原理，控制电路等单元电路的设计方法和参数计算、检测、调试。

(1) 复习数字电路中本设计所涉及的门电路、触发器、振荡电路等各知识点内容。

(2) 分析步进电机控制电路的功能及工作原理。

(3) 列出步进电机控制电路的调试步骤。标出所用芯片的引脚号。

(4) 根据设计任务，拟出实验步骤及测试内容，绘制数据记录表格。

(5) 画出元件排列及布线图。元件排列既要紧凑，又不能相碰，以便缩短连线，防止引入干扰。同时又要便于实验中测试。

八、实验报告

(1) 选择元器件设计整体电路，并在计算机上进行仿真。

(2) 对单元电路进行调试，直到满足设计要求，记录各电路的逻辑功能、波形图等参数。

(3) 画出总电路图、线路布线图或PCB板图。

(4) 分析调试过程中遇到的问题并提出解决方法。

(5) 在设计与调试电路的过程中，把值得思考与深入的问题记录下来，并进行独立或协同探讨的分析与解答。

第 5 章 Multisim 电子电路仿真分析和设计

5.1 Multisim 8 使用简介

Multisim 是以 Windows 为基础的仿真工具，适用于板级的模拟/数字电路板的设计工作。它包含了电路原理图的图形输入、电路硬件描述语言输入方式，具有丰富的仿真分析能力。本书将以教育版为演示软件，结合教学的实际需要，简要地介绍该软件的概况和使用方法。

Multisim 8 是加拿大图像交互技术公司(Interactive Image Technologies)2003 年对 Multisim 2001 进行了较大的改进而推出的以 Windows 为基础平台的电子电路仿真工具。与以前版本相比，Multisim 8 新提供了安捷伦示波器、函数信号发生器、数字万用表和泰克示波器等仿真实物的虚拟仪器，其面板和使用方法与真实仪器一样，增加了仿真的真实感，使虚拟的电子实验平台更加接近实际的实验平台，是一种在电子技术界广为应用的优秀计算机仿真设计软件，被誉为“计算机里的电子实验室”。具体来讲有以下几个特点：

(1) 直观的用户界面

Multisim 8 具有典型的 Windows 应用程序界面特点，与 EWB 界面极为相似，提供了一个直观的、灵活的工作界面来创建电路和定位元器件。Multisim 8 允许用户根据自身需要设置软件的用户界面，以创建具有个性化的菜单、工具栏和快捷键。还可以使用密码来控制功能、仪器和分析项目。

(2) 种类繁多的元件和模型

Multisim 8 提供的元件库拥有 13 000 多个虚拟模式、实模式元器件。在元件库中，所有元器件按不同的“系列”进行管理，尽管元件库很庞大，还是可以方便地找到所需要的元件。Multisim 8 元件库含有所有的模拟、数字标准器件及当今最先进的数字集成电路。数据库中的每一个实模式器件都有具体的符号、仿真模型和封装，用于电路图的建立、仿真和印刷电路板的制作。虚拟模式元件的数值可以任意改变，用于电路图的建立和仿真，但是没有封装，不能用于印刷电路板的制作。

Multisim 8 还含有大量的指示元件、交互元件、额定元件。指示元件可以通过改变外观来表示电平大小，给用户一个实时视觉反馈；交互元件可以在仿真过程中改变元器件的参数，避免因改变元器件参数而停止仿真，节省了时间，也使仿真的结果能直观反映元件参数的变化，虚拟元件是该类器件的典型代表，有利于说明某一概念或理论观点；额定元件通过“熔断”来加强用户对所设计的参数超出标准的理解。Multisim 8 还允许用户自定义元器件的属性，可以把一个子电路当作一个元件使用。

除了 Multisim 8 软件自带的主元件库外，用户还可以建立“用户元件库”和“公司元件库”有助于个人和设计团队使用。Multisim 8 还提供了多种向元件库中添加个人建立的元件模型的方法。

(3) 迅速的元件放置和简捷方便的连线

在虚拟电子工作平台上建立电路的仿真，相对比较费时的步骤是放置元件和连线，Multisim 8 可以轻易地完成元件的放置。元件的连接也非常简单，只需分别单击两个需要连接的引脚就可以完成元件的连接。当元件移动和旋转时，连接可以继续保持。连线可以任意拖动和微调。连线宽度可以任意设定，以满足 PCB 板的要求。

(4) SPICE 仿真

对电子电路进行 SPICE(Simulation Program with Integrated Circuit Emphasis)仿真可以快速测试电路的功能和性能。Multisim 8 的核心是基于带 XSPICE 扩展的伯克利 SPICE 的强大的工业标准 SPICE 引擎，为模拟、数字以及模拟/数字混合电路提供了快速并且精确的仿真。Multisim 8 的界面非常直观。这使用户不必去学习 SPICE 复杂的句法，就可运用 SPICE 的强大功能。

(5) 虚拟仪器

Multisim 8 提供了数字万用表、瓦特表、函数信号发生器、示波器、逻辑分析仪、逻辑转换仪、波特图仪、失真分析仪、频率计数器、网络分析仪、频谱分析仪、字信号发生器、安捷伦仪器等 19 种虚拟仪器，其功能与实际仪表相同。特别是安捷伦 54622D 示波器、34401A 数字万用表、33120A 信号发生器和泰克 TDS2024 示波器，它们的面板与实际仪表完全相同，各旋钮和按键的功能也与实物一样。通过这些虚拟仪器，免去昂贵的仪表费用，用户们可以毫无风险地接触所有仪器，掌握常用仪器、仪表的使用。

(6) 多种电路分析功能

Multisim 8 除了提供虚拟仪器、仪表外，为了更好地分析、掌握电路的性能，还提供静态工作点分析、交流分析、灵敏度分析、3 dB 点分析、批处理分析、直流扫描分析、失真分析、傅立叶分析、模型参数扫描分析、蒙特卡罗分析、噪声分析、噪声系数分析、温度扫描分析、传输函数分析、用户自定义分析和最坏情况分析等 19 种分析，这些分析在现实中实现是相当复杂或困难的，也有可能是无法实现的。

(7) 强大的作图功能

Multisim 8 提供了强大的图形输出功能，可以对仿真分析结果进行显示、储存、打印和输出。使用作图器还可以对仿真结果进行测量、设置标记、重建坐标系以及添加网格。所有显示的图形都可以被微软 Excel、Mathsoft Mathcad 以及 LABVIEW 等软件调用。

(8) 后处理器

利用后处理器，可以对仿真结果和波形进行传统的数学和工程运算。如算术运算、三角运算、代数运算、布尔代数运算、矢量运算和复杂的数学函数运算。

(9) RF 射频电路的仿真

大多数 SPICE 模型在进行高频仿真时，SPICE 仿真的结果与实际电路测试结果相差较大，因此对射频电路的仿真是不准确的。Multisim 8 提供了专门用于射频电路仿真的元件模型库和仪表，以此搭建射频电路并进行实验，提高了射频电路仿真的准确性。

(10) HDL 仿真

利用 MultiHDL 模块（需另外单独安装），Multisim 8 还可以进行 HDL（Hardware

Description Language，硬件描述语言）仿真。在 MultiHDL 环境下，可以编写与 IEEE 标准兼容的 VHDL 或 Verilog HDL 程序，该软件环境具有完整的设计入口、高度自动化的项目管理、强大的仿真功能、高级的波形显示和综合调试功能。

5.2 Multisim 8 的基本操作界面

软件以图形界面为主，采用菜单、工具栏和热键相结合的方式，具有一般 Windows 应用软件的界面风格，用户可以根据自己的习惯和熟悉程度自如使用。

5.2.1 Multisim 的主窗口界面

启动 Multisim 8 后，将出现如图 5-1 所示的基本界面。

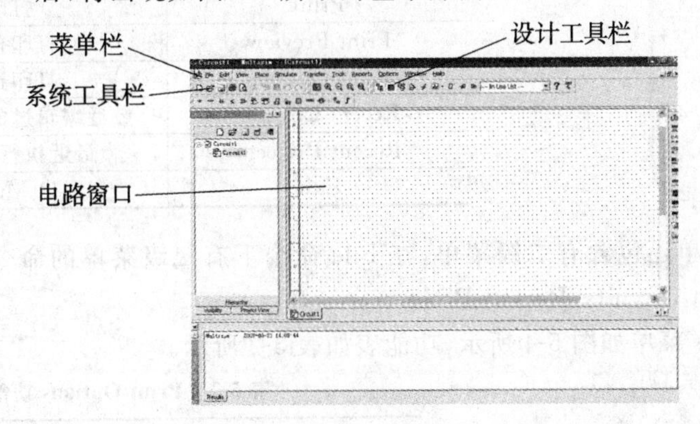

图 5-1 Multisim 8 的基本界面

主界面默认生成一个新文件，并默认文件名为 circuit1，用户可根据自己的需要和方便保存为别的文件名。

界面由多个区域构成：菜单栏、工具栏、电路输入窗口、状态条、列表框等。通过对各部分的操作可以实现电路图的输入、编辑，并根据需要对电路进行相应的观测和分析。用户可以通过菜单栏或工具栏改变主窗口的视图内容。

5.2.2 菜单栏

Multisim 8 的菜单包括主菜单、一级菜单和二级菜单，下面将对各个菜单项进行简单介绍。

主菜单栏位于界面的上方，如图 5-2 所示，通过菜单可以对 Multisim 8 的所有功能进行操作。

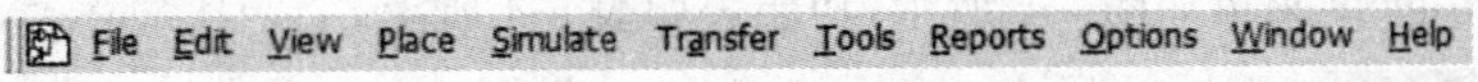

File Edit View Place Simulate Transfer Tools Reports Options Window Help

图 5-2 Multisim 8 的主菜单栏

不难看出菜单中有一些与 Windows 平台上的大多数应用软件一致的功能选项，如 File，Edit，View，Options，Help 等。

1. File 命令

(1) File 主菜单中包含了对文件和项目的基本操作以及打印等命令，如图 5-3 所示。各命令的含义如表 5-1 所示。

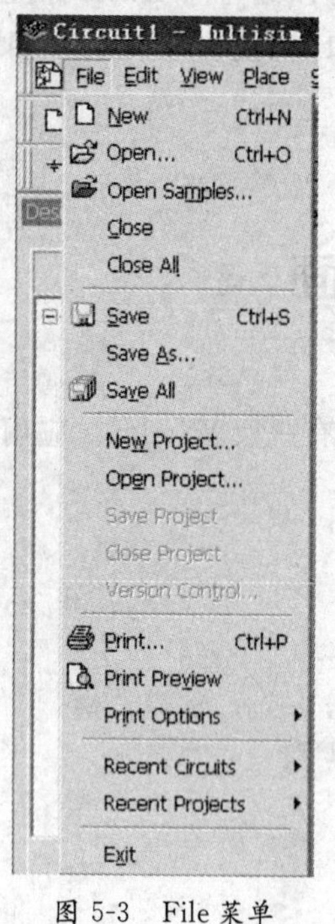

图 5-3 File 菜单

表 5-1 File 功能表

命 令	功 能
New	建立新的电路文件
Open	打开已有的电路文件
Open Samples	打开 Multisim 8 自带例子
Close	关闭当前文件
Close All	关闭所有文件
Save	保存当前电路文件
Save As	当前电路文件另存为
Save All	保存全部电路文件
New Project	建立新项目
Open Project	打开一个项目
Save Project	保存当前项目
Close Project	关闭项目
Version Control	版本信息管理
Print	打印
Print Preview	打印预览
Print Options	打印选项
Recent Circuits	最近编辑过的电路文件
Recent Projects	最近执行的项目
Exit	退出 Multisim

(2) 有的一级菜单还包含有二级菜单，在 File 命令下有二级菜单的命令有三个，分别是 Print Options，Recent Circuits，Recent Projects。

① Print Options 菜单如图 5-4 所示，功能表如表 5-2 所示。

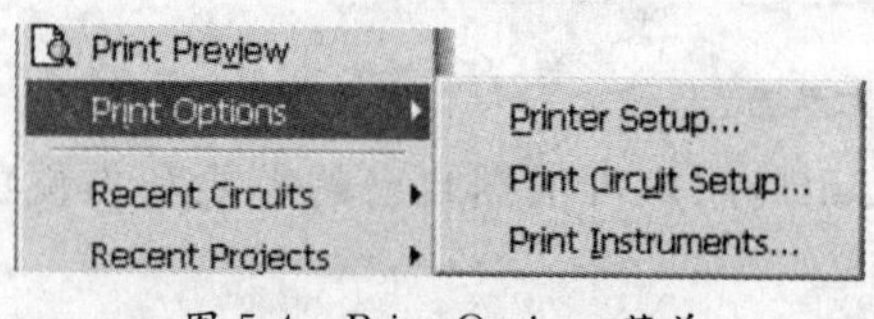

图 5-4 Print Options 菜单

表 5-2 Print Options 功能表

一级菜单命令	二级菜单命令	功 能
Print Options	Printer Setup	打印机设置
	Print Circuit Setup	打印设置
	Print Instruments	打印元件

② Recent Circuits 菜单如图 5-5 所示，功能表如表 5-3 表所示。

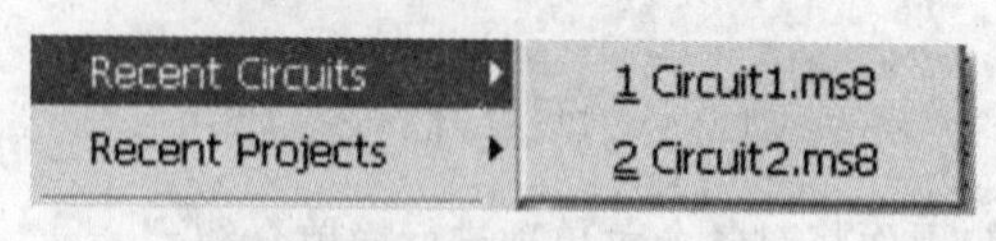

图 5-5 Recent Circuits 菜单

表 5-3 Recent Circuits 功能表

一级菜单命令	二级菜单命令	功 能
Recent Circuits	Circuit1	文件 1
	Circuit2	文件 2

③ Recent Projects 菜单如图 5-6 所示，功能表如表 5-4 所示。

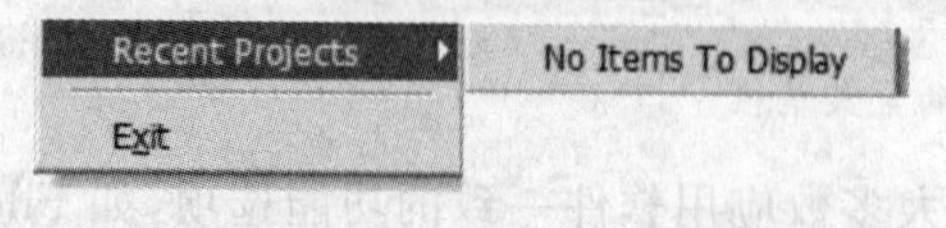

图 5-6 Recent Projects 菜单

表 5-4 Recent Projects 功能表

一级菜单命令	二级菜单命令	功 能
Recent Projects	No Items To Disply	无工程

2. Edit 命令

(1) Edit 命令提供了类似于图形编辑软件的基本编辑功能，用于对电路图进行编辑。Edit命令如图 5-7 所示，功能表如表 5-5 所示。

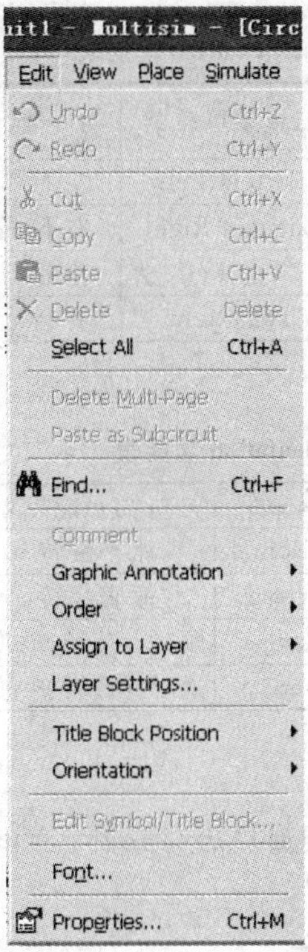

图 5-7　Edit 命令

表 5-5　Edit 功能表

命　令	功　能
Undo	撤销编辑
Redo	恢复
Cut	剪切
Copy	复制
Paste	粘贴
Delete	删除
Select All	选择全部内容
Delete Multi-page	删除 Multisim 页
Paste as Subcircuit	粘贴子电路
Find	查找
Comment	注释
Graphic Annotation	图解
Order	顺序
Assign to Layer	布线设计
Layer Settings	布线设置
Title Block Position	工程图位置
Orientation	方向
Edit Symbol/Title Block	编辑符号/图像明细表
Font	字体
Properties	属性

(2) 在 Edit 命令下，有的一级菜单还包含有二级菜单，其下有二级菜单的命令有五个，分别是：Graphic Annotation，Order，Assign to Layer，Title Block Position，Orientation。

① Graphic Annotation 菜单如图 5-8 所示，功能表如表 5-6 所示。

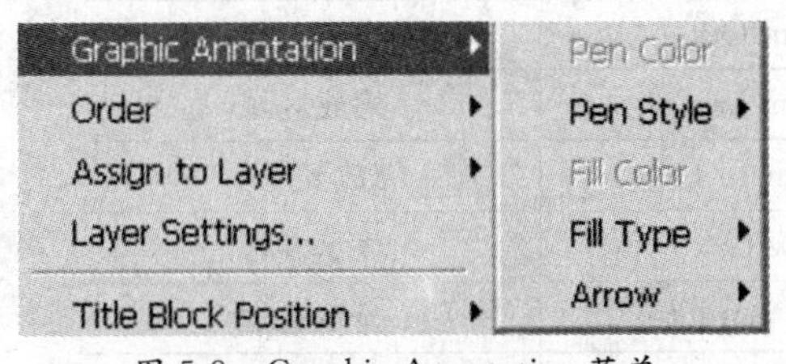

图 5-8　Graphic Annotation 菜单

表 5-6　Graphic Annotation 功能表

一级菜单命令	二级菜单命令	功　能
Graphic Annotation	Pen Color	笔色
	Pen Style	笔型
	Fill Color	填充色
	Fill Type	填充类型
	Arrow	箭头

② Order 菜单如图 5-9 所示，功能表如表 5-7 所示。

图 5-9　Order 菜单

表 5-7　Order 功能表

一级菜单命令	二级菜单命令	功　能
Order	Bring To Front	放到前面
	Send To Back	放到后面

③ Assign to layer 菜单如图 5-10 所示，功能表如表 5-8 所示。

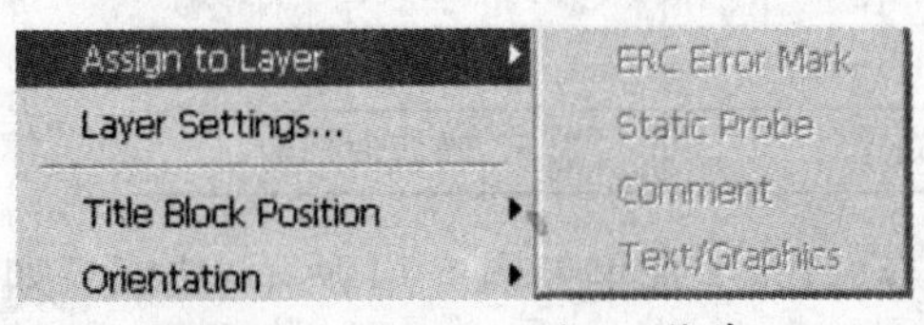

图 5-10　Assign to layer 菜单

表 5-8　Assign to Layer 功能表

一级菜单命令	二级菜单命令	功　能
Assign to Layer	ERC Error Mark	电气接点错误标志
	Static Probe	静压力管
	Comment	注释
	Text/Graphics	文本/图形

④ Title Block Position 菜单如图 5-11 所示，功能表如表 5-9 所示。

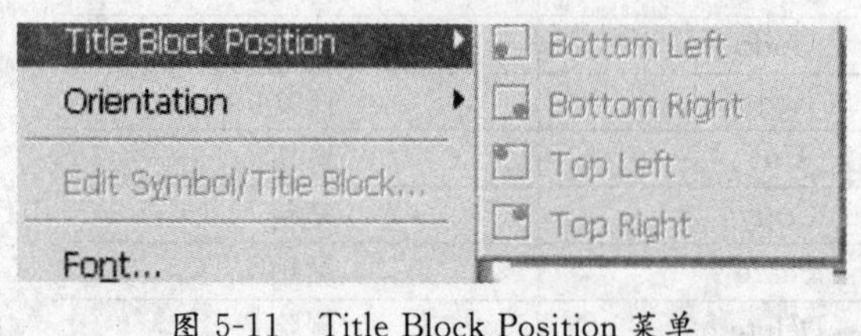

图 5-11　Title Block Position 菜单

表 5-9　Title Block Position 功能表

一级菜单命令	二级菜单命令	功　能
Title Block Position	Bottom Left	左下
	Botttom Right	右下
	Top Left	左上
	Top Right	右上

⑤ Orientation 菜单如图 5-12 所示，功能表如表 5-10 所示。

图 5-12　Orientation 菜单

表 5-10　Orientation 功能表

一级菜单命令	二级菜单命令	功　能
Orientation	Flip Horizontal	水平翻转
	Flip Vertical	垂直翻转
	90 Clockwise	顺时针旋转 90 度
	90 CounterCW	逆时针旋转 90 度

3. View 菜单

(1) 通过 View 菜单可以决定使用软件时的视图，对一些工具栏和窗口进行控制。View 菜单如图5-13所示，功能表如表 5-11 所示。

表 5-11　View 功能表

命　令	功　能
Full Screen	将电路图全屏显示
Zoom In	放大窗口显示
Zoom Out	缩小窗口显示
Zoom Area	缩放区域
Zoom Fit to Page	缩放到一页
Show Grid	显示栅格
Show Border	显示边框
Show Page Bounds	显示页边界
Ruler bars	显示尺度栏
Status Bar	显示状态栏
Design Toolbox	设计工具箱
Spreadsheet View	数据表预览
Circuit Description Box	电路描述箱
Toolbars	工具栏
Comment/Probe	注释
Grapher	显示、隐藏波形窗口

图 5-13　View 菜单

(2) 在 View 菜单下，Toolbars 下有二级菜单。Toolbars 菜单如图 5-14 所示，功能表如表 5-12 所示。

表 5-12 Toolbars 功能表

一级菜单命令	二级菜单命令	功 能
Toolbars	Standard	标准工具栏
	View	查看
	Main	主菜单
	Graphic Annotation	图解
	Analog Components	逻辑器件
	Basic	基本元件
	Diodes	二极管
	Transistor Components	三极管
	Measurement Components	测量元件
	Miscellaneous Components	混合元件
	Components	元件

图 5-14 Toolbars 菜单

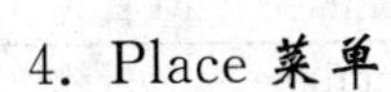

4. Place 菜单

(1) 通过 Place 菜单输入电路图。Place 菜单如图 5-15 所示，功能表如表 5-13 所示。

表 5-13 Place 功能表

命 令	功 能
Component	放置一个元器件
Junction	放置一个连接点
Wire	连线
Bus	总线
Connectors	连接器
Hierarchical Block From File	以一个 *.MS8 文件作为层次模块放置到当前电路窗口
New Hierarchical Block	新层次模块
Replace by Hierarchical Block	重新选择层次模块替代当前层次模块
New Subcircuit	创建子电路
Replace by Subcircuit	重新选择子电路替代当前选中的子电路
Multi-Page	多页
Merge Bus	并行总线
Bus Vector Connect	总线矢量连接
Comment	注释
Text	文字
Graphics	放置图形元素
Title Block	当前电路窗口放置一个标题块

图 5-15 Place 菜单

(2) 在 Place 菜单下，存在二级菜单的命令有：Connector，Graphics。

① Connector 菜单如图 5-16 所示，功能表如表 5-14 所示。

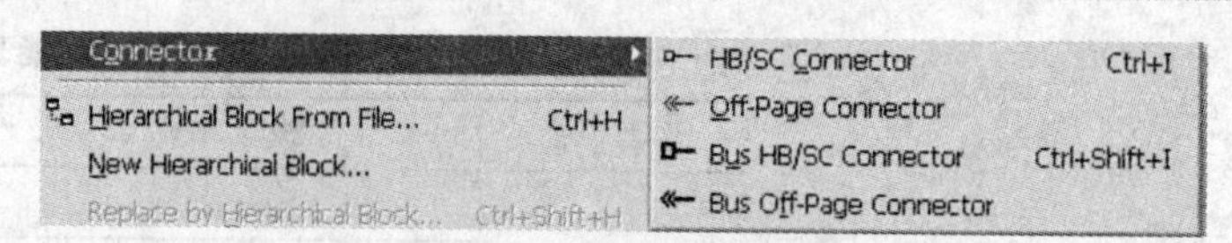

图 5-16 Connectors 菜单

表 5-14 Connectors 功能表

一级菜单命令	二级菜单命令	功 能
Connector	HB/SC Connector	HB/SC 连接器
	Off-Page Connector	Off-Page 连接器
	Bus HB/SC Connector	总线 HB/SC 连接器
	Bus Off-Page Connector	总线 Off-Page 连接器

② Graphics 菜单如图 5-17 所示，功能表如表 5-15 所示。

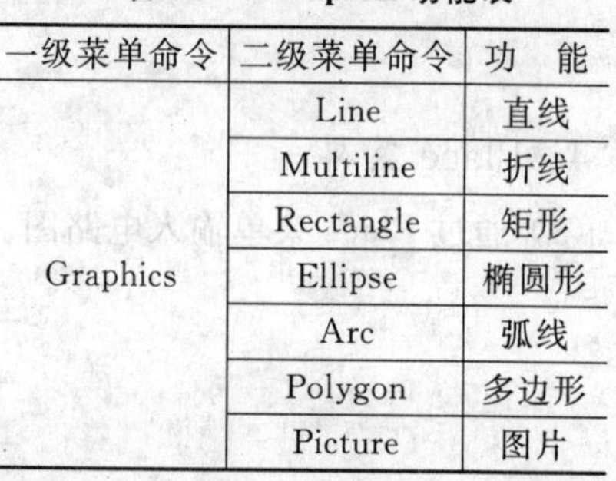

图 5-17 Graphics 菜单

表 5-15 Graphics 功能表

一级菜单命令	二级菜单命令	功 能
Graphics	Line	直线
	Multiline	折线
	Rectangle	矩形
	Ellipse	椭圆形
	Arc	弧线
	Polygon	多边形
	Picture	图片

5. Simulate 菜单

(1) 通过 Simulate 菜单执行仿真分析命令。Simulate 菜单如图 5-18 所示，其功能表如表 5-16 所示。

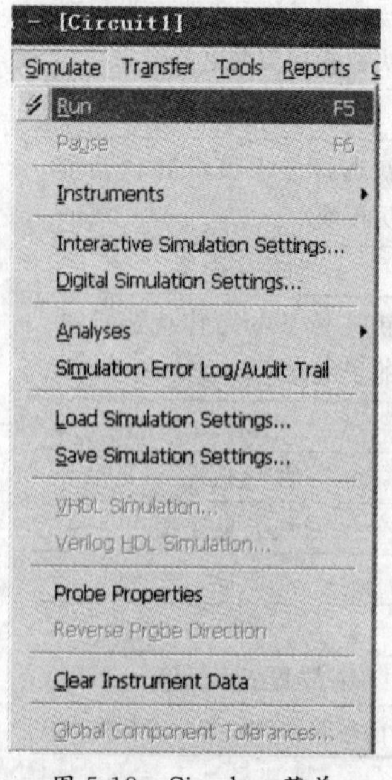

图 5-18 Simulate 菜单

表 5-16 Simulate 功能表

命 令	功 能
Run	运行仿真
Pause	暂停仿真
Instruments	选用仪表(也可通过工具栏选择)
Interactive Simulation Settings	交互仿真设置
Digital Simulation Settings	数字仿真设置
Analyses	分析方法
Simulation Error Log/Audit Trail	仿真误差记录/查账索引
Load Simulation Settings	仿真装载设置
Save Simulation Settings	仿真保存设置
VHDL Simulation	进行 VHDL 仿真
Verilog HDL Simulation	进行 Verilog HDL 仿真
Probe Properties	探针属性
Reverse Probe Direction	翻转探针方向
Clear Instrument Data	清除仪器数据
Global Component Tolerances	全局元件误差

(2) 在 Simulate 菜单下，存在二级菜单的命令有：Instruments，Analyses。

① Instruments 菜单如图 5-19 所示，功能表如表 5-17 所示。

表 5-17　Instruments 功能表

一级菜单命令	二级菜单命令	功　能
Instruments	Multimeter	万用表
	Function Generator	函数信号发生器
	Wattmeter	功率表
	Oscilloscope	示波器
	Four Channel Oscilloscope	四通道示波器
	Bode Plotter	波特图示仪
	Frequency Counter	频率计
	Word Generator	字信号发生器
	Logic Analyzer	逻辑分析仪
	Logic Converter	逻辑转换仪
	IV　Analyzer	伏安特性分析仪
	Distortion　Analyzer	失真分析
	Spectrum　Analyzer	频谱分析仪
	Network　Analyzer	网络分析
	Agilent Function Generator	高精度函数信号发生器
	Agilent　Multimeter	高精度万用表
	Agilent　Oscilloscope	高精度示波器
	Tektronix Oscilloscope	泰克示波器
	Measurement Probe	测量探针

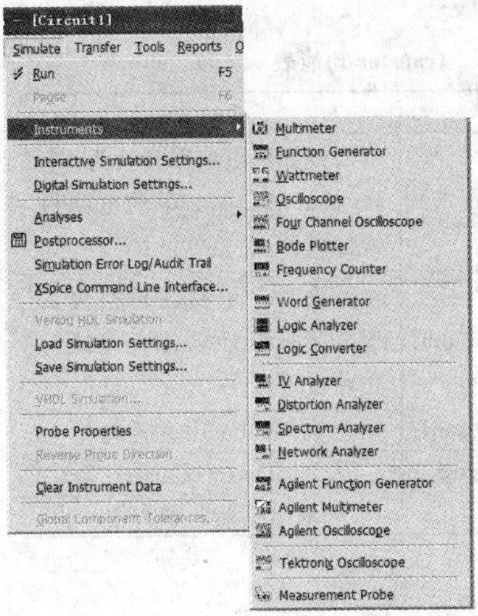

- [Circuit1]
Simulate Transfer Tools Reports O
Run F5
Pause F6
Instruments
Interactive Simulation Settings...
Digital Simulation Settings...
Analyses
Postprocessor...
Simulation Error Log/Audit Trail
XSpice Command Line Interface...
Verilog HDL Simulation
Load Simulation Settings...
Save Simulation Settings...
VHDL Simulation...
Probe Properties
Reverse Probe Direction
Clear Instrument Data
Global Component Tolerances...
Multimeter
Function Generator
Wattmeter
Oscilloscope
Four Channel Oscilloscope
Bode Plotter
Frequency Counter
Word Generator
Logic Analyzer
Logic Converter
IV Analyzer
Distortion Analyzer
Spectrum Analyzer
Network Analyzer
Agilent Function Generator
Agilent Multimeter
Agilent Oscilloscope
Tektronix Oscilloscope
Measurement Probe

图 5-19　Instruments 菜单

② Analyses 菜单如图 5-20 所示，功能表如表 5-18 所示。

表 5-18　Analyses 功能表

一级菜单命令	二级菜单命令	功　能
Analyses	DC Operating Point	直流工作点分析
	AC Analysis	交流分析
	Transient Analysis	瞬态分析
	Fourier Analysis	傅立叶分析
	Noise Analysis	噪声分析
	Noise Figure Analysis	噪声系数分析
	Distortion Analysis	失真分析
	DC Sweep	直流扫描分析
	Sensitivity	灵敏度分析
	Parameter Sweep	参数扫描分析
	Temperature Sweep	温度扫描分析
	Pole Zero	极-零点分析
	Transfer Function	传递函数分析
	Worst Case	最坏情况分析
	Monte Carlo	蒙特卡罗分析
	Trace Width Analysis	扫描幅度分析
	Batched　Analysis	批处理分析
	User Defined Analysis	用户自定义分析
	Stop Analysis	停止分析
	RF Analyses	RF 分析

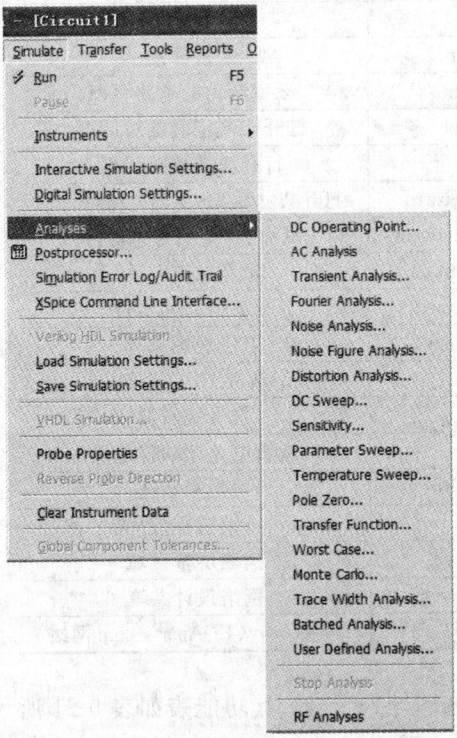

- [Circuit1]
Simulate Transfer Tools Reports O
Run F5
Pause F6
Instruments
Interactive Simulation Settings...
Digital Simulation Settings...
Analyses
Postprocessor...
Simulation Error Log/Audit Trail
XSpice Command Line Interface...
Verilog HDL Simulation
Load Simulation Settings...
Save Simulation Settings...
VHDL Simulation...
Probe Properties
Reverse Probe Direction
Clear Instrument Data
Global Component Tolerances...
DC Operating Point...
AC Analysis
Transient Analysis...
Fourier Analysis...
Noise Analysis...
Noise Figure Analysis...
Distortion Analysis...
DC Sweep...
Sensitivity...
Parameter Sweep...
Temperature Sweep...
Pole Zero...
Transfer Function...
Worst Case...
Monte Carlo...
Trace Width Analysis...
Batched Analysis...
User Defined Analysis...
Stop Analysis
RF Analyses

图 5-20　Analyses 菜单

6. Transfer 菜单

Transfer 菜单提供的命令可以完成 Multisim 8 对其他 EDA 软件需要的文件格式的输出，如图 5-21 所示。

Transfer 的功能表如表 5-19 所示。

图 5-21 Transfer 菜单

表 5-19 Transfer 功能表

命 令	功 能
Transfer to Ultiboard	将所设计的电路图转换为 Ultiboard（Multisim 中的电路板设计软件）的文件格式
Transfer to other PCB Layout	将所设计的电路图转换为其他电路板设计软件所支持的文件格式
Forward Annotate to Ultiboard	到 Ultiboard 的注释
Backannotate from Ultiboard	从 Ultiboard 返回的注释
Export Netlist	输出电路网表文件

7. Tools 菜单

Tools 菜单主要针对元器件的编辑与管理的命令，如图 5-22 所示。Tools 的功能表如表 5-20所示。

表 5-20 Tools 功能表

命 令	功 能
Component Wizard	打开创建元件对话框
Database	库元件管理
Variant Manager	变量管理
Set Active Variant	设置活动的电路页面
555 Timer Wizard	打开 555 定时器对话框
Filter Wizard	打开滤波器对话框
CE BJT Amplifier Wizard	打开共发射极放大器电路对话框
Rename/Renumber Components	重命名/重编号元器件
Replace Component	重新放置元件
Update Circuit Components	更新电路元器件
Electrical Rules Check	电气规则检查
Clear ERC Markers	清除 ERC 标记
Symbol Editor	符号编辑器
Title Block Editor	编辑电路图的标题块
Description Box Editor	编辑箱描述
Edit Labels	编辑标签
Capture Screen Area	捕获屏幕区域
Internet Design Sharing	网络设计共享
EDAparts. com	连接 www. EDAparts. com 网站

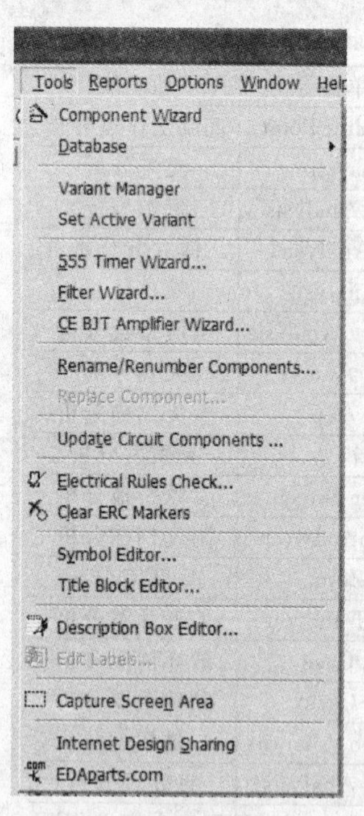

图 5-22 Tools 菜单

在 Tools 菜单下，只有 Database 下存在二级菜单，如图 5-23 所示，其功能表如表 5-21 所示。

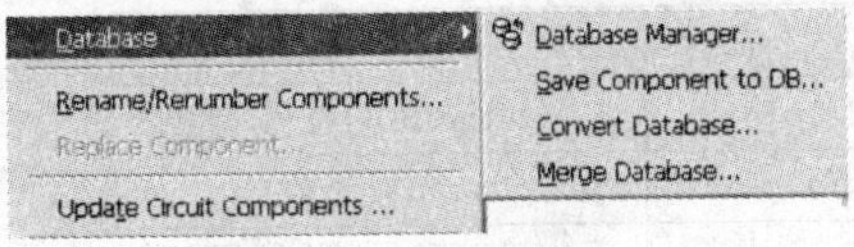

表 5-21 Database 功能表

一级菜单命令	二级菜单命令	功　能
Database	Database Manager	数据库管理器
	Save Component to DB	保存元件到数据库中
	Convert Database	数据库转换
	Merge Database	数据库合并

图 5-23 Database 菜单

8. Reports 菜单

Reports 菜单主要产生当前电路的各种报告信息,如图 5-24 所示,其功能表如表 5-22 所示。

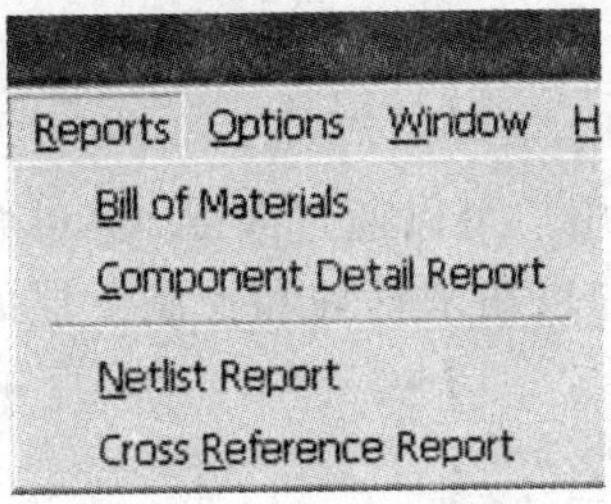

表 5-22 Reports 功能表

命　令	功　能
Bill of Materials	材料清单
Component Detail Report	元器件详细报告
Netlist Report	网络报表报告
Cross Reference Report	交叉参考报告

图 5-24 Reports 菜单

9. Options 菜单

通过 Options 菜单可以对软件的运行环境进行定制和设置,如图 5-25 所示,其功能表如表 5-23 所示。

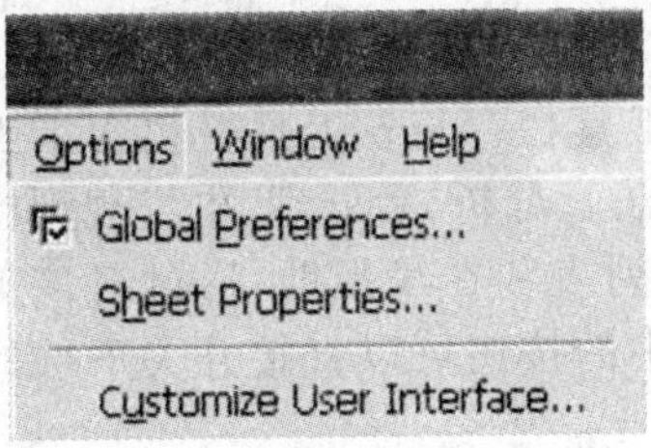

表 5-23 Options 功能表

命　令	功　能
Global Preferences	总体参数选择
Sheet Properties	单页参数选择
Customize User Interface	定制用户界面

图 5-25 Options 菜单

10. Window 菜单

Window 菜单如图 5-26 所示,其功能表如表 5-24 所示。

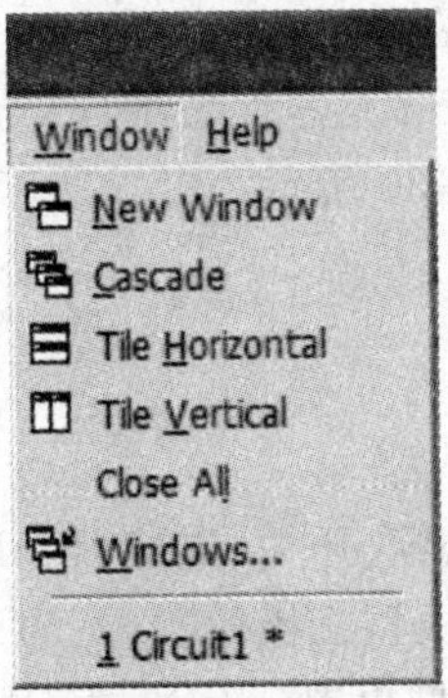

表 5-24 Window 功能表

命　令	功　能
New Window	新打开 Windows 窗口
Cascade	层叠排列电路窗口
Tile Horizontal	水平显示
Tile Vertical	垂直显示
Close All	全部关闭
Windows	打开 Windows 对话框
1 Circuit1*	当前打开的电路文件

图 5-26 Window 菜单

11. Help 菜单

Help 菜单提供了对 Multisim 的在线帮助和辅助说明,如图 5-27 所示,其功能表如表 5-25

所示。

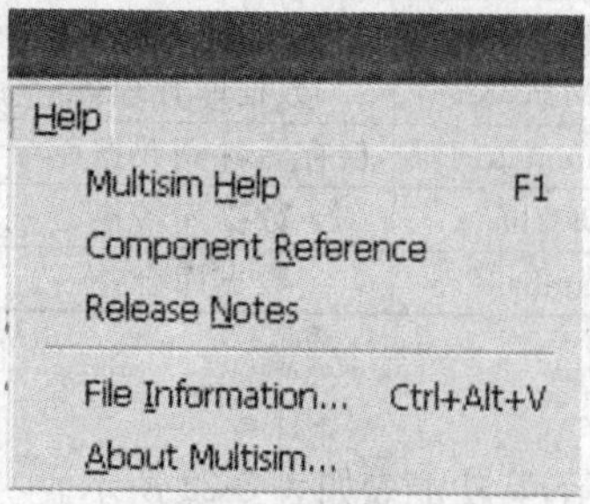

图 5-27 Help 菜单

表 5-25 Help 功能表

命 令	功 能
Multisim Help	Multisim 的在线帮助
Component Reference	参考元件
Release Notes	Multisim 的发行申明
File Information	文件信息
About Multisim	Multisim 的版本说明

5.2.3 工具栏

Multisim 8 提供了多种工具栏，并以层次化的模式加以管理，用户可以通过 View 菜单中的选项方便地将顶层的工具栏打开或关闭，再通过顶层工具栏中的按钮来管理和控制下层的工具栏。通过工具栏，用户可以方便、直接地使用软件的各项功能。

1. Standard 工具栏

Standard(系统)工具栏包含了常见的新建、打开、保存、打印、剪切、复制、粘贴、撤销，还有全屏幕显示、放大、缩小、放大选定区等文件操作和编辑操作按钮，如图 5-28 所示。

图 5-28 Standard 工具栏

2. Main 工具栏

Main(主要)工具栏作为设计工具栏是 Multisim 8 的核心工具栏，Main 工具栏包含了工程栏、电子数据表、元件库管理、建立元件、运行、显示分析图表、仿真分析、后处理、电气规则检查、从 Ultiboard 返回注释、到 Ultiboard 的注释、使用中的元件列表和在线帮助，通过对该工具栏按钮的操作可以完成对电路从设计到分析的全部工作，其中的按钮可以直接开关下层的工具栏。如图 5-29 所示。

图 5-29 Main 工具栏

3. Component 工具栏

Component(元器件)工具栏，可通过 View 工具栏中的 Component 按钮来选择。该工具栏有 15 个按钮，每一个按钮都对应一类元器件，其分类方式和 Multisim 元器件数据库中的分类相对应，通过按钮上的图标就可大致清楚该类元器件的类型，如图 5-30 所示。

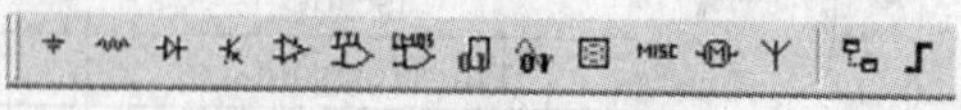

图 5-30 Component 工具栏

Component 工具栏包含了：

(1) ，直流电源、交流信号源、受控源等。(2) ，电阻、电感、电容、开关、连接器、4D 器件等。(3) ，二极管、稳压管、发光管、晶闸管。(4) ，PNP、NPN 双极型三极管类。(5) ，运算放大器、V/F 和 F/V 变换器等模拟集成电路。(6) ，TTL 系列门电路。(7) ，CMOS 系列门电路。(8) ，不在系列的 TTL、VHDL、Verilog HDL 等其他器件。(9) ，555 时基电路、A/D、D/A、集成模拟开关等混合集成电路。(10) ，电压表、电流表、逻辑笔、数码管、灯泡、蜂鸣器等指示类器件。(11) ，保险管、传输线、光敏管等类器件。(12) ，电气工程类器件。(13) ,高频器件类。(14) ,放置电路功能块。(15) ,总线。

4. Graphics 工具栏

Graphics(绘图)工具栏包含了文字、直线、折线、矩形、圆形、弧形、多边形、图画、放置注释,如图 5-31 所示。

图 5-31 绘图工具栏

5. Instruments 工具栏

Instruments(仪器)工具栏为用户集中提供了 Multisim 的所有虚拟仪器仪表,用户可以通过按钮选择自己需要的仪器对电路进行观测。虚拟仪器将在本章后面内容中详细介绍。

5.3 Multisim 操作入门

5.3.1 Multisim 8 对元器件的管理

EDA 软件所能提供的元器件的多少以及元器件模型的准确性都直接决定了该 EDA 软件的质量和易用性。Multisim 8 为用户提供了丰富的元器件,并以开放的形式管理元器件,使得用户能够自己添加所需要的元器件。

Multisim 8 以库的形式管理元器件,通过菜单 Tools/Database/Database Manager 打开 Database Manager 数据库管理,如图 5-32 所示。管理界面如图 5-33 所示。

Database Manager 数据库管理窗口共有三个标签:Components,Family 和 User Field Titles,用于对数据库进行管理。

在 Components 标签下 Database Name 框中有三个数据库:Master Database、Corporate Database 和 User Database。其中 Master Database 中存放的是 Multisim 软件为用户提供的元器件,Corporate Database 中存放的是电子元器件公司提供的元器件,User Database 是为用户自己创建元器件准备的数据库。用户对 Master Database 中的元器件和表示方式没有修改权。当选中 Master Database 时,窗口中对库的删除、移动按钮变成灰色而失效。但用户可以进行编辑(编辑后不能原名保存,只能追加)、复制、查找库中不同类别器件在工具栏中的表示方法。通过选择 User 数据库,用户可以对自建元器件进行编辑管理。

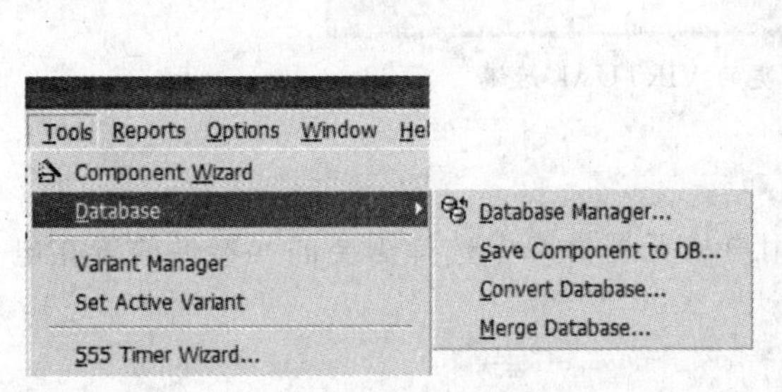

图 5-32 Database Manager 数据库管理

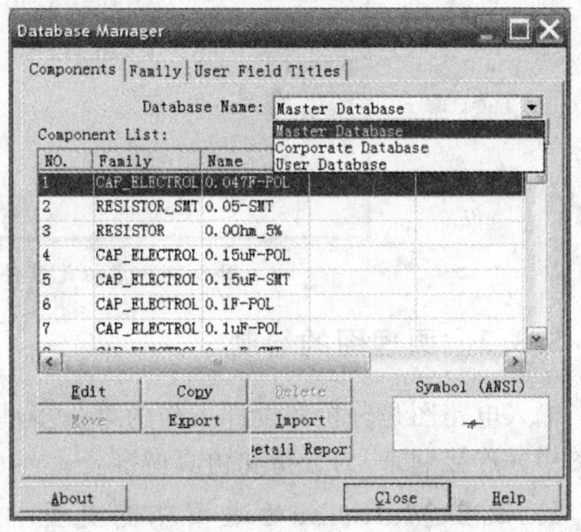

图 5-33 数据库管理窗口

在 Multisim Master 中有实际元器件和虚拟元器件，它们之间的根本差别在于：实际元器件是与真实元器件的型号、参数值以及封装都相对应的元器件，在设计中选用此类器件，不仅可以使设计仿真与实际情况有良好的对应性，还可以直接将设计导出到 Ultiboard 中进行 PCB 的设计；虚拟器件的参数值是该类器件的典型值，不与实际器件对应，用户可以根据需要改变器件模型的参数值，只能用于仿真。它们在工具栏和对话窗口中的表示方法也不同。在元器件工具栏中，虽然代表虚拟器件的按钮的图标与该类实际器件的图标形状相同，但虚拟器件的按钮有底色。如图 5-34 所示。

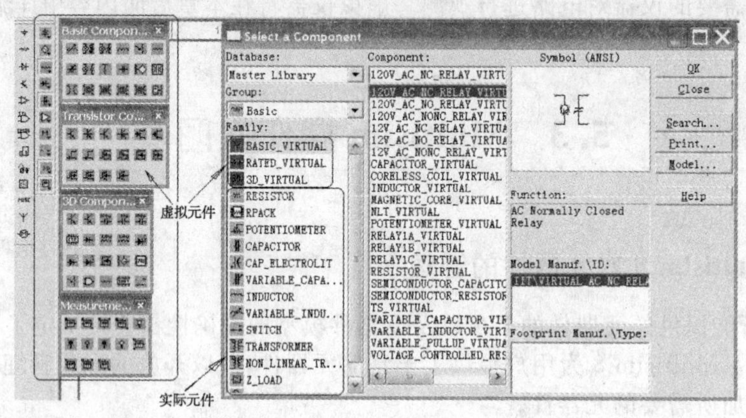

图 5-34　部分展开的元器件工具栏

从图中可以看到，相同类型的实际元器件和虚拟元器件的按钮并排排列，并非所有的元器件都设有虚拟类的器件。

在元器件类型列表中，虚拟元器件类的后缀标有 VIRTUAL，如图 5-35 所示。

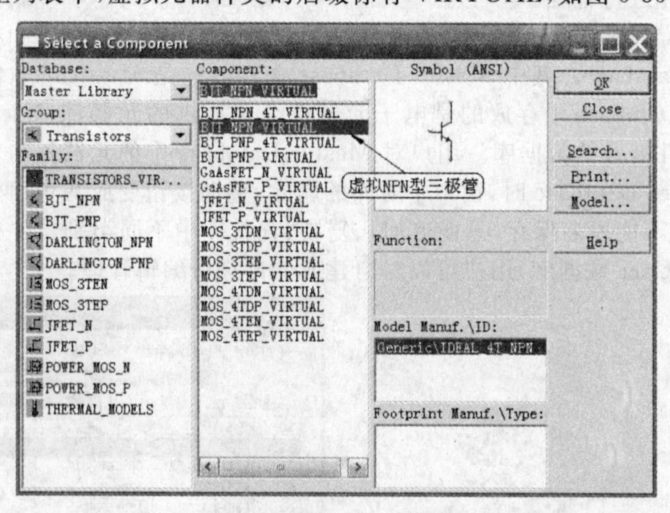

图 5-35　虚拟元器件类的 VIRTUAL 后缀

5.3.2　原理图的绘制

输入电路图是分析和设计工作的第一步，用户从元器件库中选择需要的元器件放置在电路图中并连接起来，为分析和仿真做准备。

1. 设置 Multisim 的通用环境变量

为了适应不同的需求和用户习惯，用户可以用菜单 Options/Sheet Properties（或在编辑区中点右键再点 Properties）打开 Properties 对话窗口，以标签 Workspace 为例，当选中该标签时，Sheet Properties 对话框如图 5-36 所示。

通过该窗口的 6 个标签选项，用户可以就编辑界面颜色、电路尺寸、缩放比例、自动存储时间等内容作相应的设置。

2. **取用元器件**

取用元器件的方法有两种：从工具栏取用或从菜单取用。下面将以 74LS00 为例说明两种方法。

(1) 从元器件工具栏取用：点击 Component 工具栏中的元件图标。

(2) 从菜单取用：通过 Place/Place Component 命令打开 Select a Component 窗口。如图 5-37 所示。

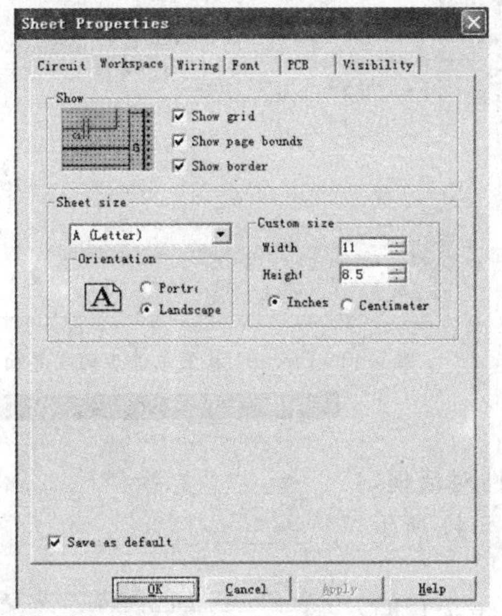

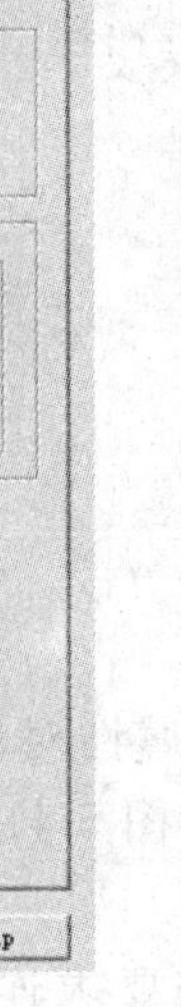

图 5-36 Sheet Properties 对话框

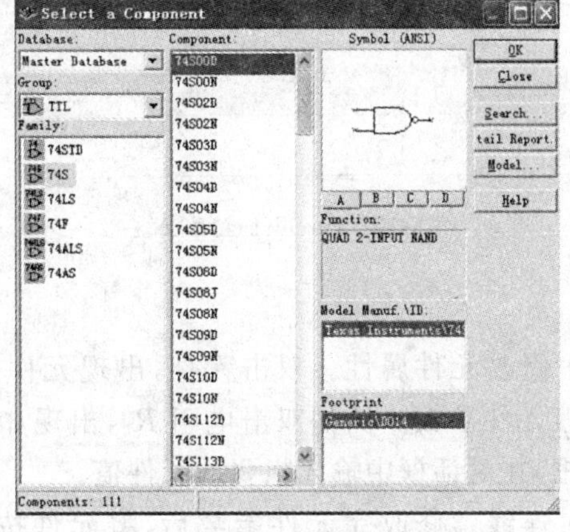

图 5-37 Select a Component 窗口

(3) 选中相应的元器件：在 Database 中选中 Master Database，在 Group 中选择 TTL，在 Family 中选择 74S 系列，在 Component 中选择 74S00D。单击 OK 按钮就可以选中 74S00D，出现如图 5-38 所示的备选窗口。74S00 是四 2 输入与非门，窗口中的 A、B、C、D 分别代表其中的一个与非门，用鼠标选中其中的一个放置在电路图编辑窗口中。器件在电路图中显示的图形符号，用户可以在 Select a Component 中的 Symbol 选项框中预览到。当器件放置到电路编辑窗口中后，用户就可以进行移动、复制、粘贴等编辑工作了，在此不再详述。

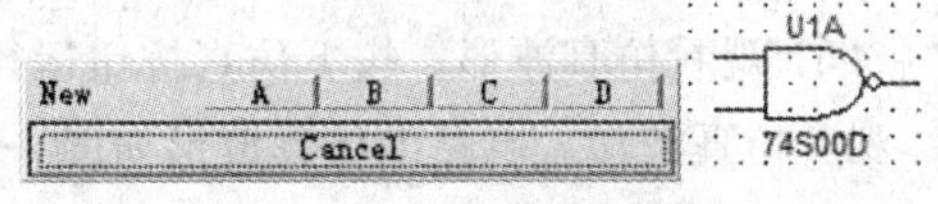

图 5-38 74S00 备选窗口

3. **将元器件连接成电路**

在将电路需要的元器件放置在电路编辑窗口后，用鼠标就可以方便地将器件连接起来。方法是：用鼠标单击连线的起点并拖动鼠标至连线的终点。在 Multisim 8 中连线的起点和终点不能悬空。

5.3.3 操作步骤

本节主要以一个救护车扬声器发音电路为实例，具体展示 Multisim 8 的操作步骤和操作流程，以方便读者阅览。本电路要求扬声器发出的高、低频率以及高、低音的持续时间是一定的，当 $V_{CC}=12$ V 时，555 定时器输出的高、低电平分别为 11 V 和 0.2 V，输出电阻少于 100 Ω。具体操作步骤如下：

（1）建立新的文件。双击 Multisim 8 启动图标，进入 Multisim 8 基本界面（如图 5-1 所示），首先点击 File（菜单）中的 New（建立新的文件）选项，建立新的文件，并存储为 Circuit1，出现如图 5-39 所示的窗口。

（2）放置元件。将所需要的元件放置到 Circuit1 上，如图 5-40 所示。

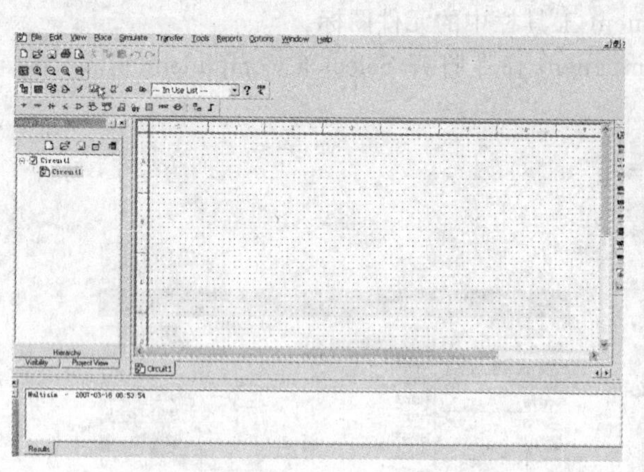

图 5-39 Circuit1 主界面

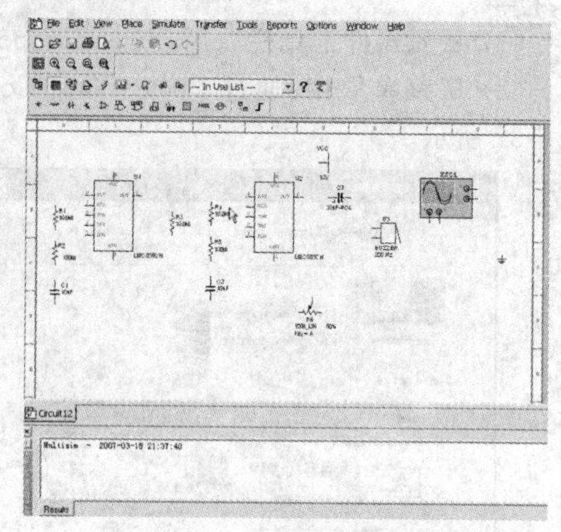

图 5-40 Circuit1 放置元件后的主界面

（3）修改元件属性。双击元件，出现元件属性对话框，可以修改元件参数。例如双击电阻 R_1，出现如图 5-41 所示的对话框，在对话框中输入想要的元件值。

（4）连线。修改完元件参数后，将元件按要求连接起来。如图 5-42 所示。

（5）观看仿真波形。按下仿真按钮运行电路，再双击示波器，观看仿真波形。电路的仿真波形如图 5-43 所示。

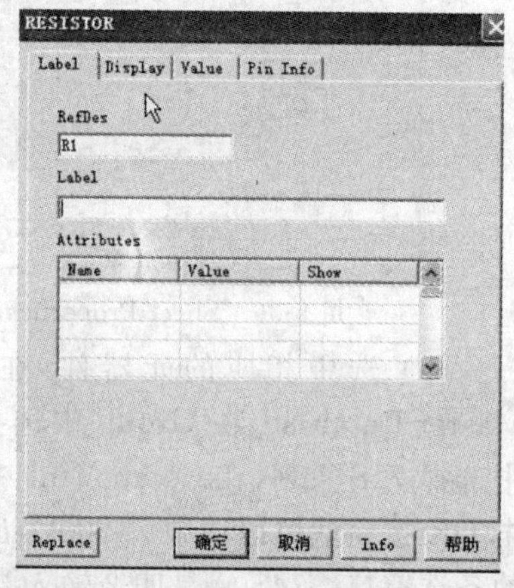

图 5-41 电阻元件 R_1 属性对话框

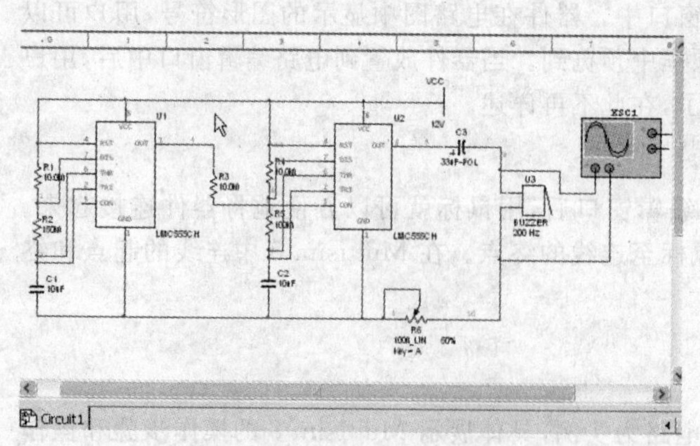

图 5-42 Circuit1 电路图

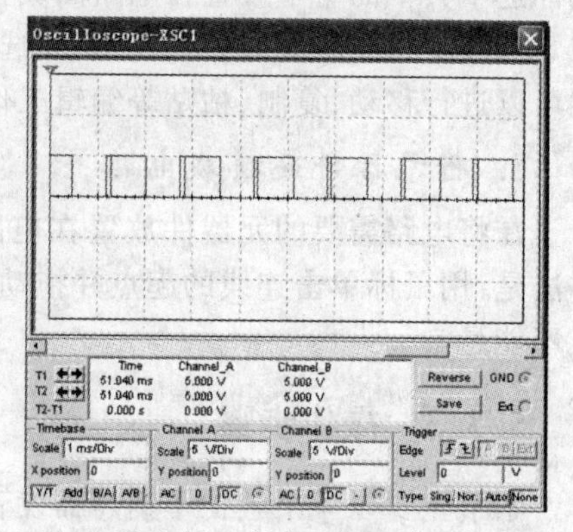

图 5-43 电路的仿真波形

5.4 虚拟仪器及其使用

对电路进行仿真运行，通过对运行结果的分析，判断设计是否正确合理，是 EDA 软件的一项主要功能。为此，Multisim 8 为用户提供了类型丰富的虚拟仪器，可以从 Design 工具栏→Instruments 工具栏，或用菜单命令 Simulation/Instruments 选用这 11 种仪表，如图 5-44 所示。在选用后，各种虚拟仪表都以面板的方式显示在电路中。虚拟仪器的名称及在电路窗口中的图形表示如表 5-26 所示。

图 5-44 虚拟仪器窗口

表 5-26 虚拟仪器的名称及在电路窗口中的图形表示

仪器名称	工具栏上图标	菜单上的英文名称	电路窗口中的符号
万用表		Multimeter	
波形发生器		Function Generator	
瓦特表		Wattermeter	
双踪示波器		Oscilloscape	
四踪示波器		Four Counter Oscilloscape	
伏安特性分析仪		IV Analyzer	
波特图图示仪		Bode Plotter	
字元发生器		Word Generator	

（续表）

仪器名称	工具栏上图标	菜单上的英文名称	电路窗口中的符号
逻辑分析仪		Logic Analyzer	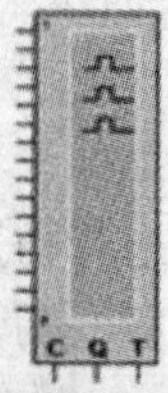
逻辑转换仪		Logic Converter	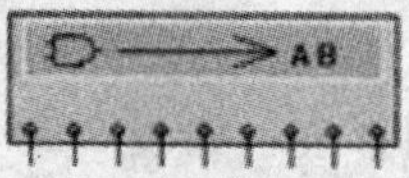
失真度分析仪		Distortion Analyzer	
频率计数器		Frequency Counter	
频谱仪		Spectrum Analyzer	
网络分析仪		Network Analyzer	
安捷伦函数发生器 33120A		Agilent Function Generator	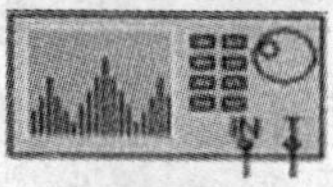
安捷伦数字万用表		Agilent Multimeter	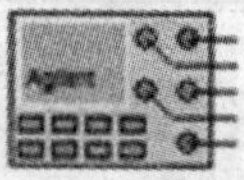
安捷伦示波器 54622D		Agilent Oscilloscape	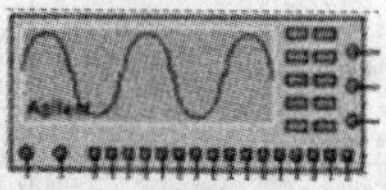
泰克示波器		Tektionix Oscilloscape	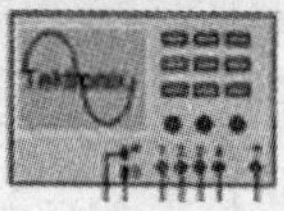
测量探针		Measurement probe	

注意：该软件中逻辑非运算用“′”代替“—”表示，例如“$\overline{A}$”用“A′”代替。且没有异或符号“⊕”，将异或运算“A⊕B”写成“A′B+AB′”。

在电路中选用了相应的虚拟仪器后，将需要观测的电路点与虚拟仪器面板上的观测口相连，如图 5-45 所示，用虚拟示波器同时观测电路中两点的波形。

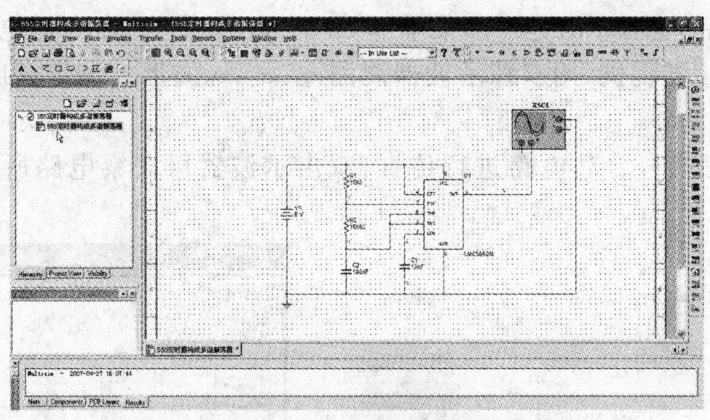

图 5-45　电路中连接虚拟示波器电路图

双击虚拟仪器就会出现仪器面板，面板为用户提供观测窗口和参数设定按钮。以图 5-45 为例，双击图中的示波器，就会出现示波器的面板。通过 Simulation 工具栏启动电路仿真，示波器面板的窗口中就会出现被观测点的波形，如图 5-46 所示。

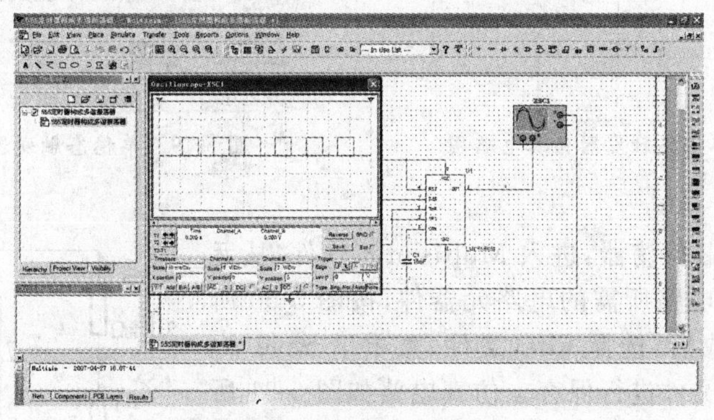

图 5-46　被观测点的波形

5.5　数字电路仿真型实训

5.5.1　555 时基电路仿真

一、实验目的

(1) 熟悉 555 型集成时基电路的结构、工作原理及其特点。

(2) 掌握 555 型集成时基电路的基本应用。

(3) 熟悉用 Multisim 8 软件设计并仿真该电路。

二、实验内容

1. 单稳态触发器

(1) 进入 Multisim 8 软件，从元器件库栏中取出测试电路所需的电路元器件，按图 5-47 所示

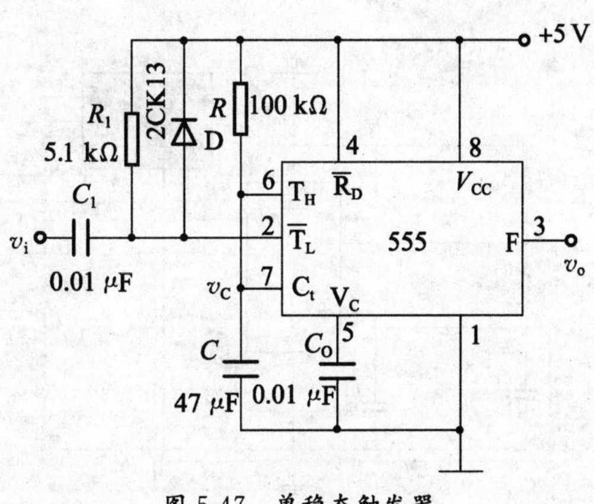

图 5-47　单稳态触发器

连接电路。连接完成后，选择 File(文件)菜单下 Save As(另存为)命令对电路文件进行保存。输入信号 v_i 由信号发生器提供，用双踪示波器观测 v_i，v_C，v_o 波形。测定幅度与暂稳时间。仿真电路图如图 5-48 所示。

(2) 按下“运行”按钮，启动电路进行仿真，双击示波器可观察电路所产生的波形，如图 5-49 所示。

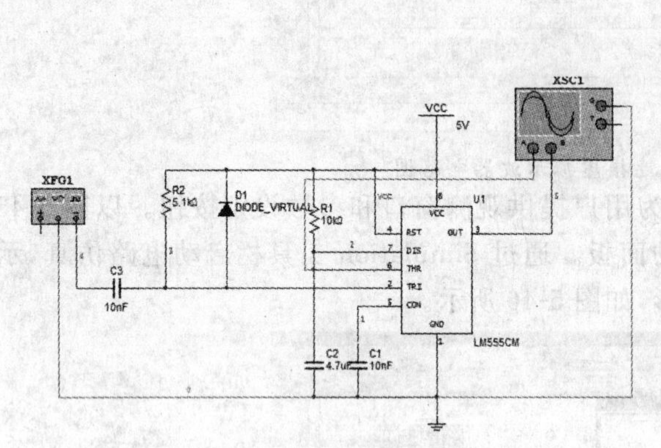

图 5-48 单稳态触发器仿真电路图

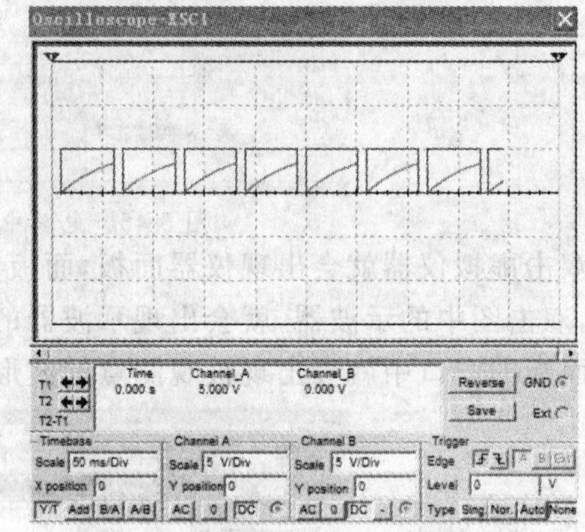

图 5-49 单稳态触发器仿真波形图

2. 多谐振荡器

(1) 构成一般多谐振荡器：进入 Multisim 8 软件，从元器件库栏中取出测试电路所需的电路元器件，按图 5-50 所示连接电路，连接完成后，选择 File(文件)菜单下 Save As(另存为)命令对电路文件进行保存。仿真电路如图 5-51 所示。

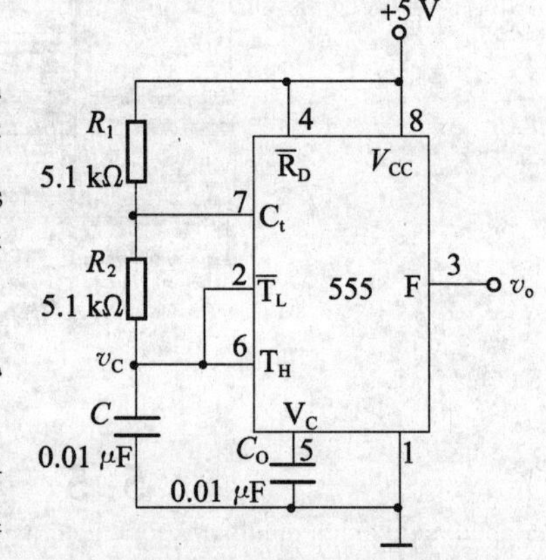

图 5-50 多谐振荡器

按下“运行”按钮，启动电路进行仿真，双击示波器可观察电路所产生的 v_C，v_o 波形，如图 5-52 所示。

(2) 构成占空比为 50%的方波信号发生器：进入 Multisim 8 软件，从元器件库栏中取出测试电路所需的电路元器件，按图 5-53 所示连接电路，连接完成后，选择 File(文件)菜单下 Save As(另存为)命令对电路文件进行保存。仿真电路如图5-54所示。图5-53比图

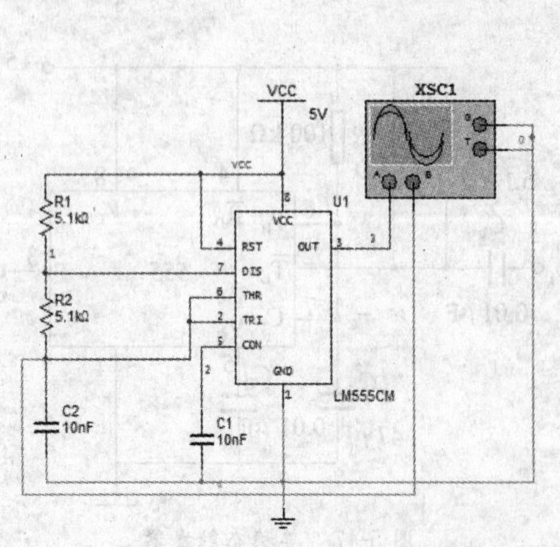

图 5-51 多谐振荡器仿真电路

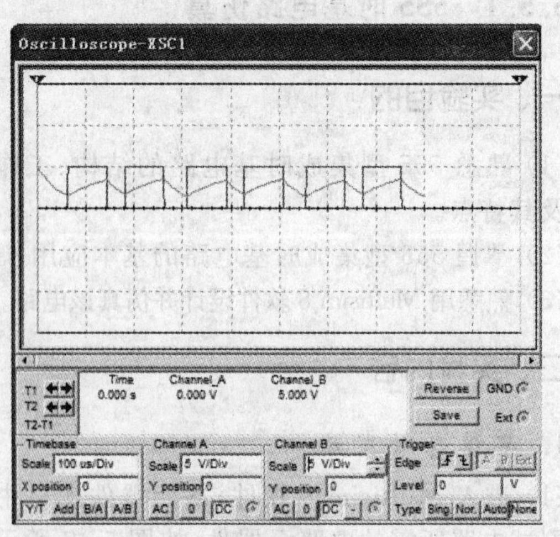

图 5-52 多谐振荡器仿真波形

5-50 所示电路增加了一个电位器和两个导引二极管。D_1、D_2 用来决定电容充、放电电流流经电阻的途径（充电时 D_1 导通，D_2 截止；放电时 D_2 导通，D_1 截止）。

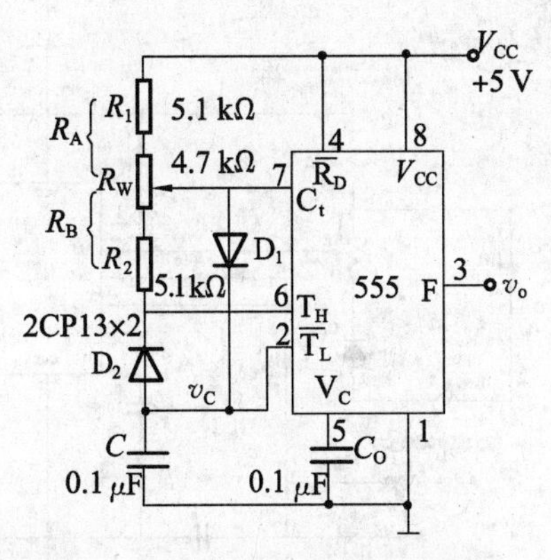

图 5-53　占空比可调的多谐振荡器

占空比为

$$P=\frac{t_{w_1}}{t_{w_1}+t_{w_2}}\approx\frac{0.7R_AC}{0.7C(R_A+R_B)}=\frac{R_A}{R_A+R_B}$$

可见，若取 $R_A=R_B$，电路即可输出占空比为 50%的方波信号。

按下"运行"按钮，启动电路进行仿真，双击示波器可观察电路所产生的 v_C，v_o 波形，如图 5-55 所示。

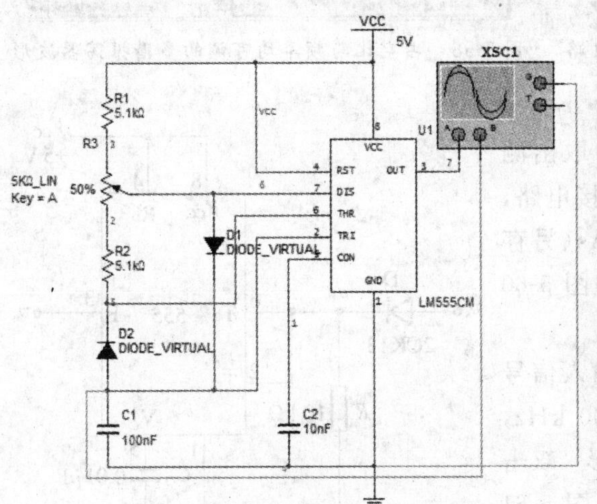

图 5-54　占空比可调的多谐振荡器仿真电路

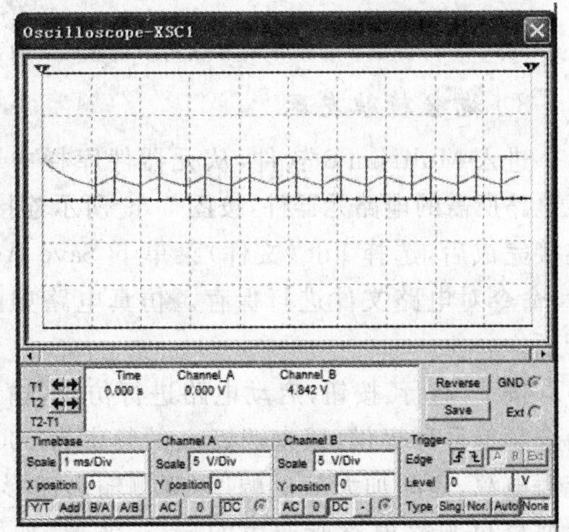

图 5-55　占空比可调的多谐振荡器仿真波形

(3) 组成占空比连续可调并能调节振荡频率的多谐振荡器：进入 Multisim 8 软件，从元器件库栏中取出测试电路所需的电路元器件，按图 5-56 所示连接电路，连接完成后，选择 File（文件）菜单下 Save As（另存为）命令对电路文件进行保存。仿真电路如图5-57 所示。

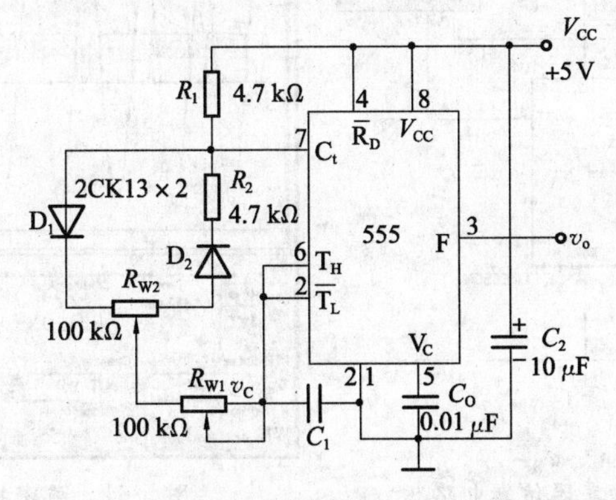

图 5-56　占空比与频率均可调的多谐振荡器

按下"运行"按钮，启动电路进行仿真，通过调节 R_{W1} 和 R_{W2} 来观测输出波形，双击示波器可观察电路所产生的 v_C，v_o 波形，如图 5-58 所示。

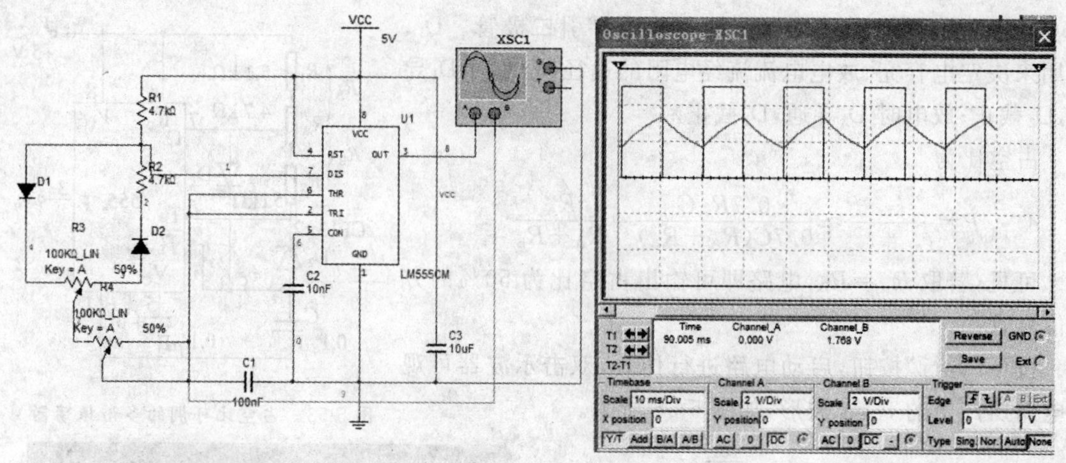

图 5-57　占空比与频率均可调的多谐振荡器电路　　图 5-58　占空比与频率均可调的多谐振荡器波形

3. 施密特触发器

进入 Multisim 8 软件，从元器件库栏中取出测试电路所需的电路元器件，按图 5-59 所示连接电路，连接完成后，选择 File(文件)菜单下 Save As(另存为)命令对电路文件进行保存。仿真电路如图 5-60 所示。

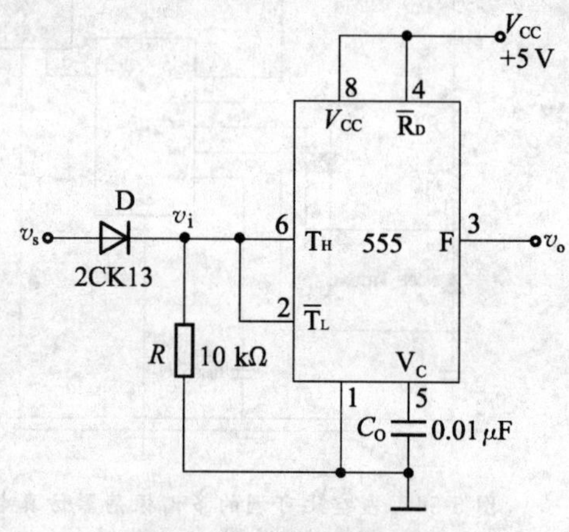

图 5-59　施密特触发器

按下"运行"按钮，启动电路进行仿真，输入信号由音频信号源提供，预先调好 v_s 的频率为 500 kHz，接通电源，逐渐加大 v_s 的幅度，观测输出波形。双击示波器可观察电路所产生的 v_i，v_o 波形，如图 5-61 所示。

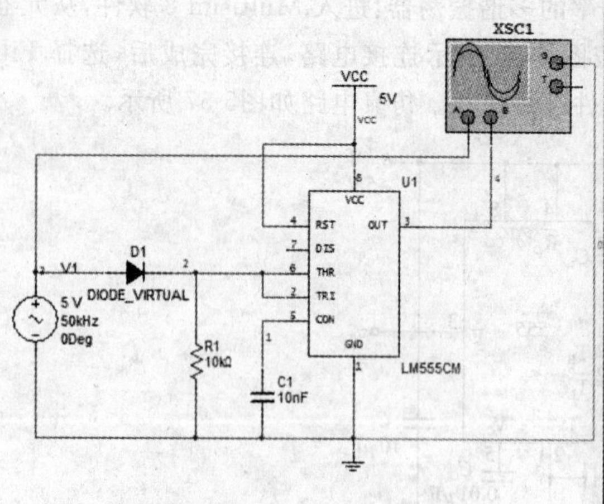

图 5-60　施密特触发器仿真电路

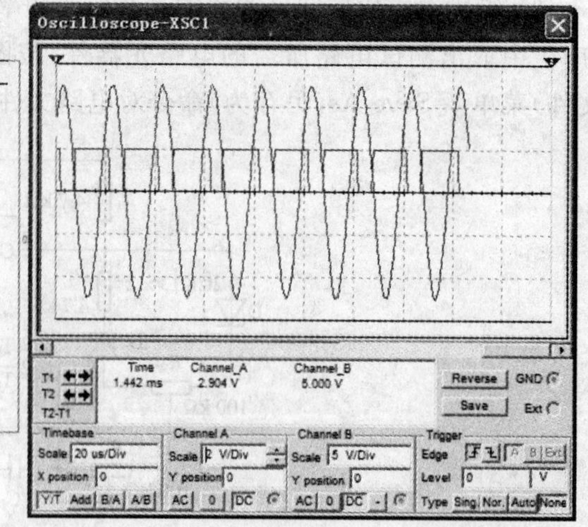

图 5-61　施密特触发器仿真波形

4. 模拟声响电路

进入 Multisim 8 软件，从元器件库栏中取出测试电路所需的电路元器件，按图 5-62 所示连接电路，连接完成后，选择 File(文件)菜单下 Save As(另存为)命令对电路文件进行保存。仿真电路如图 5-63 所示。

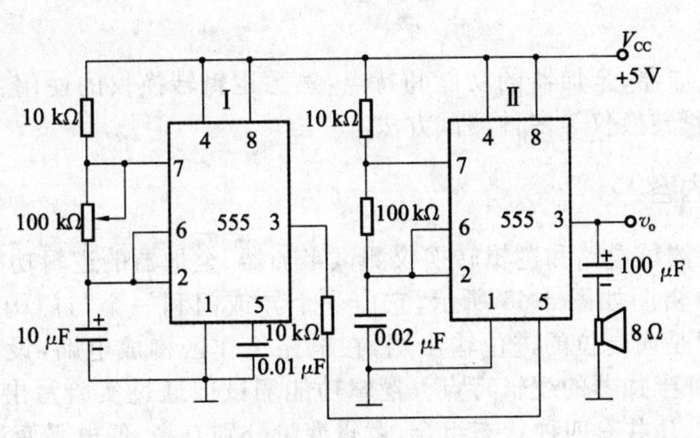

图 5-62 模拟声响电路

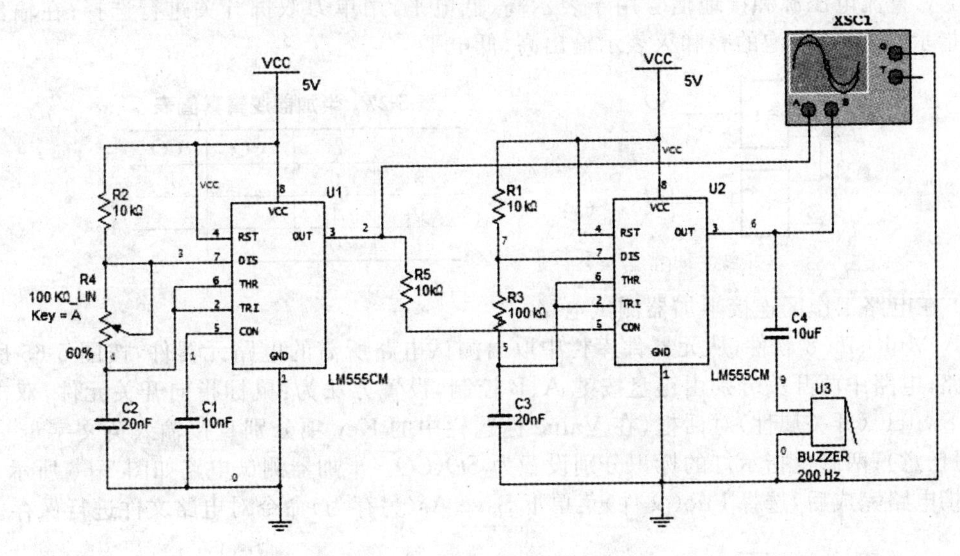

图 5-63 模拟声响仿真电路

按下“运行”按钮，启动电路进行仿真，图 5-63 由两个多谐振荡器组成，调节定时元件，使 U1 输出较低频率，U2 输出较高频率，连好线，接通电源，试听音响效果。调换外接阻容元件，再试听音响效果。双击示波器可观察电路所产生的 v_o波形，如图 5-64 所示。

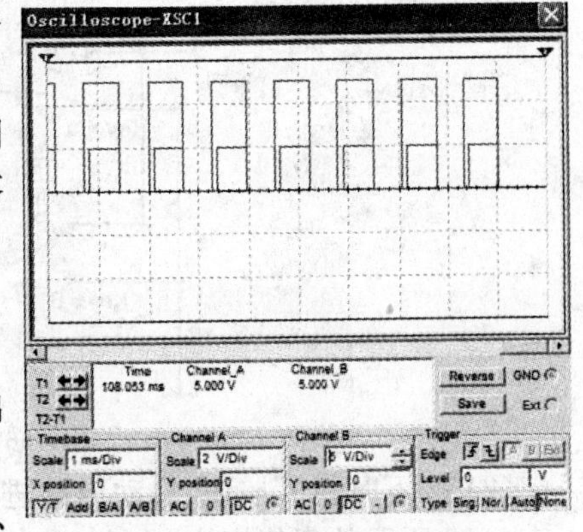

图 5-64 模拟声响仿真波形

三、练习与思考

1. 自行设计 555 定时器构成的秒脉冲发生器，绘出实验线路图，观测波形，计算频率。

2. 555 定时器构成的施密特触发器、单稳态触发器、多谐振荡器的用途有哪些？

5.5.2 半加器、全加器的分析与设计

一、实验目的

(1) 通过 Multisim 8 软件进行半加器电路的设计，进一步熟悉软件的使用方法，特别是仿

真方法。

(2) 认识半加器、全加器的功能和特点，熟悉逻辑转换仪的使用方法，掌握逻辑电路的逻辑测试电路、逻辑转换仪等多种测试方法。

二、实验内容

分别用逻辑测试电路和逻辑转换仪测试半加器、全加器的逻辑功能。

半加器的逻辑图如图 5-65 所示，它由一个异或门和一个与门构成。A、B 是输入端，SO 是和输出端，CO 是向高位的进位输出端，在电路工作区构成电路，设计逻辑测试电路进行逻辑功能测试，验证半加器的逻辑特点。逻辑功能测试即通过实验写出其真值表，如表 5-27 所示。输入变量 A、B 共有四种状态组合，逻辑变量分别有高、低电平两种状态，我们通过在输入端加＋5 V 直流电压源和接地信号用于表示高、低电平，用单刀双掷开关进行选择；在输出端接彩色指示灯，通过灯泡的亮和灭表示输出高、低电平。

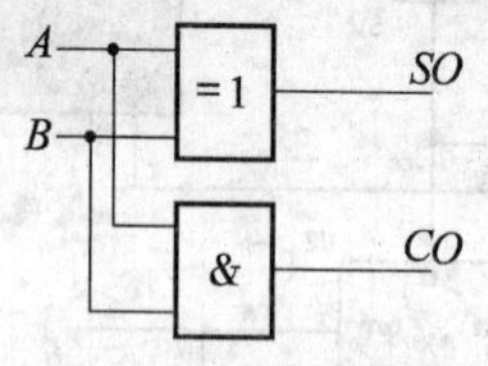

图5-65 半加器逻辑图

表 5-27 半加器逻辑真值表

A	B	SO	CO
0	0		
0	1		
1	0		

(1) 在电路工作区连接半加器测试电路。

进入 Multisim 8 软件，从元器件库栏中取出测试电路所需的电路元器件，按图 5-65 所示连接电路，电路中两开关分别由键盘按键 A、B 控制，设置方法为：鼠标指向开关元件，双击鼠标进入 Switch (开关属性)对话框，在 Value 标题栏中的 Key 项分别直接输入英文字母 A、B (大小写任意)；两彩色指示灯的标识分别设置为 SO、CO。半加器测试电路如图 5-66 所示。

连接电路完成后，选择 File(文件)菜单下 Save As(另存为)命令对电路文件进行保存。

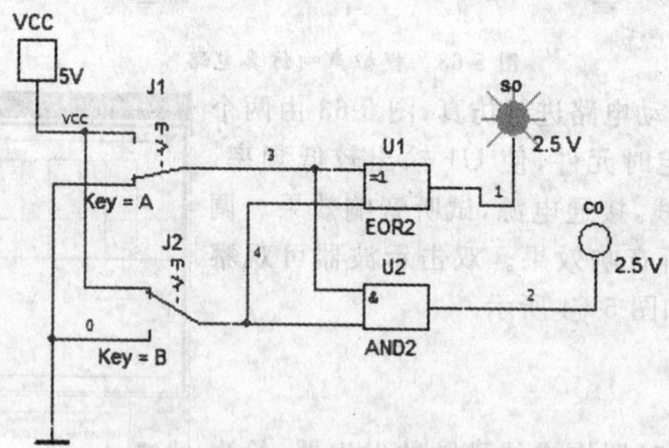

图 5-66 半加器逻辑功能测试电路

(2) 按下"运行"按钮，启动电路进行测试，将测试结果填入表 5-27 所示的真值表中。

(3) 根据上面的真值表写出 SO 和 CO 的逻辑函数表达式和最简与或式。

(4) 在电路工作区连接全加器测试电路。

进入 Multisim 8 软件，从元器件库栏中取出测试电路所需的电路元器件，按图 5-67 所示连接电路，电路中两开关分别由键盘按键 A、B、C 控制，设置方法为：鼠标指向开关元件，

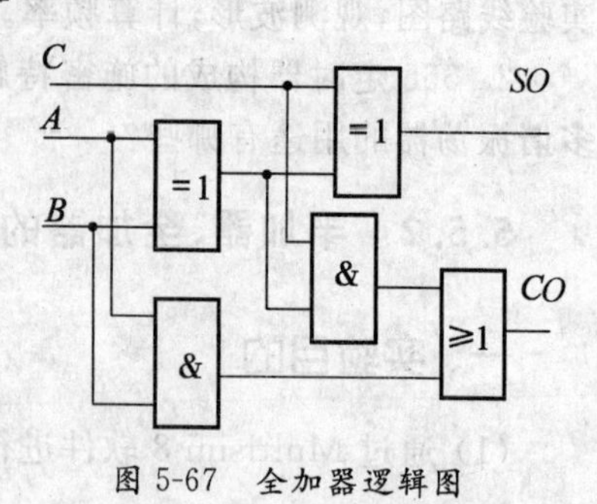

图 5-67 全加器逻辑图

双击鼠标进入 Switch（开关属性）对话框，在 Value 标题栏中的 Key 项分别直接输入英文字母 A、B、C（大小写任意）；两彩色指示灯的标识分别设置为 *SO*、*CO*，设置方法请参见前一部分元件的操作。

连接电路完成后，选择 File（文件）菜单下 Save As（另存为）命令对电路文件进行保存。全加器测试电路如图 5-68 所示。

(5) 按下“运行”按钮，启动电路进行测试，将测试结果填入表 5-28 所示的真值表中。

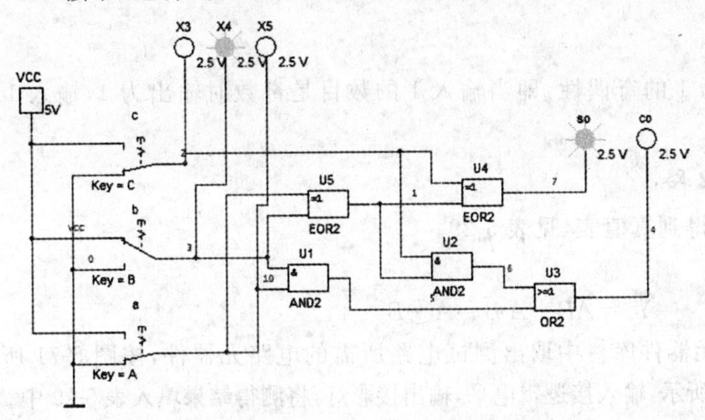

图 5-68 全加器逻辑功能测试电路

表 5-28 全加器的真值表

A	*B*	*C*	*SO*	*CO*
0	0	0		
0	0	1		
0	1	0		
0	1	1		
1	0	0		
1	0	1		
1	1	0		
1	1	1		

(6) 根据表 5-28 的真值表写出 *SO* 和 *CO* 的逻辑函数表达式和最简与或式。

(7) 逻辑转换仪的使用。

从仪器库栏中取出逻辑转换仪，连接电路如图 5-69(a)、(b)所示，使用逻辑转换仪测试电路的逻辑功能，并与上面的结果进行比较。逻辑转换仪的面板如图 5-70 所示。通过单击面板中的转换方式选择按钮就可以完成图中所示的六种转换方式。电路指电路工作区中的逻辑电路，输入变量按从高到低连接在逻辑转换仪从左到右的输入端，输出变量每次只能测试一个（如图 5-69 所示）；最简式指最简与或式；与非电路指由纯与非门构成的逻辑电路。

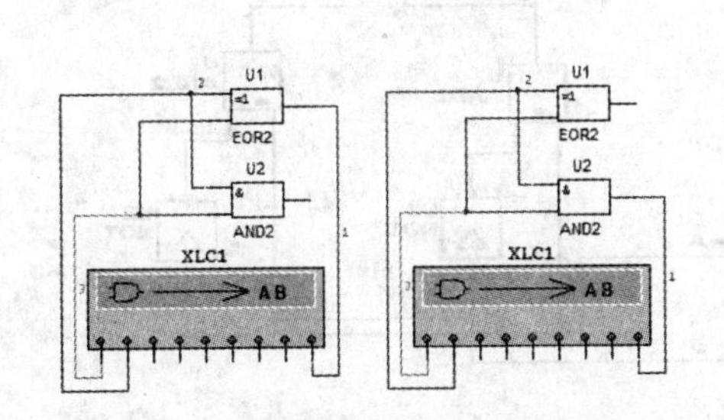

(a) 测试输出量 *SO* (b) 测试输出量 *CO*

图 5-69 逻辑转化仪测试电路

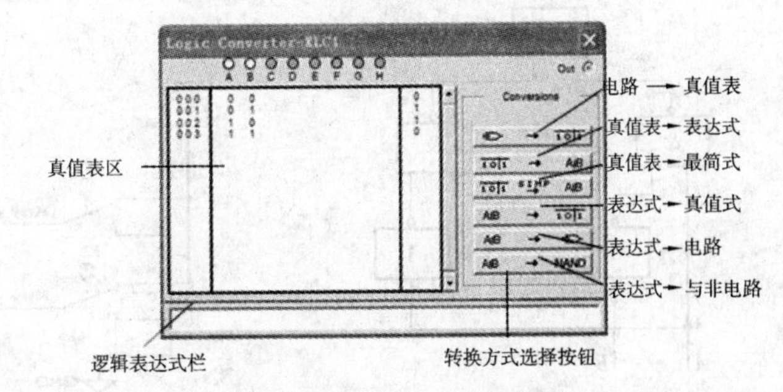

图 5-70 逻辑转换仪的面板

三、练习与思考

(1) 如何用半加器和适当的门电路实现全加器的功能。

(2) 用逻辑分析仪分析半加器与全加器的功能。

(3) 写出图 5-69 中两种测试方法的联系和区别。

5.5.3 组合逻辑电路设计

一、实验目的

(1) 掌握常用组合逻辑电路的设计方法。

(2) 学习设计奇偶校验电路并在 Multisim 8 软件下进行仿真。

二、实验内容

奇偶校验电路:检验输入为 1 的奇偶性,即当输入 1 的数目是奇数时输出为 1,输入 1 的数目为偶数时输出为 0。

1. 设计两位输入时的电路

根据电路要求,逻辑抽象,得到真值表,见表 5-29。

函数表达式为

$$Y_1=\overline{A}B+A\,\overline{B}=A\oplus B$$

进入 Multisim 8 软件,从元器件库栏中取出测试电路所需的电路元器件,按图 5-71 所示连接电路,则测试电路如图 5-72 所示,输入接逻辑电平,输出接彩灯,将测得结果填入表 5-29 中。

表 5-29 两位输入奇偶校验电路真值表

A	B	Y_1	实验测得值 Y_1
0	0	0	
0	1	1	
1	0	1	
1	1	0	

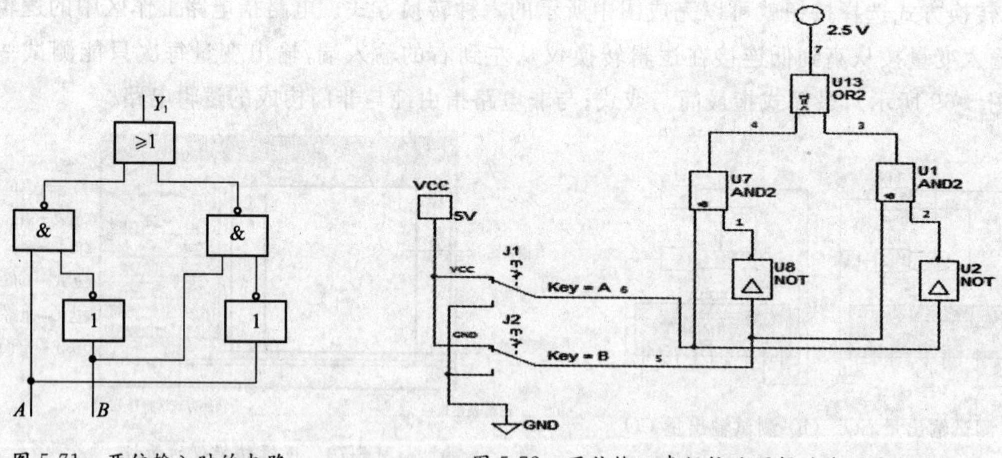

图 5-71 两位输入时的电路

图 5-72 两位输入奇偶校验逻辑功能测试电路

2. 设计三位输入时的电路

根据电路要求,逻辑抽象,得到真值表,见表 5-30。

函数表达式为

$$Y_2=(A\oplus B)\oplus C=Y_1\oplus C$$

进入 Multisim 8 软件,从元器件库栏中取出测试电路所需的电路元器件,按图 5-73 所示连接电路,测试电路如图 5-74 所示,输入接逻辑电平,输出接彩灯,将测得结果填入表 5-30 中。

表 5-30　三位输入奇偶校验电路真值表

A	B	C	Y_2	实验测得值 Y_2
0	0	0	0	
0	0	1	1	
0	1	0	1	
0	1	1	0	
1	0	0	1	
1	0	1	0	
1	1	0	0	
1	1	1	1	

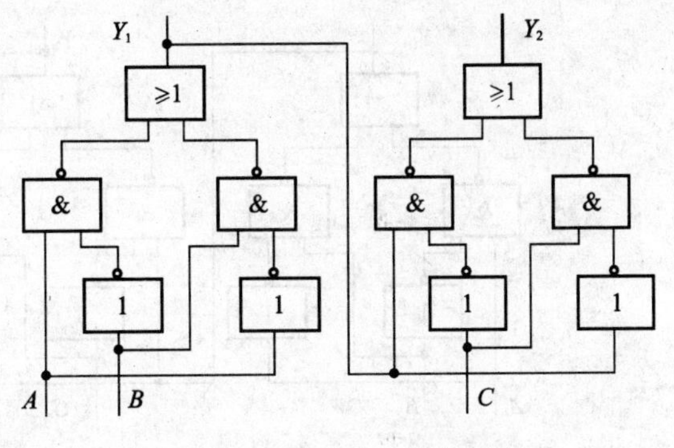

图 5-73　三位输入时的电路

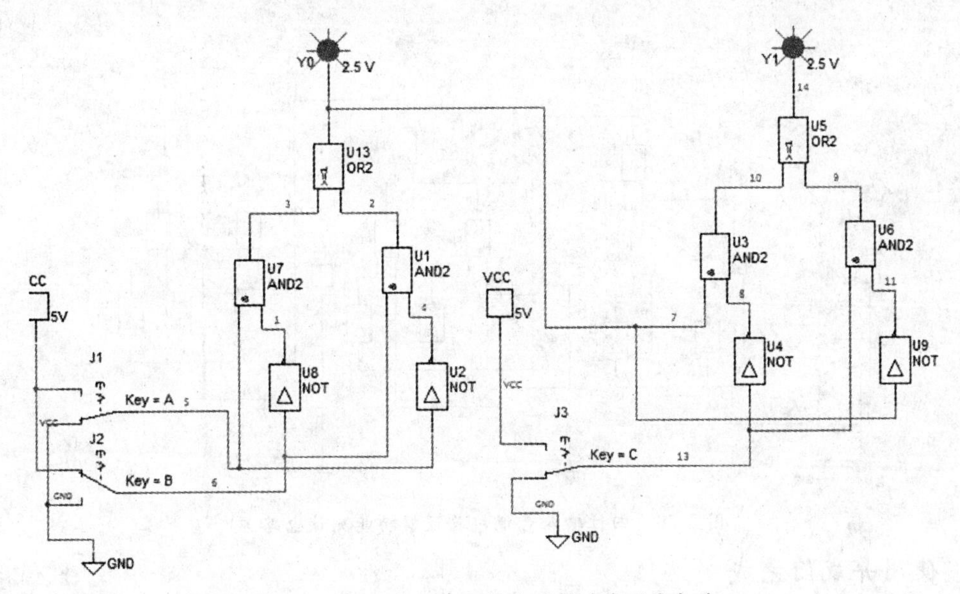

图 5-74　三位输入奇偶校验逻辑功能测试电路

3. 设计四位输入时的电路

根据电路要求，逻辑抽象，得到真值表，见表 5-31。

函数表达式为

$$Y=(A\oplus B)\oplus C\oplus D=Y_2\oplus D$$

进入 Multisim 8 软件，从元器件库栏中取出测试电路所需的电路元器件，按图 5-75 所示连接电路，测试电路如图 5-76 所示，输入接逻辑电平，输出接彩灯，将测得结果填入表 5-31 中。

表 5-31　四位输入奇偶校验电路真值表

A	B	C	D	Y	实验测得值 Y	A	B	C	D	Y	实验测得值 Y
0	0	0	0	0		1	0	0	0	1	
0	0	0	1	1		1	0	0	1	0	
0	0	1	0	1		1	0	1	0	0	
0	0	1	1	0		1	0	1	1	1	
0	1	0	0	1		1	1	0	0	0	
0	1	0	1	0		1	1	0	1	1	
0	1	1	0	0		1	1	1	0	1	
0	1	1	1	1		1	1	1	1	0	

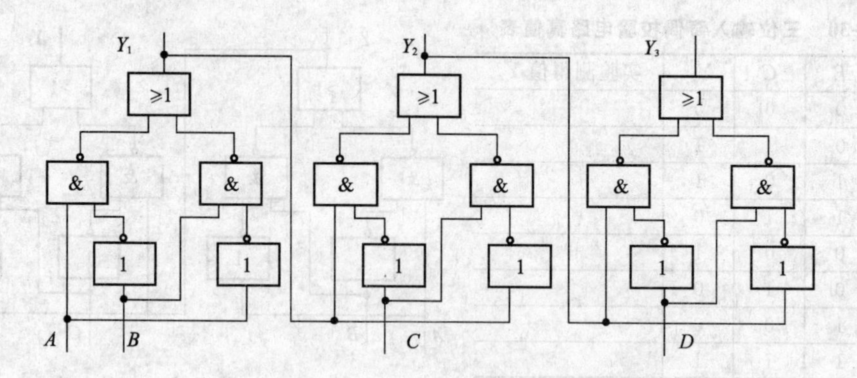

图 5-75　四位输入时的电路

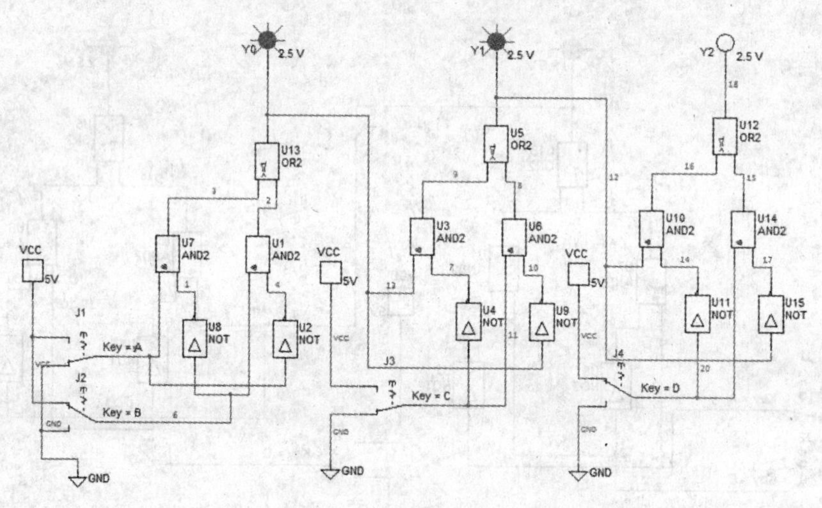

图 5-76　四位输入奇偶校验逻辑功能测试电路

4. 使用异或门完成

进入 Multisim 8 软件，从元器件库栏中取出测试电路所需的电路元器件，按图 5-77 所示连接电路，测试电路如图 5-78 所示，输入接逻辑电平，输出接彩灯，将测得结果与表 5-31 比较是否一致。

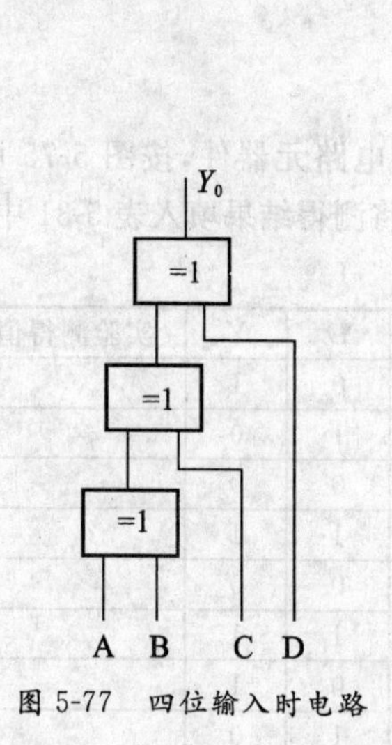

图 5-77　四位输入时电路

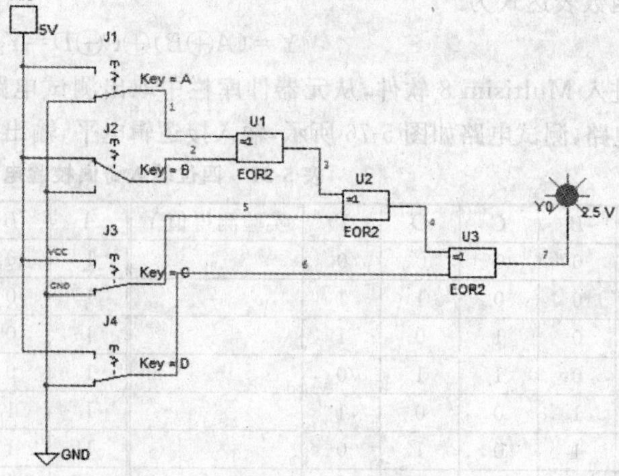

图 5-78　四位输入逻辑功能测试电路

三、练习与思考

(1) 总结组合逻辑电路的设计方法。

(2) 学会用各种门电路设计奇偶校验器并说明奇偶校验器与奇偶发生器的区别。

5.5.4 4选1数据选择器功能的测试与应用

一、实验目的

(1) 通过实验让读者掌握数据选择器的设计方法和逻辑电路的测试方法,通过电路仿真,进一步了解4选1数据选择器的功能。

(2) 熟悉集成数据选择器的功能和特点,应用数据选择器设计电路。

二、实验内容

4选1数据选择器的电路原理图如图5-79所示。A、B为地址输入端;$\overline{ST}$为使能控制端;$D_0 \sim D_3$为数据输入端;Y为数据输出端。设计电路测试数据选择器的逻辑功能。

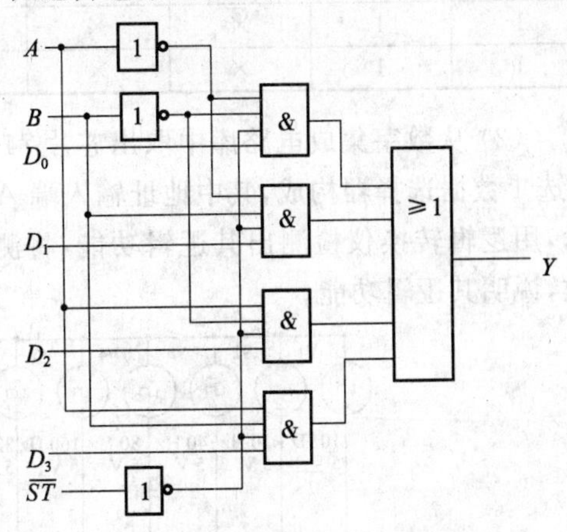

图5-79 4选1数据选择器原理图

熟悉选择器芯片的功能和特点,设计数据选择器的应用电路,用逻辑转换仪或示波器测试集成数据选择器电路的逻辑功能。

(1) 根据数据选择器的原理图设计逻辑电路如图5-80所示,验证4选1选择器的功能。三个开关分别控制地址输入端A、B和使能端$\overline{ST}$,控制键为A、B和G;数据输入端$D_0 \sim D_3$接四个时钟频率不同的时钟源,用于区别四个输入变量;输出端接示波器,观察输出信号的频率与哪个输入变量相同。将结果填入表5-32中,并写出该选择器的逻辑函数表达式。

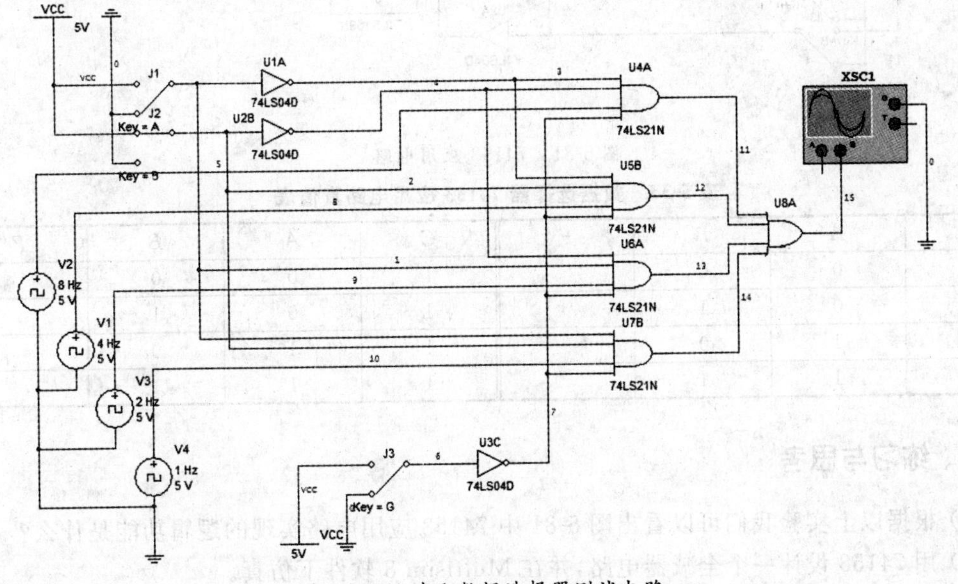

图5-80 4选1数据选择器测试电路

表 5-32　4 选 1 数据选择器真值表

地址输入		数据输入				使能输入	输　出
A	B	D_0	D_1	D_2	D_3	ST	Y
×	×	×	×	×	×	1	
0	0	0	×	×	×	0	
0	0	1	×	×	×	0	
0	1	×	0	×	×	0	
0	1	×	1	×	×	0	
1	0	×	×	0	×	0	
1	0	×	×	1	×	0	
1	1	×	×	×	0	0	
1	1	×	×	×	1	0	

（2）从数字集成电路库中取出芯片 74153。根据其逻辑功能，我们可以看出该芯片由两个 4 选 1 数据选择器构成，其中地址输入端 A、B 共用。构成的数据选择器应用电路如图 5-81 所示，用逻辑转换仪检测出其逻辑功能，将测试结果填入表 5-33 中，写出输出变量 F 的逻辑函数，说明其逻辑功能。

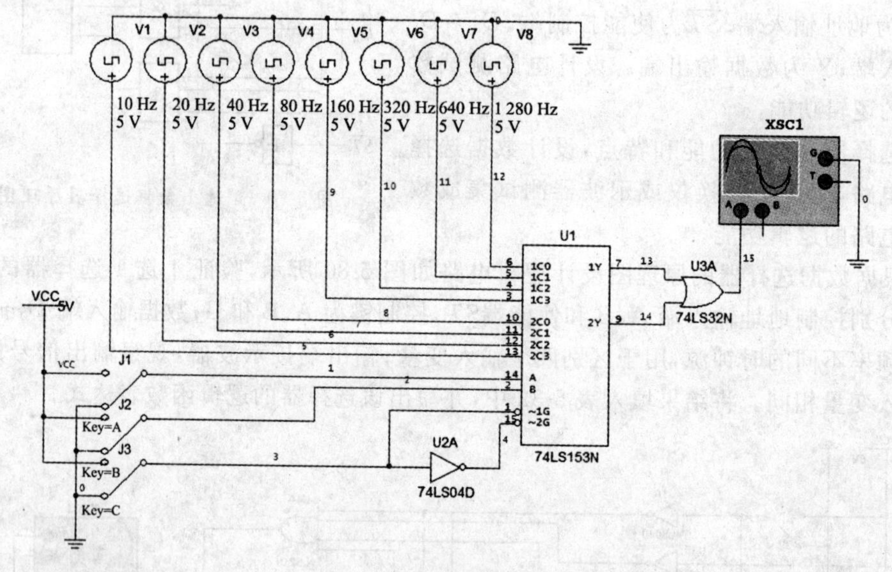

图 5-81　74153 应用电路

表 5-33　数据选择器 74153 应用电路真值表

C	A	B	F	C	A	B	F
0	0	0		1	0	0	
0	0	1		1	0	1	
0	1	0		1	1	0	
0	1	1		1	1	1	

三、练习与思考

（1）根据以上实验我们可以看出图 5-81 中 74153 应用电路实现的逻辑功能是什么？

（2）用 74153 设计一个全减器电路，并在 Multisim 8 软件下仿真。

5.5.5 触发器功能的测试与应用

一、实验目的

(1) 通过实验让读者掌握时序逻辑电路中的基本部件——触发器电路的原理图设计方法和工作原理，进一步了解触发器的功能和特性。

(2) 通过负边沿 JK 触发器的逻辑测试，熟悉、掌握集成触发器的特点和测试方法。

(3) 掌握示波器的使用方法。

二、实验内容

基本 RS 触发器的原理图如图 5-82 所示，R 是异步置 0 输入端，S 是异步置 1 输入端，低电平是有效输入电平；Q 是触发器的输出端。通过逻辑测试电路测试触发器的置零、置位和保持等功能。

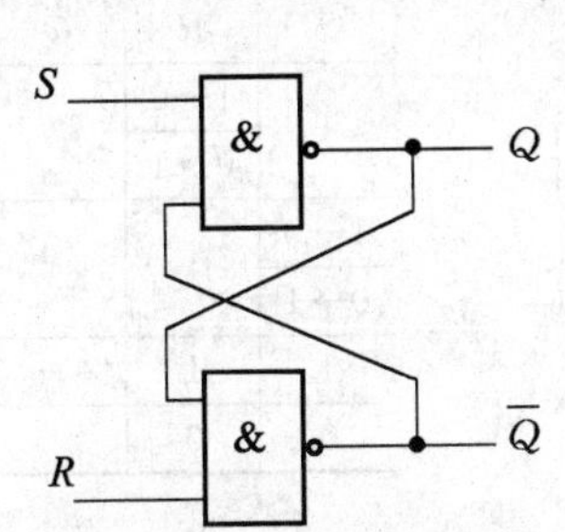

图 5-82 基本 RS 触发器原理图

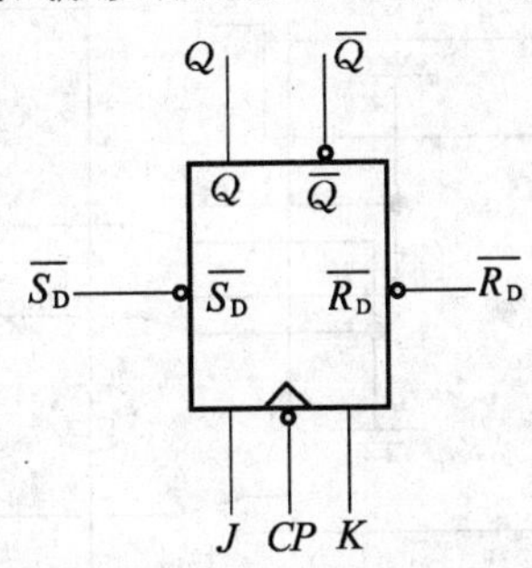

图 5-83 负边沿 JK 触发器逻辑图

集成负边沿 JK 触发器逻辑图如图 5-83 所示，$\overline{R}_D$ 是异步置 0 输入端，$\overline{S}_D$是异步置 1 输入端，低电平是有效输入电平；CP 是时钟输入端，下降沿有效；Q 是触发器的输出端，$\overline{Q}$ 是反相输出端。通过测试电路观察两输入端 J、K 在时钟脉冲作用下的置数功能。

(1) 进入 Multisim 8 软件，从元器件库栏中取出测试电路所需的电路元器件，按图 5-82 所示连接电路，测试电路如图 5-84 所示，电路中两开关分别由键盘按键 R、S 控制，设置方法为：鼠标指向开关元件，双击鼠标进入 Switch（开关属性）对话框，在 Value 标题栏中的 Key 项分别直接输入英文字母 R、S(大小写任意)；两彩色指示灯的标识分别设置为 Q、NQ。然后启动电路进行测试，将 RS 触发器的逻辑功能填入表 5-34 中。

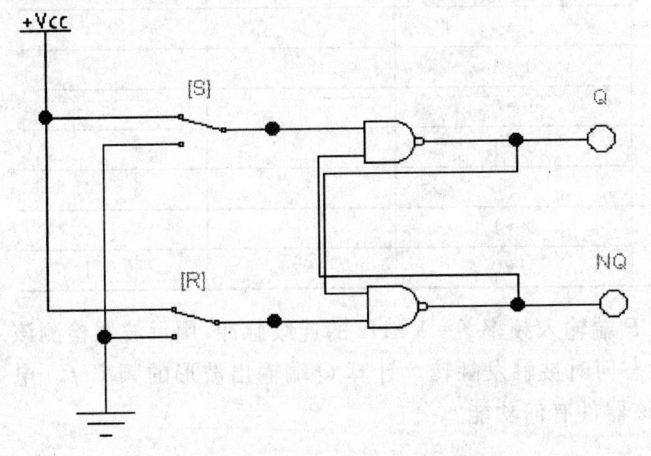

图 5-84 基本 RS 触发器的测试电路

表 5-34 RS 触发器真值表

S	R	Q^n	Q^{n+1}

(2) 根据测试结果，回答问题。

① 该触发器的特性方程是什么？

② 当 $S=R=0$ 时，触发器输出状态是什么？

③ 触发器的约束条件是什么？

(3) 图 5-85 所示是一个负边沿 JK 触发器的测试电路，四个开关的控制键分别为 R、S、J、K；彩色指示灯接触发器输出端 Q，用于观察输出状态的变化；时钟源接触发器的时钟输入端 CP，用示波器观察时钟源的变化，时钟频率设置为 1 Hz。初始状态开关 R、S 接高电平，J、K 接低电平。在电路工作区连接该电路并保存，填写特性表，并回答问题。

控制触发器的置位端 S 和复位端 R 的状态，并将两控制端的功能测试结果填入表 5-35 中。

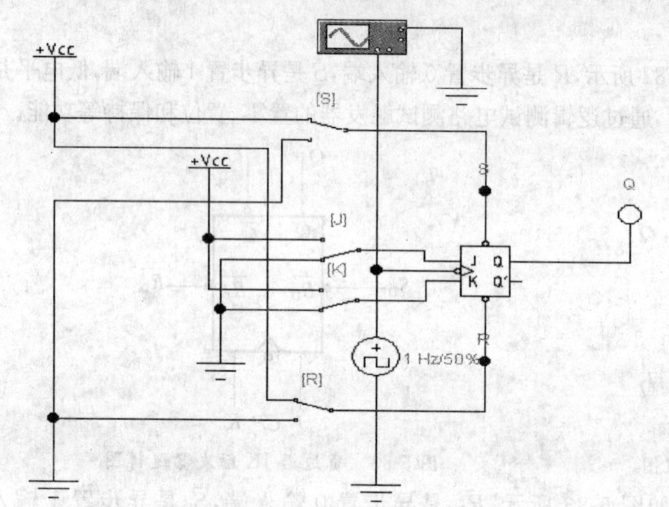

图 5-85 负边沿 JK 触发器的测试电路

表 5-35 负边沿 JK 触发器两控制端的功能测试表

S	R	Q	Q^{n+1}
1	1→0		
	0→1		
1→0	1		
0→1			
1	1		
0	0		

设置 $S=R=1$，控制触发器输入端 J、K 的状态，将该器件的逻辑功能测试结果填入表 5-36 中。

表 5-36 负边沿 JK 触发器逻辑功能测试表

J	K	CP	Q^{n+1}	
			$Q^n=0$	$Q^n=1$
0	0	0→1		
		1→0		
0	1	0→1		
		1→0		
1	0	0→1		
		1→0		
1	1	0→1		
		1→0		

设置 $J=K=1$，$R=S=1$，然后给 CP 端输入频率 $f=1$ kHz 的连续脉冲，用示波器检测该触发器的输出 Q 端的波形，观察输出状态何时被触发翻转。计算 Q 端输出波形的频率 f。电路结构及波形图如图 5-86 所示。此时该器件有何功能？

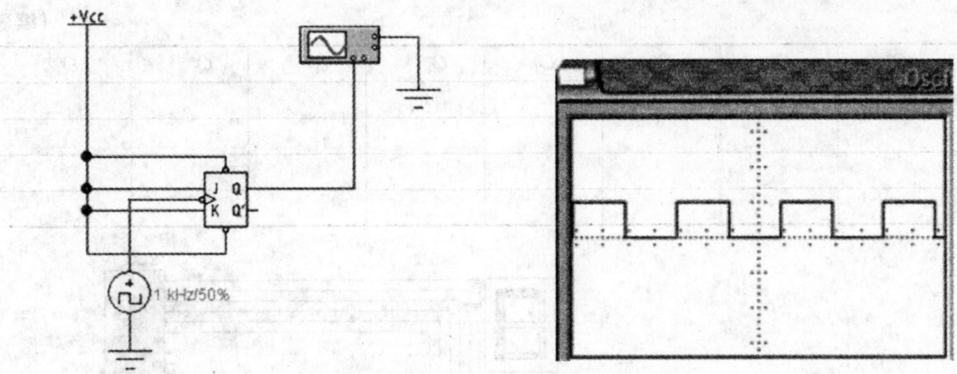

图 5-86 负边沿 JK 触发器电路及波形图

三、练习与思考

(1) 自行设计由基本 RS 触发器构成防抖动电路,并进行仿真。

(2) 由 RS 触发器实现 JK 触发器、T 触发器的功能,并在 Multisim 8 软件下进行仿真,测试其转换后触发器的功能。

5.5.6 计数器功能的测试与应用

一、实验目的

(1) 熟悉计数器的工作原理,掌握 MSI 计数器的逻辑功能及其应用。

(2) 通过实验使读者了解 Multisim 8 软件下时序逻辑电路的设计方法,通过电路仿真,进一步了解计数器的功能和特性。

(3) 了解、熟悉集成计数器芯片的功能和使用方法,掌握计数器的级联方法,并会用 MIS 计数器实现任意进制计数。

二、实验内容

图 5-87 所示为 T 触发器构成的简单计数电路。其中 CP 为计数时钟输入端,$Q_4 \sim Q_1$ 为计数输出端。

(1) 从元器件库栏中取出元件,在电路工作区连接图 5-87 所示电路。启动电路测试该电路的逻辑功能。

根据所设计电路的测试结果,填写该电路的逻辑转换真值表,如表 5-37 所示,说明该计数电路的逻辑特点。

表 5-37 电路逻辑转换表

$CP\uparrow$	Q_4^n	Q_3^n	Q_2^n	Q_1^n	Q_4^{n+1}	Q_3^{n+1}	Q_2^{n+1}	Q_1^{n+1}
0								
1								
2								
3								
4								
5								

(续表)

$CP\uparrow$	Q_4^n	Q_3^n	Q_2^n	Q_1^n	Q_4^{n+1}	Q_3^{n+1}	Q_2^{n+1}	Q_1^{n+1}
6								
7								
8								
9								

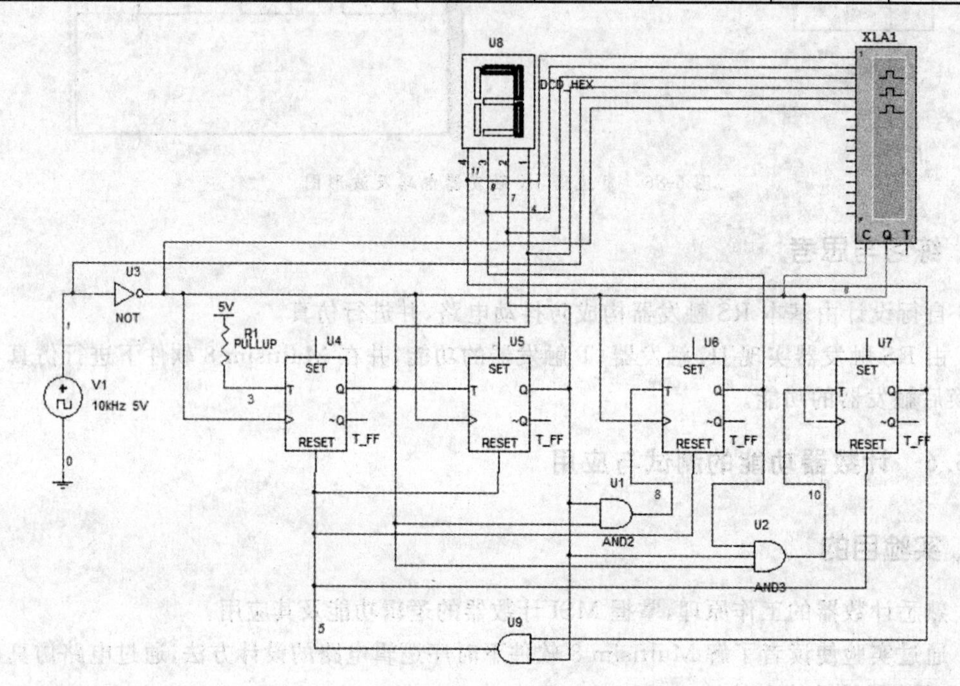

图 5-87　T 触发器构成的十进制计数器测试电路

(2) 集成计数器芯片 74163 的电路结构和功能。

从数字集成电路库中取出计数器 74163，根据该芯片的逻辑功能和特点。利用反馈清零法和反馈置数法设计电路如图 5-88(a)、(b)所示，在电路工作区设计电路，启动电路，说明此两种计数方法分别得到几进制计数。

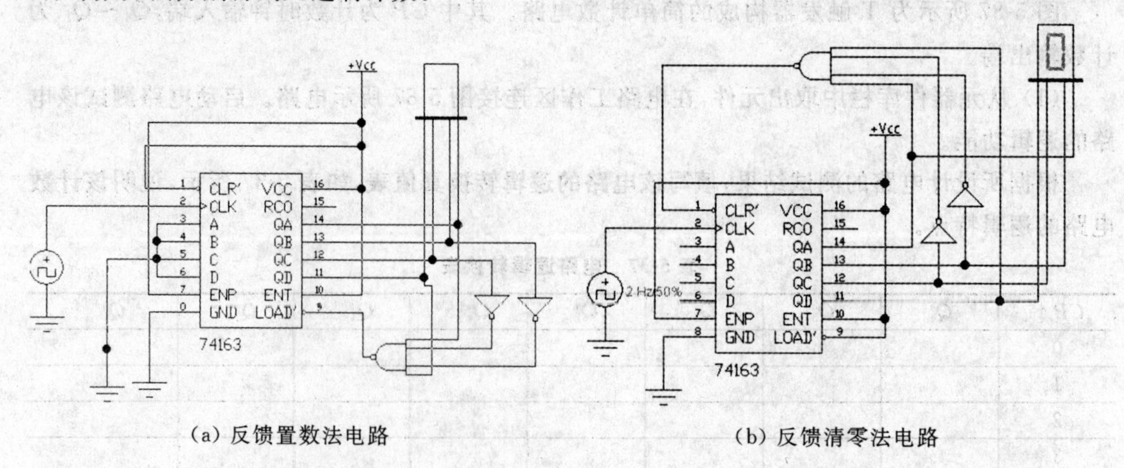

(a) 反馈置数法电路　　　　(b) 反馈清零法电路

图 5-88　集成计数器芯片 74163 的测试电路

三、练习与思考

(1) 通过以上两种电路的仿真和测试,可得到反馈清零法和反馈置数法计数的区别是什么?

(2) 74LS163 的置 0 端为异步还是同步,置数端为异步还是同步?

(3) 在 Multisim 8 软件下,用两片 74LS192 和一片 74LS00 组成六十进制计数器,并与 CD4511、TS547 构成计数、译码显示电路,参考电路如图 5-89 所示,CP_U 端输入连续脉冲(f=1 Hz),观察数码管数字的变化。

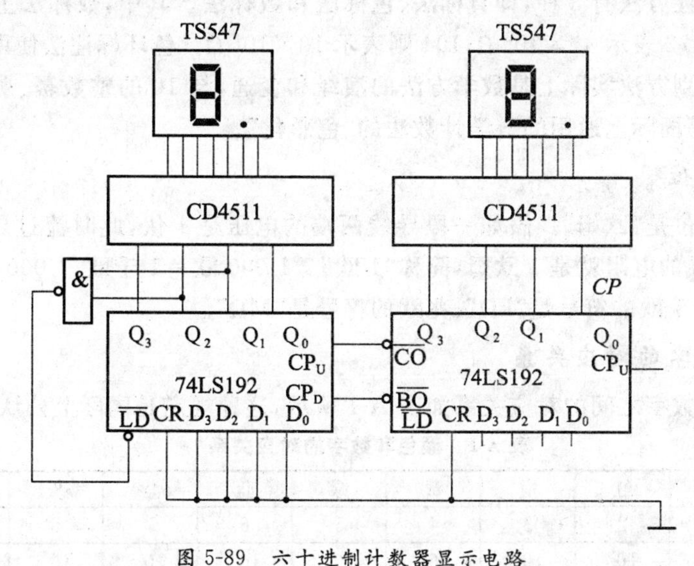

图 5-89　六十进制计数器显示电路

(4) 选取二进制计数器 74163、3 线-8 线译码器 74138、555 定时器及适当元件。要求按下列步骤进行:

① 用 555 定时器和阻容元件构成一个多谐振荡器,要求振荡频率为 1 kHz。用示波器观察 v_o、v_C 的波形,并记录结果。

② 用 74163 构成 6 分频电路,要求输入时钟频率为 1 kHz(用多谐振荡器的 v_o 作输入时钟),输出信号频率为 0.166 66 kHz,脉宽与输入时钟相同。用逻辑分析仪观察波形,并记录结果。

③ 利用步骤①、②的结果,再加 8 选 1 数据选择器 74151 构成一个序列信号发生器。要求循环产生 011010 序列码。用逻辑分析仪观察波形,并记录结果。

④ 利用步骤①产生的时钟,再加二进制计数器 74163、3 线-8 线译码器 74138 构成 8 路脉冲分配器。将时钟信号分别加在 74138 的 E1、E2 端,用逻辑分析仪观察$\overline{Y}_0 \sim \overline{Y}_7$ 的波形,并记录结果。

附录A　色环电阻的识别方法

电阻的参数标注方法有3种，即直标法、色标法和数标法。其中，数标法主要用于贴片等小体积的电路，如472表示$47\times10^2\ \Omega$；104则表示$10\times10^4\ \Omega$。色环标注法使用最多。

色环电阻的识别方法实际上是数学方法的演绎和变通，与10的整数幂、乘方的指数具有密切的逻辑关系，是国际上通用的科学计数法的“色彩化”。

1. 电阻的单位

电阻的基本单位是“欧姆”。假如一段导线两端的电压是1伏，此时流过导线的电流是1安培，那么这段导线的电阻就是1欧姆，简称“1欧”。1 000欧＝1千欧，1 000千欧＝1兆欧。欧姆的符号是“Ω”；千欧的符号是“kΩ”；兆欧的符号是“MΩ”。

2. 颜色和数字的对应关系

颜色和阿拉伯数字之间的对应关系如表A-1所示，这种规定是国际上公认的识别方法。

表A-1　颜色和数字的对应关系

颜色	棕	红	橙	黄	绿	蓝	紫	灰	白	黑
数字	1	2	3	4	5	6	7	8	9	0
倍率	10	10^2	10^3	10^4	10^5	10^6	10^7	10^8	10^9	0

建议分成两段，容易记忆：

棕红橙　黄绿

蓝紫灰　白黑

此外，还有金、银两个颜色，它们在色环电阻中，处在不同的位置时具有不同的数字含义，这是需要特别注意的。后面将会有详细介绍。

3. 四色环电阻阻值识别

所谓“四色环电阻”就是指用四条色环表示阻值的电阻。从左向右数的第一、二环表示两位有效数字，第三环表示数字后面添加“0”的个数。所谓“从左向右”，是指把电阻如图A-1所示放置。四条色环中，有三条相互之间的距离比较近，而第四环距离第三环稍微远一点。

如果色环距离的大小很难区分，则往往凭借经验来识别第一环。对四色环而言，还有一点可以借鉴，那就是：四色环电阻的第四环不是金色就是银色，而不会是其他颜色（这一点在五色环电阻中不适用）。这样就可以识别出第一环。

四色环电阻的示例如图A-1所示。读数如表A-2所示。

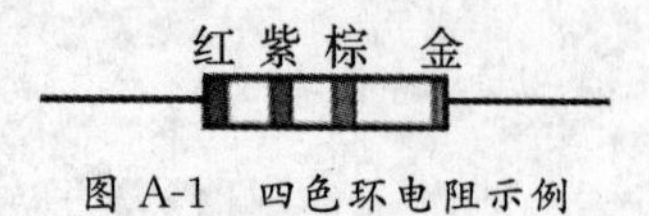

图A-1　四色环电阻示例

表A-2　四色环电阻读数

红	紫	棕	金
2	7	1个0	±5%

图 A-1 中，第一环：红色，代表有效数字 2；第二环：紫色，代表有效数字 7；第三环：棕色，代表 1，表示在前面两个有效数字后面添加"0"的个数；第四环：金色，代表误差±5%，表示电阻的"精度"，也就是阻值的允许误差。

在色环电阻中，单位一律默认为"欧姆"。由此看来，上述电阻的阻值是 270 Ω。±5%的误差，意味着这个电阻实际最小的阻值是 270(1－0.05)＝265.5 Ω，最大不会超过 270(1＋0.05)＝283.5 Ω。

在识别四色环电阻时，有两个情况要特别注意。

(1) 当第三环是黑色的时候，这个黑环代表 0 的个数是 0，也就是"没有"0，"不添加"0。示例如图 A-2 所示。读数如表 A-3 所示。

图 A-2 带黑环的四色环电阻示例

表 A-3 带黑环的四色环电阻读数

红	红	黑	金
2	2	0个0	±5%

这个电阻的阻值是 22 Ω 而绝不是 220 Ω！

(2) 金色和银色也会出现在第三环中。前面我们已经提到，第四环是表示误差的色环，也称偏差环，用金、银两种颜色分别表示允许误差±5%、±10%，而第三环表示添加"0"的个数。那么当第三环出现金色或银色的时候，金色代表把小数点向前移动 1 位；银色代表把小数点向前移动 2 位。

例如：色环排列为橙、灰、金、金的电阻阻值是 3.9 Ω；色环排列为绿、黄、银、金的电阻阻值是 0.54 Ω。因为这些电阻的阻值太小了，在一般电路中几乎不用，所以在实际的电阻系列产品中是没有的。

4. 五色环电阻阻值识别

(1) 五色环电阻阻值识别步骤和四色环电阻识别的步骤差不多，依然是先看最后一环(即偏差环)，四色环电阻的最后一环只有金、银色，而五色环电阻的最后一环却有金、银、棕、红、绿、蓝、紫、灰八种颜色，这样使五色环的误差精度有所提高。

(2) 识别五色环电阻的第一环的经验方法：四色环电阻的偏差环是金或银，一般不会识别错误，而五环电阻则不然，其偏差环与第一环(有效数字环)有相同的颜色，如果读反，识读结果将出现错误。那么怎样正确识别第一环呢？现介绍以下判别条件：

① 偏差环距其他环较远。

② 偏差环较宽。

③ 第一环距端部较近。

④ 有效数字环无金、银色。(若从某端环数起第 1、2 环有金或银色，则另一端环是第一环)

⑤ 偏差环无橙、黄色。(若某端环是橙或黄色，则一定是第一环)

⑥ 试读。一般成品电阻器的阻值不大于 22 MΩ，若试读大于 22 MΩ，说明读反。

⑦ 试测。用上述方法还不能识别时可进行试测，但前提是电阻器必须完好。

应注意的是有些厂家不严格按第①、②、③条生产，以上各条应综合考虑。

(3) 五色环电阻阻值识别第二步同四色环电阻识别一样，也是看第四环(即倒数第二环)倍乘，因为前面有三位有效数字，所以五色环电阻的倍乘与四色环电阻的倍乘完全不同，不同之处主要表现在第四色环倍乘的倍率比四色环电阻的第三色环倍乘的倍率大 10。

表 A-4　颜色和倍率对应关系

颜色	倍率	数值范围	颜色	倍率	数值范围
银	10^{-1}	1.00～9.10 Ω	橙	10^4	100～910 kΩ
金	10^0	10.0～91.0 Ω	黄	10^5	1.00～9.10 MΩ
黑	10^1	100～910 Ω	绿	10^6	10.0～91.0 MΩ
棕	10^2	1.00～9.10 kΩ	蓝	10^7	100～910 MΩ
红	10^3	10.0～91.0 kΩ			

五色环电阻的前三条色环的有效数字识别方法和四色环电阻完全相同，由于有三个有效数字，使得五色环电阻精确度比四色环电阻明显提高，所以五色环电阻一般作精密电阻使用。

附录B 常用逻辑门电路逻辑符号对照表

电路名称	国际符号	惯用符号	国外符号
与门	&		
或门	≥1	+	
非门	1		
与非门	&		
或非门	≥1	+	
与或非门	& ≥1	+	
异或门	=1	⊕	
同或门	=	⊙	
集电极开路与非门	& ◇		
三态输出与非门	& ▽		

（续表）

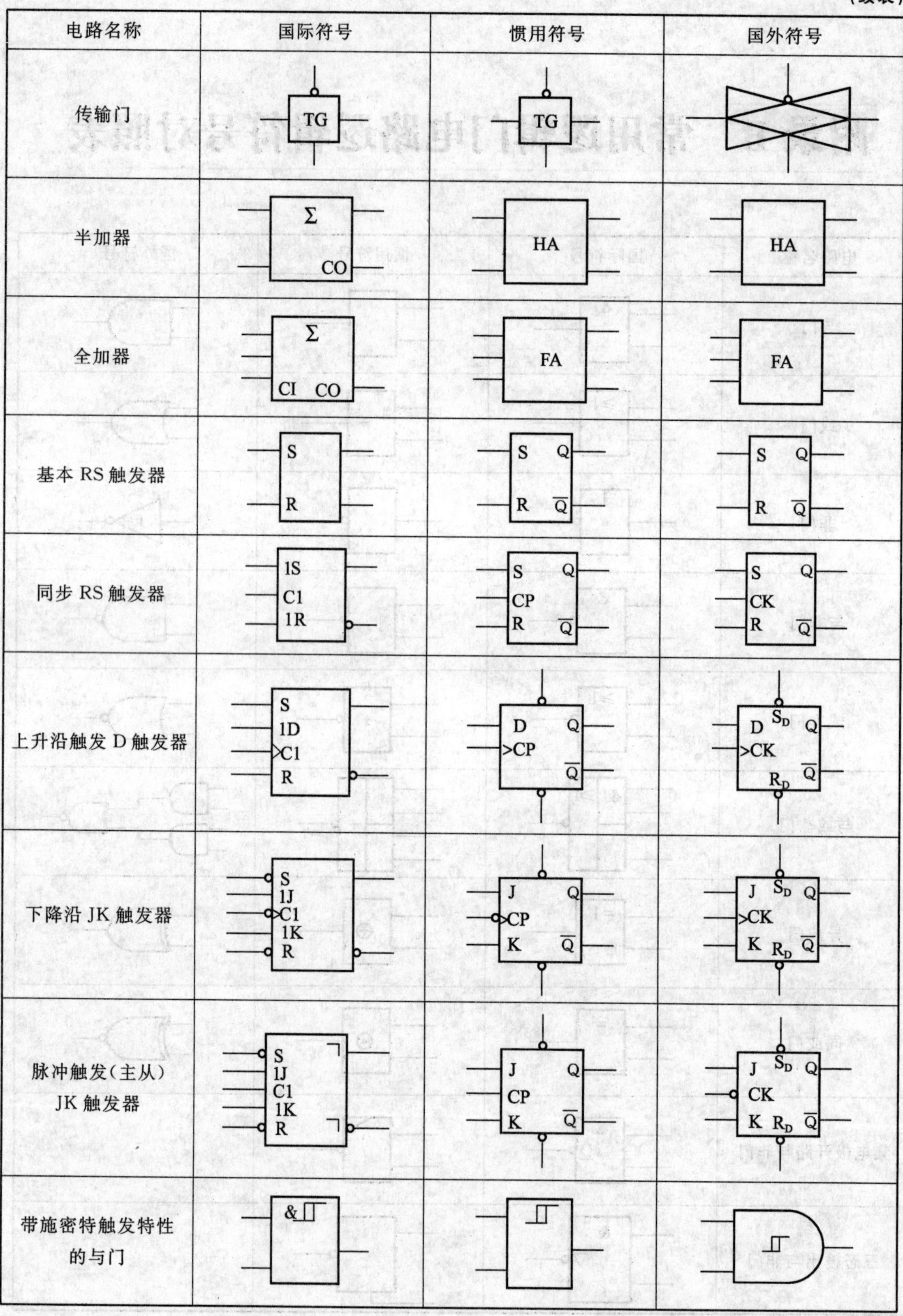

电路名称
国际符号
惯用符号
国外符号
传输门
TG
TG
半加器
Σ
CO
HA
HA
全加器
Σ
CI CO
FA
FA
基本 RS 触发器
S
R
S Q
R $\overline{Q}$
S Q
R $\overline{Q}$
同步 RS 触发器
1S
C1
1R
S Q
CP
R $\overline{Q}$
S Q
CK
R $\overline{Q}$
上升沿触发 D 触发器
S
1D
C1
R
D Q
CP
$\overline{Q}$
S_D
D Q
CK
$\overline{Q}$
R_D
下降沿 JK 触发器
S
1J
C1
1K
R
J Q
CP
K $\overline{Q}$
J S_D Q
CK
K R_D $\overline{Q}$
脉冲触发（主从）
JK 触发器
S
1J
C1
1K
R
J Q
CP
K $\overline{Q}$
J S_D Q
CK
K R_D $\overline{Q}$
带施密特触发特性
的与门
&

附录C 常用集成电路引脚图

1. 74LS系列TTL电路引线排列

表C-1 74LS系列TTL电路引线排列

电路名称	引脚排列	电路名称	引脚排列
74LS00 四2输入正与非门	74LS00 1A 1 — 14 V_{CC} 1B 2 — 13 4B 1Y 3 — 12 4A 2A 4 — 11 4Y 2B 5 — 10 3B 2Y 6 — 9 3A GND 7 — 8 3Y	74LS04 六反相器	74LS04 1A 1 — 14 V_{CC} 1Y 2 — 13 6A 2A 3 — 12 6Y 2Y 4 — 11 5A 3A 5 — 10 5Y 3Y 6 — 9 4A GND 7 — 8 4Y
74LS08 四2输入正与门	74LS08 1A 1 — 14 V_{CC} 1B 2 — 13 4B 1Y 3 — 12 4A 2A 4 — 11 4Y 2B 5 — 10 3B 2Y 6 — 9 3A GND 7 — 8 3Y	74LS10 三3输入正与非门	74LS10 1A 1 — 14 V_{CC} 1B 2 — 13 1C 2A 3 — 12 1Y 2B 4 — 11 3C 2C 5 — 10 3B 2Y 6 — 9 3A GND 7 — 8 3Y
74LS20 双4输入正与非门	74LS20 1A 1 — 14 V_{CC} 1B 2 — 13 2D NC 3 — 12 2C 1C 4 — 11 NC 1D 5 — 10 2B 1Y 6 — 9 2A GND 7 — 8 2Y	74LS27 三3输入正或非门	74LS27 1A 1 — 14 V_{CC} 1B 2 — 13 1C 2A 3 — 12 1Y 2B 4 — 11 3C 2C 5 — 10 3B 2Y 6 — 9 3A GND 7 — 8 3Y
74LS54 四路(2-3-3-2)输入与或非门	74LS54 A 1 — 14 V_{CC} B 2 — 13 J C 3 — 12 I D 4 — 11 H E 5 — 10 J Y 6 — 9 F GND 7 — 8 NC	74LS86 四2输入异或门	74LS86 1A 1 — 14 V_{CC} 1B 2 — 13 4B 1Y 3 — 12 4A 2A 4 — 11 4Y 2B 5 — 10 3B 2Y 6 — 9 3A GND 7 — 8 3Y
74LS74 双正沿触发D触发器	74LS74 $1\overline{R}_D$ 1 — 14 V_{CC} 1D 2 — 13 $2\overline{R}_D$ 1CP 3 — 12 2D $1\overline{S}_D$ 4 — 11 2CP 1Q 5 — 10 $2\overline{S}_D$ $1\overline{Q}$ 6 — 9 2Q GND 7 — 8 $2\overline{Q}$	74LS175 四正沿触发D触发器	74LS175 R_D 1 — 16 V_{CC} 1Q 2 — 15 4Q $1\overline{Q}$ 3 — 14 $4\overline{Q}$ 1D 4 — 13 4D 2D 5 — 12 3D $2\overline{Q}$ 6 — 11 $3\overline{Q}$ 2Q 7 — 10 3Q GND 8 — 9 CP
74LS90 二-五-十进制异步加法计数器	74LS90 $1\overline{CP}$ 1 — 14 $2\overline{CP}$ R0(1) 2 — 13 NC R0(2) 3 — 12 Q_A NC 4 — 11 Q_D V_{CC} 5 — 10 GND R9(1) 6 — 9 Q_B R9(2) 7 — 8 Q_C	74LS112 双负沿触发JK触发器	74LS112 $1\overline{CP}$ 1 — 16 V_{CC} 1K 2 — 15 $1\overline{R}_D$ 1J 3 — 14 $2\overline{R}_D$ $1\overline{S}_D$ 4 — 13 $2\overline{CP}$ 1Q 5 — 12 2K $1\overline{Q}$ 6 — 11 2J $2\overline{Q}$ 7 — 10 $2\overline{S}_D$ GND 8 — 9 2Q

（续表）

电路名称	引脚排列	电路名称	引脚排列
74LS138 3线-8线译码器	74LS138 1 A_0 / 16 V_{CC} 2 A_1 / 15 $\overline{Y}_0$ 3 A_2 / 14 $\overline{Y}_1$ 4 $\overline{G}_A$ / 13 $\overline{Y}_2$ 5 $\overline{G}_B$ / 12 $\overline{Y}_3$ 6 G_1 / 11 $\overline{Y}_4$ 7 $\overline{Y}_7$ / 10 $\overline{Y}_5$ 8 GND / 9 $\overline{Y}_6$	74LS139 双2线-8线译码器	74LS139 1 $1\overline{G}$ / 16 V_{CC} 2 1A / 15 2G 3 1B / 14 2A 4 $1\overline{Y}_0$ / 13 2B 5 $1\overline{Y}_1$ / 12 $2\overline{Y}_0$ 6 $\overline{Y}_2$ / 11 $2\overline{Y}_1$ 7 $1\overline{Y}_3$ / 10 $2\overline{Y}_2$ 8 GND / 9 $2\overline{Y}_3$
74LS147 10线-4线优先编码器	74LS147 1 IN_4 / 16 V_{CC} 2 IN_5 / 15 NC 3 IN_6 / 14 $\overline{D}$ 4 IN_7 / 13 IN_1 5 IN_8 / 12 IN_2 6 $\overline{C}$ / 11 IN_3 7 $\overline{B}$ / 10 IN_9 8 GND / 9 $\overline{A}$	74LS151 8选1数据选择器	74LS151 1 D_3 / 16 V_{CC} 2 D_2 / 15 D_4 3 D_1 / 14 D_5 4 D_0 / 13 D_6 5 Y / 12 D_7 6 $\overline{W}$ / 11 A_0 7 $\overline{ST}$ / 10 A_1 8 GND / 9 A_2
74LS160 同步十进制计数器 74LS161/74LS163 四位二进制同步计数器	74LS160/161/163 1 $\overline{CR}$ / 16 V_{CC} 2 CP / 15 CO 3 D_0 / 14 Q_0 4 D_1 / 13 Q_1 5 D_2 / 12 Q_2 6 D_3 / 11 Q_3 7 CT_P / 10 CT_R 8 GND / 9 $\overline{LD}$	74LS192 同步可逆双时钟BCD计数器 74LS193 四位二进制同步可逆计数器	74LS192/193 1 D_1 / 16 V_{CC} 2 Q_1 / 15 D_0 3 Q_0 / 14 CR 4 CP_D / 13 BO 5 CP_U / 12 CO 6 Q_2 / 11 LD 7 Q_3 / 10 D_2 8 GND / 9 D_3
74LS153 双4选1数据选择器	74LS153 1 $1\overline{ST}$ / 16 V_{CC} 2 A_1 / 15 $2\overline{ST}$ 3 $1D_3$ / 14 A_0 4 $1D_2$ / 13 $2D_3$ 5 $1D_1$ / 12 $2D_2$ 6 $1D_0$ / 11 $2D_1$ 7 1Y / 10 $2D_0$ 8 GND / 9 2Y	74LS154 4线-16线译码器	74LS154 1 $\overline{Y}_0$ / 24 V_{CC} 2 $\overline{Y}_1$ / 23 A_0 3 $\overline{Y}_2$ / 22 A_1 4 $\overline{Y}_3$ / 21 A_2 5 $\overline{Y}_4$ / 20 A_3 6 $\overline{Y}_5$ / 19 $\overline{G}_2$ 7 $\overline{Y}_6$ / 18 $\overline{G}_1$ 8 $\overline{Y}_7$ / 17 $\overline{Y}_{15}$ 9 $\overline{Y}_8$ / 16 $\overline{Y}_{14}$ 10 $\overline{Y}_9$ / 15 $\overline{Y}_{13}$ 11 $\overline{Y}_{10}$ / 14 $\overline{Y}_{12}$ 12 GND / 13 $\overline{Y}_{11}$
74LS194 4位双向通用移位寄存器	74LS194 1 $\overline{CR}$ / 16 V_{CC} 2 D_{SR} / 15 Q_0 3 D_0 / 14 Q_1 4 D_1 / 13 Q_2 5 D_2 / 12 Q_3 6 D_3 / 11 CP 7 D_{SL} / 10 S_1 8 GND / 9 S_0	74LS47 BCD七段显示译码器	74LS47 1 B / 16 V_{CC} 2 C / 15 $\overline{f}$ 3 $\overline{LT}$ / 14 $\overline{g}$ 4 $\overline{BI}/\overline{RBO}$ / 13 $\overline{a}$ 5 $\overline{RBI}$ / 12 $\overline{b}$ 6 D / 11 $\overline{c}$ 7 A / 10 $\overline{d}$ 8 GND / 9 $\overline{e}$

2. CMOS及其他集成电路引线排列

表 C-2　CMOS及其他集成电路引线排列

电路名称	引脚排列	电路名称	引脚排列
CD4511 BCD七段显示译码器	CD4511 1 B, 2 C, 3 $\overline{LT}$, 4 $\overline{BI}$, 5 LE, 6 D, 7 A, 8 V_{SS} 16 V_{DD}, 15 f, 14 g, 13 a, 12 b, 11 c, 10 d, 9 e	CD4518 双同步十进制计数器	CD4518 1 1CP, 2 1EN, 3 $1Q_0$, 4 $1Q_1$, 5 $1Q_2$, 6 $1Q_3$, 7 $1R_d$, 8 V_{SS} 16 V_{DD}, 15 $2R_d$, 14 $2Q_3$, 13 $2Q_2$, 12 $2Q_1$, 11 $2Q_0$, 10 2EN, 9 2CP
DAC0808 D/A转换器	DAC0808 1 NC, 2 GND, 3 V_{EE}, 4 I_0, 5 D_7, 6 D_6, 7 D_5, 8 D_4 16 COP, 15 $V_{REF(-)}$, 14 $V_{REF(+)}$, 13 V_{CC}, 12 D_0, 11 D_1, 10 D_2, 9 D_3	MC1413 七路达林顿晶体管列阵	MC1413 1 V_{11}, 2 V_{12}, 3 V_{13}, 4 V_{14}, 5 V_{15}, 6 V_{16}, 7 V_{17}, 8 GND 16 V_{01}, 15 V_{02}, 14 V_{03}, 13 V_{04}, 12 V_{05}, 11 V_{06}, 10 V_{07}, 9 V_{CC}
CC4553 三位十进制计数器	CC4553 1 D_{S2}, 2 D_{S1}, 3 C_{1B}, 4 C_{1A}, 5 Q_3, 6 Q_2, 7 Q_1, 8 V_{SS} 16 V_{DD}, 15 D_{S3}, 14 OF, 13 R, 12 CP, 11 INH, 10 LE, 9 Q_0	CC4514 4线-16线译码器	CC4541 1 LE, 2 A_0, 3 A_1, 4 Y_7, 5 Y_6, 6 Y_5, 7 Y_4, 8 Y_3, 9 Y_1, 10 Y_2, 11 Y_0, 12 V_{SS} 24 V_{DD}, 23 INH, 22 A_3, 21 A_2, 20 Y_{10}, 19 Y_{11}, 18 Y_8, 17 Y_9, 16 Y_{14}, 15 Y_{15}, 14 Y_{12}, 13 Y_{13}
CC4011 四2输入与非门	CC4011 1 1A, 2 1B, 3 1Y, 4 2Y, 5 2A, 6 2B, 7 GND 14 V_{DD}, 13 4A, 12 4B, 11 4Y, 10 3Y, 9 3B, 8 3A	CC4081 四2输入与门	CC4081 1 1A, 2 1B, 3 1Y, 4 2Y, 5 2A, 6 2B, 7 V_{SS} 14 V_{DD}, 13 4B, 12 4A, 11 4Y, 10 3Y, 9 3B, 8 3A
CC4001 四2输入与非门	CC4001 1 1A, 2 1B, 3 1Y, 4 2Y, 5 2A, 6 2B, 7 V_{SS} 14 V_{DD}, 13 4A, 12 4B, 11 4Y, 10 3Y, 9 3B, 8 3A	CC4071 四2输入与门	CC4071 1 1A, 2 1B, 3 1Y, 4 2Y, 5 2A, 6 2B, 7 V_{SS} 14 V_{DD}, 13 4A, 12 4B, 11 4Y, 10 3Y, 9 3B, 8 3A

（续表）

电路名称	引脚排列	电路名称	引脚排列
CC14433 3位半双积分A/D转换器	CC14433: 1 V_{AG}, 2 V_R, 3 V_X, 4 R_1, 5 R_1/C_1, 6 C_1, 7 C_{01}, 8 C_{02}, 9 DU, 10 CP_1, 11 CP_0, 12 V_{EE}, 13 V_{SS}, 14 EOC, 15 OR, 16 D_{S4}, 17 D_{S3}, 18 D_{S2}, 19 D_{S1}, 20 Q_0, 21 Q_1, 22 Q_2, 23 Q_3, 24 V_{DD}	ADC0809 A/D转换器	ADC0809: 1 IN_3, 2 IN_4, 3 IN_5, 4 IN_6, 5 IN_7, 6 START, 7 EOC, 8 D_0, 9 OE, 10 CP, 11 V_{CC}, 12 $V_{REF(+)}$, 13 GND, 14 D_1, 15 D_2, 16 $V_{REF(-)}$, 17 D_3, 18 D_4, 19 D_5, 20 D_6, 21 D_7, 22 ALE, 23 A_2, 24 A_1, 25 A_0, 26 IN_0, 27 IN_1, 28 IN_2
TS547 共阴 LED 数码管	1 $\bar{e}$, 2 $\bar{d}$, 3 GND, 4 $\bar{c}$, 5 $\bar{h}$, 6 $\bar{b}$, 7 $\bar{a}$, 8 GND, 9 $\bar{f}$, 10 $\bar{g}$（段：a, b, c, d, e, f, g, •h）	NE555 定时器	NE555: 1 GND, 2 TR, 3 Q, 4 R, 5 V_C, 6 TH, 7 DIS, 8 V_{CC}
MC1403 精密稳压电源	MC1403: 1 V_i, 2 V_o, 3 GND, 4 NC, 5 NC, 6 NC, 7 NC, 8 NC	μA741 运算放大器	μA741: 1 调零, 2 V_+, 3 V_-, 4 $-V_{CC}$, 5 调零, 6 V_O, 7 $+V_{CC}$, 8 NC+

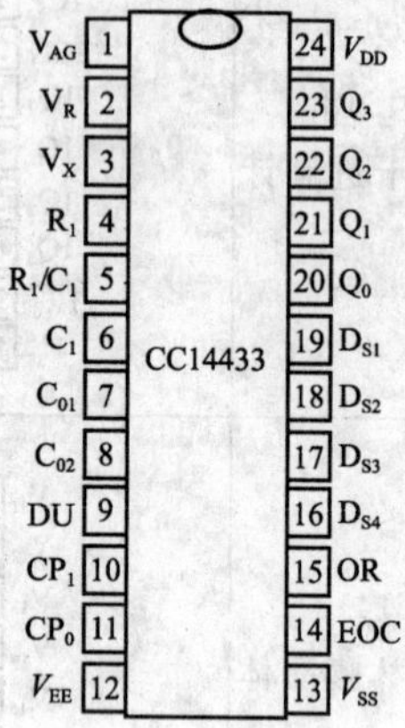

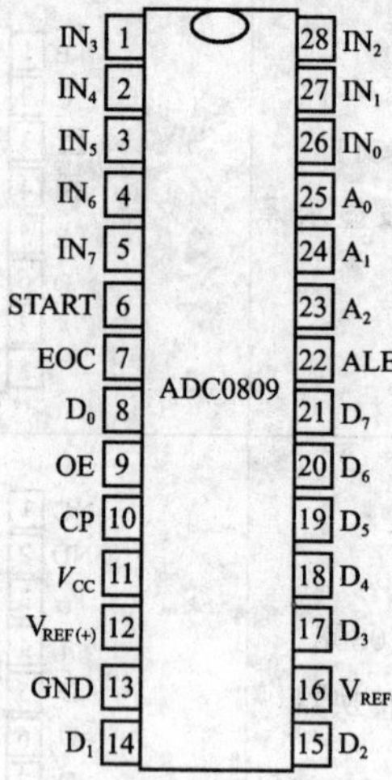

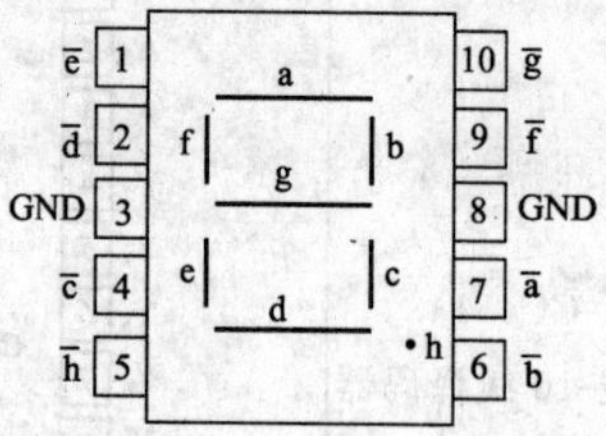

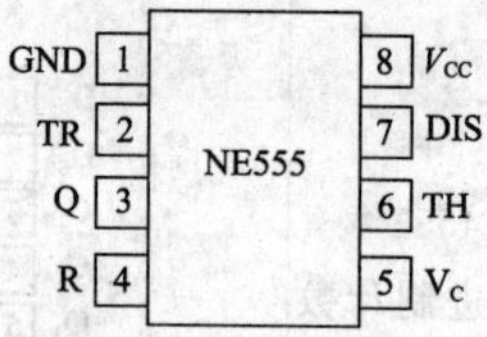

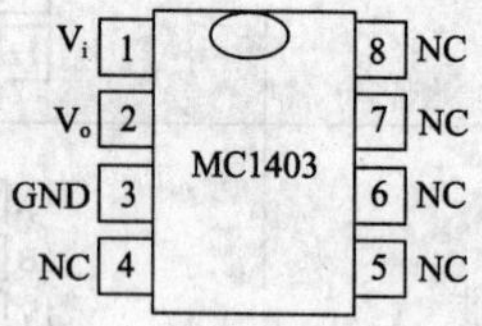

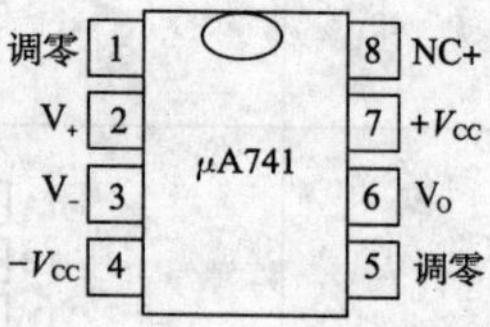

附录D　常用集成电路与集成运放索引

器件型号	器件名称	器件型号	器件名称
μA741	运算放大器	74LS08	四2输入与门
20730	双功放	74LS11	三3输入与门
24C01AIPB21	存储器	74LS123	双单稳多谐振荡器
27256	256K　EPROM	74LS138	3线-2线译码器
27512	512K　EPROM	74LS142	十进制计数器/脉冲分配器
3132V	32V三端稳压	74LS154	4线-16线译码器
3415D	双运放	74LS157	四与或门
3782M	音频功放	74LS161	十六进制同步计数器
4013	双D触发器	74LS164	数码管驱动
4017	十进制计数器/脉冲分配器	74LS193	加/减计数器
4046	锁相环电路	74LS194	双向移位寄存器
4067	16通道模拟多路开关	74LS27	三3输入或非门
4093	四2输入施密特触发器	74LS32	四2输入或门
5G673	8位触摸互锁开关	74LS374	8位D触发器
7107	数字万用表A/D转换器	74LS48	7位LED驱动
74123	单稳多谐振荡器	74LS73	双JK触发器
74164	移位寄存器	74LS74	双D触发器
7474	双D触发器	74LS85	4位比较器
7493	16分频计数器	74LS90	计数器
74HC04	六反相器	7555	时钟发生器
74HC157	微机接口	8338	六反相器
74HCU04	六反相器	AD536	专用运放
74LS00	四2输入与非门	AD558	双极型8位D/A(含基准电压)变换器
74LS04	六反相器	AD574A	12位A/D变换器
AD7523	D/A变换器	AD670	8位A/D变换器(单电源)

（续表）

器件型号	器件名称	器件型号	器件名称
AD7524	D/A 变换器	CD4011	四 2 输入与非门
AD7533	模数转换器	CD4013	双 D 触发器
ADC0809	8 位 A/D 变换器	CD4017	十进制计数/分配器
ADC0833	A/D 变换 4 路转换器	CD40174	六 D 触发器
ADC80	12 位 A/D 变换器	CD4017B	十进制计数/分配器
AN5026K	红外接收	CD40193B	双向可预置可逆计数器
AN5265	音频功放	CD4020	14 位二进制计数器
AN5352	模拟开关	CD4024	7 位二进制串行计数器
AN6551	双运放	CD4028	二-十进制译码器
AN6612	电机稳速	CD4035	移位寄存器
AN6650	电机稳速	CD4040	12 位二进制计数器
AN6913L	双运放	CD4046	锁相环电路
AN7178	音频功放	CD4052	4 选 1 模拟开关
AN7311	双前置放大	CD4053	3＊2 模拟开关
AN7812	三端稳压器	CD4060	14 位计数器/分配器/振荡器
AN78N05	三端稳压器	CD4069	六 1 输入非门
AT24C01	存储器	CD4071	四 2 输入或门
BA5302	红外接收头	CD4072	双 4 输入或门
BA5406	双功放	CD4075	三或门
BGJ3302	四运放电压比较器	CD4078	多输入或门
BH-SK-I	声控 IC	CD4093	四与非门施密特触发器
BISS0001	红外传感信号处理	CD4099	8 路可寻址锁存器
BTS114	感温高速开关管	CD4510	可预置 BCD 码加/减计数器
BTS115	感温高速开关管	CD4518	计数器
C036	四 2 输入与非门	CD4541B	双 D 触发器
C043	双 D 触发器	CD4553	3 位 BCD 码计数器
C066C	四 2 输入与非门	CP4027	双 JK 触发器
CC14433	3 位半 A/D 转换器	ZH89012	多路编译码器
CC4093	含施密特触发器的四 2 输入与非门	ZH9401	编译码器
CC4511	七段译码器	CD1403	单运放
CD4001	四 2 输入或非门		

参考文献

1 康光华.电子技术基础(数字部分).北京:高等教育出版社,1999

2 阎石.数字电子技术基础(第四版).北京:高等教育出版社,1998

3 周华跃.数字集成电路基础学习参考.南京:南京大学出版社,2001

4 张秀娟主编.数字电子技术基础实验教程.北京:北京航空航天大学出版社,2007

5 肖景和.集成运算放大器应用精粹.北京:人民邮电出版社,2006

6 廖先芸.电子技术实践与训练(第二版).北京:高等教育出版社,2005

7 傅劲松.电子制作实例集锦.福建:福建科学技术出版社,2006

8 成勇.数字电子技术与实训教程.北京:人民邮电出版社,2008

9 秦曾煌.电工学(第五版下).北京:高等教育出版社,1999

10 马建国.电子系统设计.北京:高等教育出版社,2004

11 蔡明生.电子设计.北京:高等教育出版社,2004

12 王冠华,王伊娜.Multisim 8 电路设计及应用.北京:国防工业出版社,2006